Das Titelfoto von Klaus Sannemann visualisiert eine Entwicklung des Bremer Fraunhofer-Instituts für Angewandte Materialforschung (IFAM): Aufgeschäumt bei Temperaturen von 700° C wird Metall so leicht, daß es im Wasser schwimmt (s. auch S. 27/28).

Thomas Kretschmer · Jürgen Kohlhoff (Hrsg.)

Neue Werkstoffe

Überblick und Trends

Springer-Verlag

Berlin Heidelberg New York
London Paris Tokyo
Hong Kong Barcelona Budapest

Dr. rer. nat. Thomas Kretschmer
Dipl.-Phys. Jürgen Kohlhoff
Fraunhofer-Institut
für Naturwissenschaftlich-Technische
Trendanalysen (INT)
Appelsgarten 2
53881 Euskirchen

ISBN-13:978-3-642-93564-0   e-ISBN-13:978-3-642-93563-3
DOI: 10.1007/978-3-642-93563-3

CIP-Eintrag beantragt

Satz: Reproduktionsfertige Vorlage der Herausgeber
Einbandgestaltung: H. Struve & Partner, Heidelberg
SPIN: 10482945   60/3020 - 5 4 3 2 1 0 - Gedruckt auf säurefreiem Papier

Vorwort

Die Fähigkeiten im Umgang mit Werkstoffen gehören seit jeher zu den wesentlichen Merkmalen für die technologische Leistungsfähigkeit einer Volkswirtschaft. Darüber hinaus sind Werkstoffe auf mannigfaltige Weise mit der Arbeitswelt und den Lebensbedingungen der Menschen verknüpft. Praktisch alle nationalen und internationalen technologischen Zukunftsanalysen weisen diesem hochinnovativen Gebiet eine Schlüsselrolle im Spektrum der Technologien für das 21. Jahrhundert zu.

Zur umfassenden Analyse dieses Themenkomplexes hat der Ausschuß für Forschung, Technologie und Technikfolgenabschätzung des Deutschen Bundestages im November 1992 das Büro für Technikfolgen-Abschätzung (TAB) beauftragt, ein TA-Projekt zum Thema "Neue Werkstoffe" durchzuführen. Die mehrteilige Untersuchung hat das Ziel, die wissenschaftlich-technischen, ökonomischen, ökologischen, juristischen, gesellschaftlichen sowie struktur- und forschungspolitischen Implikationen von Neuen Werkstoffen aufzuzeigen.

Im Rahmen dieses Projektes erhielt das Fraunhofer-Institut für Naturwissenschaftlich-Technische Trendanalysen (INT) Anfang 1993 vom TAB den Auftrag, eine möglichst umfassende Darstellung der wichtigsten wissenschaftlich-technologischen Entwicklungslinien und -trends im Werkstoffbereich zu geben. Diese Studie wurde Anfang 1994 abgeschlossen und zusammen mit den anderen Teilgutachten des Projektes und dem Endbericht des TAB Mitte 1994 durch den Forschungsausschuß abgenommen.

Die Herausgeber halten wir es für sinnvoll, das vom INT angefertigte Gutachten, welches eine wertfreie Beschreibung der zukünftigen technologischen Möglichkeiten im Werkstoffbereich gibt, einer größeren Öffentlichkeit zugänglich zu machen. Aus dieser Absicht heraus ist das vorliegende Buch entstanden. Es besteht aus vier Teilen, die jeweils unterschiedliche Blickwinkel widerspiegeln, unter denen man die wissenschaftlich-technologischen Zukunftsaspekte des Werkstoffbereichs diskutieren kann.

Der einleitende Teil behandelt übergeordnete definitorische und technologische Aspekte des Themas. Insbesondere werden die unterschiedlichen Möglichkeiten zur Kategorisierung von Werkstoffen diskutiert. Ferner wird die Vielzahl von Beziehungen zwischen Neuen Werkstoffen und den zukunftsträchtigsten Wissenschafts- und Hochtechnologiebereichen aufgezeigt.

Trotz aller neuartigen Ansätze wird der Materialbereich auch zukünftig entscheidend durch die evolutionären Fortschritte in den konventionellen Werkstoffklassen geprägt. Daher bildet der zweite Teil mit der Darstellung dieser Entwicklungslinien einen Schwerpunkt des Buchs. Hier werden zunächst die etablierten Werkstoffklassen der Metalle, Polymere, Keramiken und Gläser behandelt. Obwohl die Verbundwerkstoffe und Halbleitermaterialien noch relativ jung sind, werden sie aus dem Blickwinkel dieser Untersuchung ebenfalls zu den konventionellen Werkstoffen gezählt.

Der dritte Teil befaßt sich mit einer Reihe von besonders relevanten Entwicklungen, die sich weitgehend unabhängig von den konventionellen Werkstoffklassen vollziehen. Sie befinden sich derzeit noch größtenteils im Forschungsstadium. Hierzu zählen insbesondere die Konzepte der Nanokristallinen Werkstoffe und der sog. Intelligenten Strukturen und Materialien (Smart Materials).

Die in den ersten Teilen der Untersuchung dargestellten technologischen Entwicklungslinien orientieren sich an den einsatzrelevanten Eigenschaften von Werkstoffen. Ein wichtiger übergeordneter Trend in diesem Technologiefeld ist jedoch die zunehmend ganzheitliche Betrachtungsweise. Dieser integrale Ansatz bezieht möglichst alle Aspekte eines Werkstofflebens ein, das von Design und Entwicklung über Fertigung, Bearbeitung, Prüfung, Qualitätssicherung und Nutzung bis zu Recycling und Entsorgung reicht. Der abschließende Teil beschreibt eine Reihe zukunftsträchtiger Technologien aus diesen verschiedenen Materialzyklus-Phasen.

Die Breite des Untersuchungsfeldes machte es erforderlich, die Studie von Beginn an in verschiedene Arbeitspakete aufzuspalten und so eine parallele Bearbeitung zu ermöglichen. Zu einigen Fragestellungen wurden durch das INT in den letzten Jahren bereits vertiefte Einzeluntersuchungen durchgeführt, die aktualisiert und ergänzt werden mußten. Hinzu kommt eine Reihe von Themen, die weitgehend neu zu behandeln waren. Zu einigen Problembereichen wurden Einzelexpertisen durch externe Fachleute (weitgehend aus der Fraunhofer-Gesellschaft) angefertigt. Darüber hinaus konnten die meisten der durch das INT selbst bearbeiteten Themenbereiche von externen Fachleuten überprüft und abgesichert werden. Die Herausgeber danken allen diesen Beteiligten für die engagierte und konstruktive Mitwirkung, ohne die eine Untersuchung dieses umfangreichen Themas unmöglich gewesen wäre.

Trotz dieser Unterstützung war die Studie unter den gegebenen Bedingungen nur zu realisieren, weil das INT auf einer Reihe von Arbeiten aufbauen konnte, die im

Rahmen der Prognosetätigkeit des Instituts für das Bundesministerium der Verteidigung angefertigt wurden. Wir danken dem BMVg für die Genehmigung zur Verwendung solcher Ergebnisse für dieses Projekt des Deutschen Bundestages.

Weiterhin bedanken wir uns bei dem Ausschuß für Forschung, Technologie und Technikfolgenabschätzung und insbesondere Herrn Dr. M. Socher vom TAB für die Unterstützung und die gute Zusammenarbeit bei der Erstellung des Gutachtens sowie dem Deutschen Bundestag für die Genehmigung zur Veröffentlichung.

Unser besonderer Dank gilt den für Recherchen und Textverarbeitung verantwortlichen INT-Mitarbeiterinnen Siegrid Hecht-Veenhuis und Klara Engels sowie Herrn Siegfried Weniger für die wertvolle Unterstützung bei der Erstellung der Druckvorlage.

Euskirchen, September 1994   Thomas Kretschmer
                                              Jürgen Kohlhoff

Inhaltsverzeichnis

Mitarbeiterverzeichnis

Jürgen Kohlhoff
(Autor von Kap. 2.1, 2.2, 2.3, 2.5, 3.1, 3.5, 3.6, 4.1, 4.2, 4.3 und Gesamtredaktion)
Dr. Thomas Kretschmer
(Autor von Kap. 1.1, 1.2, 3.2, 3.3, Gesamtredaktion und Projektleitung)
Dr. Henner Wessel
(Autor von Kap. 2.6)

Fraunhofer-Institut für Naturwissenschaftlich-Technische Trendanalysen (INT)
Appelsgarten 2, 53881 Euskirchen

Dr. Klaus Sebastian
(Autor von Kap. 2.4)
Dieter Sporn
(Autor von Kap. 3.4, Mitprüfung von Kap. 2.3 und 2.5)

Fraunhofer-Institut für Silicatforschung (ISC)
Neunerplatz 2, 97082 Würzburg

Prof. Dr. Winfried Morgner
(Autor von Kap. 4.3)

Fa. NSQ Hauk GmbH
Hoheloogstraße 16, 67065 Ludwigshafen

Dr. Adam Geißler
Dr. Karl-Friedrich Ziegahn
(Autoren von Kap. 4.4)

Fraunhofer-Institut für Chemische Technologie (ICT)
Joseph-von-Fraunhofer-Straße 7, 76327 Pfinztal (Berghausen)

Joachim Bischoff
(Mitprüfung von Kap. 2.5)
Dr. Georg Krüger
(Mitprüfung von Kap. 2.2)

Fraunhofer-Institut für Angewandte Materialforschung (IFAM)
Neuer Steindamm 2, 28719 Bremen

Dr. Roland Diehl
(Mitprüfung von Kap. 2.6)

Fraunhofer-Institut für Angewandte Festkörperphysik (IAF)
Tullastraße 72, 79108 Freiburg

Dr. Mathias Herrmann
Dr. Andreas Krell
Claus Richter
Dr. Andreas Schönecker
Dr. Christian Schubert
(Mitprüfung von Kap. 2.3)

Fraunhofer-Institut für Keramische Technologien und Sinterwerkstoffe (IKTS)
Winterbergstraße 28, 01277 Dresden

Prof. Dr. Heinz Zimmermann
(Mitprüfung von Kap. 2.2)

Fraunhofer-Institut für Angewandte Polymerforschung (IAP)
Kantstraße 55, 14513 Teltow

1 Neue Werkstoffe - Übergeordnete Aspekte

1.1 Definitionen und Kategorisierungen

Im frühesten Stadium ihrer technischen Nutzung wurden Werkstoffe in einer sehr rohstoffnahen Form eingesetzt. Nur auf verfügbare Materialien abgestimmte Anwendungen konnten auch tatsächlich realisiert werden. Im Vergleich dazu ist die jüngere Werkstoffgeschichte gekennzeichnet durch die zunehmende Fähigkeit zur zielgerichteten Optimierung der vorhandenen Materialien.

Der Begriff "Neue Werkstoffe" steht in erster Linie für innovative Konzepte, nach denen von dem beabsichtigten Nutzen ausgegangen und erst danach das passende Material definiert wird. Dabei wird der Rahmen der konventionellen Werkstoffklassen zunehmend gesprengt. Im wesentlichen handelt es sich um

- *die heute bereits in ausgeprägtem Maße vorhandene Möglichkeit zur gezielten Entwicklung von Spezialwerkstoffen mit maßgeschneiderten Eigenschaften (Material Tailoring) sowie*
- *die zukünftig immer stärker zum Tragen kommende Fähigkeit zur systematischen Veränderung der Eigenschaften des Werkstoffs während des Einsatzes (Smart Materials).*

Bei dem im deutschen Sprachraum verwendeten Begriff "Neue Werkstoffe" handelt es sich um eine etwas unglückliche Übersetzung des englischen "Advanced Materials", korrekter wäre die Bezeichnung "Fortschrittliche Werkstoffe". Insbesondere stellt die Verwendung des Begriffes "neu" einen unmittelbaren Bezug zur Zeit her, der in diesem Falle nicht sinnvoll ist. Damit ergibt sich z.B. automatisch die Frage, welches Alter ein Werkstofftyp haben darf, um als neu zu gelten, und ob Weiterentwicklungen etablierter (alter) Werkstoffe noch dazugehören.

Obwohl er also nicht selbsterklärend ist, hat sich der Begriff "Neue Werkstoffe" im deutschen Sprachgebrauch durchgesetzt und wird inzwischen zur Charakterisierung eines übergreifenden Hochtechnologiefeldes, vergleichbar etwa mit der Mikroelektronik oder der Informationstechnik, benutzt.

Die einfachste Möglichkeit zur Beschreibung des Gebietes der "Neuen Werkstoffe" besteht natürlich in einer direkten Auflistung aller zugehörigen Werkstoffe. Allerdings ist dies nicht nur die am wenigsten elegante, sondern aufgrund der großen Zahl auch die am wenigsten praktikable Lösung. Auch fehlt hier eine abstrakte übergeordnete Beschreibung, die erst eine gute Definition ausmacht.

Die eigentlichen definitorischen Probleme ergeben sich bei der indirekten Auseinandersetzung mit diesem Bereich, d.h. bei dem Versuch der Verknüpfung von Werkstoffentwicklungen mit anderen Objektbereichen. Es zeigt sich, daß in der Regel solche Aspekte zur Definition herangezogen werden, die dem Standpunkt des gerade Betroffenen nahekommen.

Zumindest intuitiv ist für die unmittelbar mit dem Thema befaßte wissenschaftlich-technische Community das Feld der "Advanced Materials" bzw. "Neuen Werkstoffe" relativ klar definiert. Es handelt sich um den jeweils aktuellen Frontbereich von Forschung und Entwicklung, charakterisiert in Publikationen, Konferenzen und Patenten. Im allgemeinen klassifizieren Wissenschaftler und Ingenieure Werkstoffe jedoch nach ihren chemischen und physikalischen Eigenschaften oder ihren Funktionen. Als "neu" wären damit solche Entwicklungen einzustufen, die sich hinsichtlich mindestens einer dieser Merkmale deutlich von bereits vorhandenen Werkstoffen unterscheiden.

Für einen durch wirtschaftliche Sachzwänge bestimmten Industrie-Manager dürften in erster Linie die Möglichkeiten und Grenzen eines neuen Werkstoffes am Markt von Interesse sein. Diese Entscheidung wird häufig dadurch bestimmt, ob für eine neues Konzept bereits hinreichende Fertigungs- und Bearbeitungsanlagen vorhanden sind oder erst noch entwickelt werden müssen.

Für den Verbraucher wiederum zeigt sich ein neuer Werkstoff in der Regel in der Form eines neuen Produktes oder einer kostengünstigeren und leistungsfähigeren Weiterentwicklung eines bereits eingeführten Produktes.

Generell bleibt also festzustellen, daß eine allgemein akzeptierte Definition des Begriffes "Neue Werkstoffe" schon an den vielschichtigen Interessenlagen der von diesem Bereich Betroffenen scheitern wird. Allerdings kristallisiert sich in letzter Zeit ein bestimmtes übergeordnetes Konzept heraus, das zur Charakterisierung Neuer Werkstoffe dienen kann. Es handelt sich um die sog. *Maßgeschneiderten Werkstoffe*, deren Eigenschaften im Hinblick auf ihren gedachten Einsatz gezielt eingestellt werden (Material Tailoring). Aus historischer Sicht zeigt eine genauere

Analyse dieses Konzeptes, daß damit eine neue Entwicklungsstufe in der Werkstoffgeschichte beginnt.

Im Prinzip lassen sich diese Stufen durch ihren jeweiligen Schwerpunkt im Rahmen der Wertschöpfungskette charakterisieren, die vom Rohstoff über Werkstoffkomponenten, Werkstoff, Halbzeug, Bauteil bis zum Produkt reicht. Sie werden in erster Linie durch die Fähigkeit im Umgang mit Werkstoffen sowie die Art ihrer Nutzung gekennzeichnet.

In frühesten Zeiten war der Mensch ausschließlich auf natürliche Materialien, wie Holz, Steine und formbare Erdsubstanzen angewiesen. Die sehr begrenzten Möglichkeiten dieser Nutzungsart waren durch die *Anpassung an die Eigenschaften* der Werkstoffe bestimmt. Der Werkstoff ist hier sehr rohstoffnah, d.h. Fertigungsverfahren spielen nur eine geringe Rolle. Der eigentliche Schwerpunkt in der Wertschöpfungskette liegt beim Bearbeitungsschritt. Da die Nutzung für konstruktive Zwecke überwiegt, sind hier in erster Linie die mechanischen Eigenschaften des Werkstoffes von Interesse.

Bereits Prozesse wie Metallveredelung und -legierung oder das Brennen von Ton zu keramischen Gegenständen bildeten den Einstieg in eine bis heute anhaltende Phase, bei der die Fertigung mit dem Ziel einer *Optimierung der Werkstoffeigenschaften* im Vordergrund steht. Ausgehend von den unterschiedlichsten Rohstoffen kommt man mittels spezifischer Fertigungsverfahren zu den konventionellen Werkstoffklassen der Metalle, Keramiken, Gläser und Kunststoffe. Diese werden je nach gedachter Anwendung in *Struktur- und Funktionswerkstoffe* unterschieden, wobei der letztgenannte Aspekt, der auf den nichtmechanischen funktionalen Eigenschaften (z.B. elektrisch, magnetisch, optisch, chemisch) beruht, zunehmend an Bedeutung gewinnt.

Durch die Anwendung werkstoffspezifischer Bearbeitungsverfahren entsteht über Halbzeug und Bauteil schrittweise das gewünschte Produkt. Die Anwendungsbereiche der dabei eingesetzten Werkstoffe sind klar umrissen und werden durch ihre chemischen und physikalischen Grenzen bestimmt. Ein wesentliches Kennzeichen dieses Prozesses ist, daß das gewünschte Endprodukt erst relativ spät in den Blickpunkt rückt.

Im Prinzip hat die relative Ausgewogenheit der Bedeutung der herkömmlichen Wertschöpfungsschritte wesentlich die heutige Industriegesellschaft geprägt. Diese ist z.B. in ihrer Struktur ein unmittelbares Abbild der erforderlichen Arbeitsteiligkeit auf dem Weg vom Rohstoff zum Produkt.

Das neue Konzept der "Maßgeschneiderten Werkstoffe" unterscheidet sich grundsätzlich von diesem herkömmlichen Weg. Hier bestimmt nicht die Eigenschaft des

Werkstoffes, sondern die gedachte *Nutzung* von Anfang an entscheidend den Wertschöpfungsprozeß.

Ausgehend von einem geplanten Produkt wird zunächst ein Nutzungsprofil abgeleitet. Dann wird der hinsichtlich seiner Eigenschaften optimal passende Werkstoff theoretisch entworfen. Die anschließende stoffliche Umsetzung kann durchaus innerhalb der konventionellen Werkstoffklassen wie Metallen, Keramiken oder Polymeren erfolgen, doch wird es sich in den meisten Fällen um Werkstoffverbunde handelt.

Ein wesentliches Kennzeichen dieses Weges ist die außerordentliche Endproduktnähe der Fertigung, d.h. die Werkstoffkomponenten werden häufig unmittelbar in Bauteile überführt. Damit verlieren Vielzweck-Massenwerkstoffe immer mehr an Bedeutung, da jede Nutzungsform praktisch ihren eigenen Werkstoff definiert. Ferner erfordert die frühzeitige Berücksichtigung der Werkstoffeigenschaften bereits beim Produktdesign ein immer besseres Wissen über die Mikrogefüge und die Fähigkeit zu ihrer Beeinflussung. Hieraus entstehen wiederum neue Materialklassen, wie z.B. Gradientenwerkstoffe oder Nanokristalline Werkstoffe.

Aufgrund seines ganzheitlichen Zugangs bietet das Konzept der Maßgeschneiderten Werkstoffe die besten Voraussetzungen dafür, alle Aspekte eines "Werkstofflebens", das vom Rohstoff bis zu Recycling oder Entsorgung reicht, in einem integrierten Ansatz zusammenzufassen.

Die Fähigkeit zum Maßschneidern von Materialien ist wiederum eine unmittelbare Voraussetzung für die bereits heute erkennbare nächste Entwicklungstufe im Werkstoffbereich. Es handelt sich um das Konzept der *Einstellung der Werkstoffeigenschaften* während des Einsatzes (Smart Materials). Werkstoffe dieses Typs benötigen eine gewisse, implizit vorhandene oder von außen eingebrachte Adaptionsfähigkeit. Zumindest prinzipiell haben sie gewisse Ähnlichkeiten zu biologischen Systemen und werden daher häufig als die höchste und damit endgültige Form der Realisierung von Werkstoffen angesehen.

1.2 Wissenschaftlich-technologische Schlüsselstellung von Neuen Werkstoffen

Im Gegensatz zur empirisch geprägten Werkstofftechnik vorindustrieller Epochen befaßt sich die moderne Werkstoffwissenschaft mit der Aufklärung, Vorhersage und systematischen Beeinflussung der Stoffeigenschaften. Dazu bedient sie sich einer Vielzahl von Erkenntnissen und Fähigkeiten aus den Natur- und Ingenieurwissenschaften sowie der Meßtechnik.

Als eine der herausragenden Schlüsseltechnologien haben Neue Werkstoffe wiederum Auswirkungen auf praktisch alle stofflich orientierten Hochtechnologien, wobei insbesondere den sog. Funktionswerkstoffen eine wachsende Bedeutung zukommt. In ihrer Relevanz für die allgemeine technologische Entwicklung sind die Neuen Werkstoffe nur noch mit den Informations- und Kommunikationstechnologien zu vergleichen.

1.2.1 Wissenschaftliches Umfeld

Bis in die jüngste Zeit gab es eine große Kluft zwischen der eher handwerklich orientierten Werkstofftechnik und der Beschäftigung mit Werkstoffen unter wissenschaftlichen Kriterien.

Die *Werkstofftechnik* befaßt sich mit der Umwandlung und Bearbeitung eines Stoffes und hat eine Jahrtausende alte Tradition. Handwerkliche Fähigkeiten und Techniken erreichten schon früh einen hohen Stand und wurden zur Grundlage ganzer Kulturen. Das dabei erworbene Wissen wurde allerdings rein empirisch gewonnen und als Erfahrung weitergegeben. Wissenschaftler hatten in diesem Prozeß der Wissensgewinnung und -vermittlung wenig beizutragen ("Gelehrte diskutieren nicht mit Handwerkern"). Für die Wissenschaftler und ihre instrumentellen Möglichkeiten waren die technischen Werkstoffe als Untersuchungsobjekt zu kompliziert und unberechenbar. Die Handwerker kannten zwar die Eigenschaften der verschiedenen Werkstoffe, um sie zu bearbeiten und Produkte herzustellen, ein tiefergehendes Stoffverständnis fehlten ihnen jedoch. Diese Kluft zwischen Theorie und Praxis blieb bis zu den Anfängen des industriellen Zeitalters im frühen 19. Jahrhundert bestehen.

Der eigentliche Beginn einer *Werkstoffwissenschaft*, d.h. der Versuch, das Wesen der stofflichen Dinge zu verstehen, vorherzusagen und gezielt zu beeinflussen, ist eng verknüpft mit den Durchbrüchen in der Chemie und Physik seit der Mitte des letzten Jahrhunderts. Erst ab dieser Zeit war die Chemie theoretisch imstande, Richtlinien für eine wirksame Verarbeitung von seit Jahrhunderten bekannten Werkstoffen zu liefern. Ein Beispiel hierfür ist die Umsetzung von Kenntnissen über Oxidationsvorgänge zur Verbesserung der Stahlherstellung (Bessemerprozeß). Parallel hierzu entwickelte sich die chemische Analyse zu einem wirksamen Instrument bei der Auswahl von Rohstoffen und der Steuerung der Be- und Verarbeitungsprozesse. Physikalische Methoden, wie z.B. der Einsatz der Lichtmikroskopie ermöglichten tiefere Einsichten in die Struktur von Metallen und öffneten Wege zu ihrer Beeinflussung. Auch ein ca. einhundert Jahre altes Verfahren wie die elektrolytische Herstellung von Aluminium findet seinen Ursprung in der physikalischen Grundlagenforschung.

Forschung und Wissenschaft waren bis weit in dieses Jahrhundert hinein praktisch vollständig an den Universitäten konzentriert. Bis heute ist die Entstehung einer neuen wissenschaftlichen Disziplin eng mit ihrer Einbindung in die Hochschullandschaft verknüpft. Insbesondere in Deutschland galt die Auseinandersetzung mit technischen Fragestellungen zunächst als unwissenschaftlich, was zum getrennten Aufbau von Technischen Hochschulen als der Ausbildungsstätte des akademischen Ingenieurnachwuchses führte. Da die Beschäftigung mit werkstoffkundlichen Fragen eine Grundvoraussetzung jeder Ingenieurausbildung ist, findet bis heute ein wesentlicher Teil der werkstoffwissenschaftlich ausgerichteten Grundlagenforschung an den technischen Hochschulen bzw. Fachbereichen statt.

Trotz dieser organisatorischen Einbindung in die allgemeinen *Ingenieurwissenschaften* bleibt die historisch begründete sehr enge Verflechtung zwischen Werkstoff- und Naturwissenschaften bis heute erhalten. Vor allem die in den letzten Jahrzehnten erarbeiteten grundlegenden Erkenntnisse der *Physik und Chemie* ermöglichen das tiefe theoretische Verständnis der einzelnen Werkstoffe und liefern die leistungsfähigen Untersuchungsinstrumente als Basis der modernen Werkstoffwissenschaften. Der Hauptbeitrag liegt hierbei im Wissen um den Zusammenhang zwischen dem Gefüge eines Werkstoffes, d.h. der Anordnung und Verteilung seiner inneren Bestandteile, und seinen Eigenschaften. Erst aus der Kenntnis ihrer inneren Architektur lassen sich die großen Unterschiede im Verhalten von verschiedenen Werkstoffen erklären bzw. ihr Verhalten vorhersagen.

Große Auswirkungen sind hier zukünftig durch die theoretische und experimentelle Erschließung von sog. *mesoskopischen Systemen* zu erwarten. Hierbei handelt es sich um supramolekulare Strukturen bzw. Molekülcluster im Nanometerbereich, so daß die Eigenschaften der aus ihnen gebildeten Werkstoffe zunehmend durch Quanteneffekte bestimmt werden.

Es liegt auf der Hand, daß das Wissen über die innere Struktur von Werkstoffen in erster Linie von der Qualität der Meßtechnik, und hier vor allem vom Auflösungsvermögen der verwendeten Untersuchungsgeräte abhängt. Damit wird der Fortschritt der Werkstoffwissenschaften bis in die heutige Zeit entscheidend von neuen Entwicklungen der *physikalischen Meßtechnik* beeinflußt.

Während die Lichtmikroskopie für die Untersuchung des kristallinen Gefüges von Stahl ausreichend war, ermöglicht erst die Transmissions-Elektronenmikroskopie die Untersuchung der Substruktur auf atomarer Ebene. Das Raster-Elektronenmikroskop liefert die Informationen über die räumliche Struktur von Werkstoffoberflächen. Mittels der Röntgenbeugung läßt sich die dreidimensionale Anordnung von Atomen und Molekülen im Inneren eines Kristalls ermitteln. Auch Neutronen bieten durch ihr gutes Eindringvermögen in die meisten Stoffe die Möglichkeit zur Untersuchung der inneren Struktur. Eine der wichtigsten physikalischen Analysemethoden der Werkstoffwissenschaften auf atomarer und molekularer Ebene ist die Spektroskopie, bei der das charakteristische Energiespektrum eines Stoffes nach seiner Anregung gemessen wird. Einen weiteren wesentlichen Qualitätssprung für Strukturuntersuchungen und Spektroskopie hat in letzter Zeit die Anwendung der Synchrotronstrahlung gebracht.

Das theoretische Verständnis der klassischen Werkstoffe war schon immer eng verknüpft mit den Fortschritten im Bereich der *Festkörperphysik*. Frühere Arbeiten befaßten sich zunächst mit den Kristallstrukturen von Metallen, da das idealisierte Gitter ein bequemes Hilfsmittel der physikalischen Theoriebildung ist und zumindest einige Eigenschaften erklärt. Sehr bald war allerdings klar, daß die wesentlichen Werkstoffeigenschaften entscheidend von den Abweichungen zur idealen Gitterstruktur abhängen. Im Laufe der Zeit wurden Theorien entwickelt, mit denen sich die Herkunft von Fehlstellen und ihre Auswirkungen auf die Materialeigenschaften erklären lassen. Damit war der Weg frei für die gezielte Erzeugung von Fehlstellen (z.B. das Dotieren von Halbleitern), um erwünschte Strukturen und Eigenschaften zu erhalten. Zu einem interessanten Forschungsobjekt der letzten Jahre scheinen sich hierbei die sog. nanostrukturierten Materialien zu entwickeln, die durch einen sehr hohen Anteil von Gitterfehlern gekennzeichnet sind.

Neben der Festkörperphysik spielt der Bereich der *Thermodynamik* eine entscheidende Rolle im theoretischen Verständnis der Werkstoffe. Die thermodynamischen Modelle beschreiben den Einfluß der Umgebungsbedingungen (z.B. Druck und Temperatur) auf den Werkstoff. Hierbei ist insbesondere das unterschiedliche Verhalten der verschiedenen Bestandteile zusammengesetzter Werkstoffe von Interesse. Speziell während der dynamischen Phase eines Fertigungs- oder Bearbeitungsprozesses lassen sich bestimmte Zustände erzeugen und durch schnelles Abschrecken praktisch einfrieren. Damit bieten sich große Differenzierungsmöglichkeiten für die Eigenschaften von Metall-Legierungen (insbesondere Stählen), Keramiken, Gläsern und Polymeren.

Den Einfluß der *Chemie* als der zweiten klassischen stofflich orientierten Naturwissenschaft auf die moderne Werkstoffwissenschaft findet man neben der Anwendung moderner chemischer Analysetechniken (Elektrochemie, Photochemie, Chromatographie) in erster Linie im Bereich der Polymere und ihrer Verbundwerkstoffe. Die gesamte moderne Kunststoffindustrie basiert auf der großtechnischen Erzeugung von in den chemischen Labors entwickelten synthetischen organischen Kohlenstoffverbindungen.

Nach der Einschätzung von Experten wird es als nicht sehr wahrscheinlich angesehen, daß in Zukunft noch viele völlig neuartige Polymere eingeführt werden. Vielmehr wird erwartet, daß sich der Beitrag der chemischen Forschung zur Werkstoffentwicklung zunehmend zur Verbesserung der Herstellungsverfahren bekannter Monomere und Polymere verlagert.

Ein Bereich der chemischen Grundlagenforschung, der vor allem in jüngster Zeit durch die moderne Werkstoffentwicklungen stark beeinflußt wurde, ist die *Grenz- und Oberflächenchemie*. Der zunehmende Einsatz heterogener Stoffsysteme erfordert eine genaue Kenntnis über Struktur und Reaktivität an den Grenz- und Oberflächen der verschiedenen Phasen eines Werkstoffes. So haben z.B. die Grenzflächen der bereits o.g. nanostrukturierten Materialien einen derart signifikanten Anteil am Gesamtvolumen, daß sie der dominierende Faktor für ihre Eigenschaften sind.

Der Bereich der *Festkörperchemie* wird durch den Trend bestimmt, durch Variation und Austausch elementarer Bestandteile von Materialien auf experimentellem Wege neue synthetische Stoffe mit bestimmten gewünschten Eigenschaften zu erzeugen. Das herausragende Beispiel dieses als "explorative Synthese" bezeichneten Forschungsansatzes sind die 1986 entdeckten keramischen Hochtemperatursupraleiter. Parallel hierzu wird in der modernen Chemie zunehmend die Möglichkeit genutzt, neue Verbindungen auf molekularer Ebene am Computer zu entwerfen (Computergestütztes Moleküldesign). Aus der Verbindung dieser beiden Wege zeichnet sich ein gewaltiges Entwicklungspotential für neue Werkstoffe ab.

Die klassische Werkstofforschung befaßte sich mit unbelebter Materie und hatte daher wenig Berührungspunkte mit der *Biologie*. Erst in letzter Zeit gibt es eine Reihe von ersten Erfolgsmeldungen über sog. Biowerkstoffe, die zumindest durch ihre Namengebung eine Verbindung zu biologischen Prinzipien herstellen. Hierbei sind allerdings vier verschiedene Bedeutungen erkennbar.

Zum einen handelt es sich um die sog. natürlichen Werkstoffe, wie Holz, Pflanzenfasern oder Leder, die als unmittelbare Naturprodukte eingesetzt werden. Ebenfalls als Biowerkstoffe bezeichnet werden neuartige Polymere, die aus nachwachsenden Rohstoffen hergestellt werden und/oder nach Gebrauch zerfallen. Sie können aus Zellulose, Bakterienferment, Stärke oder Pflanzenöl produziert werden und bieten zumindest auf den ersten Blick aus Umweltschutzgründen eine Fülle von Vorteilen, insbesondere in der Anwendung als Verpackungsmaterial. Verwendet man Werkstoffe in der Medizin als Implantate oder Prothesen, so steht der Aspekt der biologische Aktivität, Resorbierbarkeit und Verträglichkeit im Vordergrund. Dieser Bereich profitiert unmittelbar vom zunehmenden Verständnis der physiologischen, immunologischen und zellbiologischen Prozesse, die sich bei der Wechselwirkung zwischen Material und Organismus abspielen können. Die wohl zukunftsträchtigste Bedeutung im Bereich der Biomaterialien haben die sog. Biomimetischen Werkstoffe, bei denen biologische Systeme lediglich als Vorbild dienen.

Jeder Werkstoff besteht aus Rohstoffen und daher gibt es natürliche Berührungspunkte zwischen Materialforschung und *Geowissenschaften*. Insbesondere zu Beginn und am Ende im Lebenszyklus eines Werkstoffes werden geowissenschaftliche Methoden genutzt. Das Spektrum reicht hierbei von der Explorations- und Abbauphase über die Ausbeute und Verarbeitung bis zu Recycling und Entsorgung. Dabei gewinnen im Hinblick auf moderne Werkstoffentwicklungen insbesondere die Umweltaspekte zunehmendes geowissenschaftliches Forschungsinteresse. Im Vordergrund stehen hierbei Fragen der Umweltverträglichkeit bei Verbrennung, Deponielagerung und Recycling-Prozessen.

1.2.2 Technologisches Umfeld

Verstärkt werden in den letzten Jahren eine Reihe von sogenannten Hochtechnologien zur Charakterisierung des wissenschaftlichen und industriellen Leistungsstandards auf nationaler und internationaler Ebene herangezogen. Obwohl es hinsichtlich ihres Schlüsselcharakters für die langfristige Technologieentwicklung keine verbindlichen Kriterien gibt, zeigen die meisten veröffentlichten Quellen eine weitgehende Übereinstimmung der in Betracht kommenden Technologien. Insbesondere zeigt sich, daß der Bereich der Werkstoffe sowohl hinsichtlich der Zahl der Nennungen als auch seiner Relevanz mit am höchsten bewertet wird. Darüber hinaus ist klar erkennbar, daß neben der Informationsverarbeitung kein anderer Bereich so viele Wechselwirkungen und Verflechtungen mit anderen Technologiefeldern hat. Praktisch alle stofflich orientierten Hochtechnologien werden direkt oder indirekt von den neuen Entwicklungen im Werkstoffbereich beeinflußt, wobei die *Funktionswerkstoffe* einen wesentlichen Schwerpunkt bilden.

Praktisch die gesamte moderne *Mikroelektronik* basiert auf dem Halbleiter Silizium. Monokristallines Silizium ist die Ausgangssubstanz der heute auf dem Markt befindlichen höchstintegrierten Schaltkreise. Die Anzahl der im Verlauf der komplexen Verfahrensschritte in Silizium-Chips eingebrachten weiteren Materialien ist relativ gering (z.B. Aluminium, Bor, Arsen, Metallsilizide). Daneben gibt es noch eine Reihe von weiteren mikroelektronikspezifischen Stoffen, die in Chip-Fertigung und -Umgebung eine Rolle spielen. Das Spektrum reicht von den Werkstoffen in den Anlagen (z.B. Waferhalter) über die Materialien der Chipgehäuse bis zu den Gasen und Flüssigkeiten, die bei Reinigungs-, Ätz- und Abscheideschritten benötigt werden. Die Hauptprobleme liegen hier bei der Erfüllung der erforderlichen höchsten Reinheit.

Der Verbindungshalbleiter Galliumarsenid gilt seit vielen Jahren als das zu Silizium konkurrierende Basismaterial der Mikroelektronik. Seine Hauptbedeutung liegt jedoch bei elektronischen Spezialanwendungen und als optoelektronisches Material.

Während die Mikroelektronik im wesentlichen durch das Basismaterial Silizium und allen seinen Modifikationen bestimmt wird, haben im Bereich der übrigen *Elektronik* noch weitere neue Werkstoffe eine große Bedeutung. In erster Linie sind hier eine Reihe neuer Funktionskeramiken zu nennen, die verbesserte elektronische Komponenten (z.B. Kondensatoren, Dielektrika, magnetische und piezo-/pyroelektrische Bausteine) ermöglichen. Auch die Basismaterialien der *Hochtemperatur-Supraleiter* gehören im Prinzip zu dieser Werkstoffkategorie.

Unter *Photonik* faßt man alle Technologien zusammen, bei denen Signale anstelle von Elektronen mit Hilfe von Licht (Photonen) erzeugt, übertragen und empfangen werden. Da solche Systeme bis heute selten auf rein optischer Basis arbeiten, spielt der Übergang zu den elektronischen Bauelementen eine große Rolle. Dieser Schnittstellenbereich wird daher auch als *Optoelektronik* bezeichnet. Die wichtigsten optoelektronischen Bauelemente sind die Festkörper-Laser und lichtemittierenden Dioden (LED), die elektrooptischen Verstärker und die Detektoren.

Der älteste photonische Werkstoff ist Quarzglas (Siliziumdioxid), das schon seit Jahrtausenden verwendet wird. Jedoch gelang es erst vor ca. 30 Jahren, seine Reinheit so weit zu verbessern, daß die zur Informationsübertragung erforderliche Lichtdurchlässigkeit gegeben ist. Auf dieser Technik basiert die z.Zt. eingesetzte Glasfaseroptik. Da sich der für Quarzglas realisierbare Reinheitsgrad mittlerweile seinen Grenzen nähert, werden für die zukünftigen Generationen von Glasfasern Materialien mit besseren Transmissionseigenschaften verwendet, wie halogenidhaltige Kristalle, Chalcogenidgläser und Schwermetallfluoridgläser. Im Gegensatz zum klassischen Quarzglas übertragen sie die optische Information allerdings nicht im sichtbaren, sondern im infraroten Bereich. In letzter Zeit gibt es auch eine Reihe von guten Ergebnissen bei der Herstellung von Lichtwellenleitern auf polymerer Basis.

Die Entwicklung der Materialien für die Herstellung der optoelektronischen Sender und Empfängerelemente für faseroptische Übertragungssysteme verläuft im wesentlichen parallel zur Faser selbst. Je nach Wellenlänge werden v.a. die Verbindungshalbleiter Galliumarsenid, Gallium-Aluminiumarsenid und Indium-Galliumarsenidphosphid eingesetzt.

Von den Forschungsanstrengungen im Bereich Photonik haben auch die Erkenntnisse im Bereich der sog. *Nichtlinearen Optik* profitiert. Nichtlineare optische Materialien eignen sich zur Schaltung, Verstärkung oder Ablenkung von einfallenden Lichtstrahlen. Auf der Basis dieser Effekte sind optische Transistoren und logische Gatter möglich, die gegebenenfalls die Bausteine für eine rein optische Computertechnik bilden könnten. Das Spektrum der z.Zt. in Betracht kommenden Materialien mit nichtlinearen optischen Eigenschaften reicht vom Verbindungshalbleiter Galliumarsenid über den Isolator Bariumnitrat bis zu komplexen organischen Verbindungen (optische Polymere).

Die durch moderne Funktionswerkstoffe der Mikroelektronik und Photonik erzielten Fortschritte finden ihre unmittelbare Anwendung im gesamten Bereich der *Informations- und Kommunikationstechnik*. Höchstintegrierte mikroelektronische Bausteine bilden die Grundlage der gesamten Computertechnik.

Erst durch die Möglichkeiten zur Informationsübertragung auf optoelektronischem Wege sind die für den Betrieb moderner Rechner- und Kommunikationssysteme erforderlichen Breitbandnetze möglich geworden. Darüber hinaus gibt es noch eine große Zahl von peripheren Einrichtungen in diesen Systemen, die als direkte Anwendungen neuer Werkstoffe anzusehen sind, wie z.B. Flüssigkristall-Displays und magnetische bzw. magneto-optische Stoffe für Computer-Massenspeicher.

In umgekehrter Weise haben aber auch Forschung und Entwicklung im Werkstoffbereich wesentlich von den Fortschritten in der Informationsverarbeitung, und hier v.a. von der *Software* profitiert. Die Entwicklung von maßgeschneiderten Werkstoffen wird z.B. durch die Anwendung moderner computergestützter Entwurfs- und Fertigungsverfahren überhaupt erst möglich gemacht.

Ein weiteres, z.Zt. außerordentlich dynamisch wachsendes Anwendungsfeld für Funktionswerkstoffe ist die *Sensorik*. So gibt es eine große Zahl von neuen Funktionskeramiken, die je nach ihren Eigenschaften für die unterschiedlichsten Sensorfunktionen geeignet sind. Aufgrund ihrer Korrosionsbeständigkeit und Robustheit eignen sich diese Materialien insbesondere zum Einsatz unter ungünstigen Umgebungsbedingungen (z.B. hohe Temperaturen oder chemische Aggressivität). Durch die Verwendung neuerer, bisher in der Meßtechnik unüblicher Materialien (z.B. Glasfaser, Polysilizium) und durch neue Fertigungstechniken (z.B. Dünnfilmtechnologie) lassen sich bisher nicht genutzte physikalische und chemische Effekte zur Gewinnung von Sensorinformationen verwenden. Generell ist eine Tendenz zur Integration der Sensorelemente mit der nachverarbeitenden Elektronik festzustellen, um eine frühestmögliche Reduktion der Datenmengen zu erreichen, was wiederum die Nutzung von bestimmten Halbleitern (Si, GaAs) als Sensormaterial besonders interessant macht.

Vor allem der hohe Stand der Silizium-Integrationstechnik hat in letzter Zeit zur Entwicklung eines neuen Technologiegebietes mit hohem Potential, der sog. *Mikrosystem- bzw. Mikrostrukturtechnik* geführt. Es umfaßt im wesentlichen Konzeption, Entwicklung und Fertigung miniaturisierter intelligenter Sensoren und Aktoren auf Siliziumbasis. Das Material Silizium bietet sich an, da es neben den bereits o.g. elektronischen über spezielle mechanische Eigenschaften verfügt, wie gute Festigkeitswerte und Hysteresefreiheit. Damit wird z.B. die Realisierung von miniaturisierten Membranen und Federn möglich, deren Verhalten durch geeignete elektrische oder optische Abgriffe in elektronische Signale gewandelt werden kann.

Vielfältig sind die Beziehungen zwischen Werkstoffen und der *Lasertechnik*. Einerseits spielen Funktionswerkstoffe als Basis- und Komponentenmaterial für eine Reihe von Lasertypen (z.B. Festkörper-Laser) eine wichtige Rolle. Andererseits entwickelt sich der Laser immer mehr zu einem wichtigen Meß- und Bearbeitungsinstrument der Werkstofftechnik. Als Meßinstrument wird die hohe Präzision dieser Lichtquelle ausgenutzt. Beispiele hierfür aus Sicht der Werkstofftechnik sind die Dickenbestimmung von Folien und Blechen während des Ziehens und Walzens oder die holographische Analyse von Schwingungen und Materialverformungen.

Zur Materialbearbeitung ist die Fähigkeit des Lasers zur hochpräzisen Bündelung von Energie interessant. So ist das Schneiden von Platinen und dreidimensionalen Körpern mit Laserstrahlen heute bereits eine Standardmethode in der Blechverarbeitung. Ebenso findet sich der Laser beim Textil- und Lederzuschnitt, zum Löcherbohren in der Papier- und Kunststoffverarbeitung und zum Schneiden von filigranen Mustern in Graphit. Die gute Fokussierbarkeit, hohe Leistungsdichte und leichte Manipulierbarkeit prädestinieren den Laserstrahl ebenfalls für Füge- und Schweißverbindungen, da die Verbindungszone nur kurzzeitig in einem schmalen Bereich erwärmt wird. Die derzeitigen industriellen Hauptanwendungen des Laserfügens liegen im Automobilbau, in der Elektrotechnik sowie bei der Kunststoffverarbeitung. Das noch im Forschungsstadium befindliche Laserfügen von Keramiken verspricht neue Perspektiven für die Konstruktion und die Fertigung in dieser Werkstoffklasse.

Ein weiterer werkstofforientierter Einsatzbereich für den Laser ist die Oberflächenbehandlung und -bearbeitung. Hierzu gehören neben der klassischen thermischen Härtung von Stählen alle Verfahren zur Oberflächenveränderung, z.B. Farbumschlag, Lichtreflexänderung oder direkter Materialabtrag. Eine immer wichtiger werdende Anwendung ist die Stereolithographie, bei der das Laserlicht zur gezielten Härtung von Polymerschichten verwendet wird, um so dreidimensionale Kunststoffteile zu fertigen. Beim gezielten Abtragen von Material mit einem Laserstrahl, d.h. Fräsen, wird der Strahl so über ein Werkstoff geführt, daß schichtweise die gewünschte Struktur herausgearbeitet wird.

Hochentwickelte Werkstoffe bilden die Basis der modernen *Energietechnik*. Das Anwendungsspektrum reicht hierbei von der Gewinnung, Weiterverarbeitung und Aufbereitung von Energieträgern, über die Umwandlung von Energie in andere Formen bis zu ihrer Verteilung und wirksamen Nutzung. Generell gilt, daß der Weg der Energie von der Primärquelle bis zur Nutzung immer komplizierter wird und alle beteiligten Prozeßschritte wesentlich von neuen Werkstoffentwicklungen abhängen. Der spezifische Bedarf ergibt sich jeweils aus den Bedingungen, unter denen die Energiesysteme arbeiten müssen, wie z.B. mechanische Spannung, Temperatur, Druck und chemische Umgebung.

Ein wichtiger Aspekt der neuen Werkstoffe ist ihr Potential zur Steigerung des Wirkungsgrades der Energienutzung. Dieser Wirkungsgrad beträgt gemittelt über die gesamte Energiewirtschaft gegenwärtig ca. 10 Prozent. Daher steckt hier ein gewaltiges Einsparpotential. In Betracht kommen sowohl die Verringerung der Übertragungsverluste für elektrische Energie durch supraleitende Kabel als auch die durch neue Materialien bedingten Verbesserungen der thermischen Isolierfähigkeit. Da die Verbesserung des Wirkungsgrades von thermodynamischen Energiewandlungsprozessen in der Regel aus physikalischen Gründen eine Erhöhung der Betriebstemperatur verlangt, sind hier insbesondere Hochtemperaturwerkstoffe (Keramiken, Superlegierungen) interessant. Ein weiterer indirekter Beitrag zur Energieeinsparung durch neue Werkstoffe ergibt sich aus der Verwendung leichter Materialien für Fahrzeuge aller Art. Nach dem Flugzeugbau wird aufgrund des Mengenumsatzes insbesondere die Verwendung von Leichtmetallen und Kunststoffen im Fahrzeugbau eine zunehmende Bedeutung erlangen.

Eine direkte Folge der Bestrebungen zur Energieeinsparung durch Erhöhung der Betriebstemperatur und Gewichtseinsparung sind die neuesten werkstofforientierten Entwicklungen in der *Antriebstechnik*, wie die Verwendung von Bauteilen aus Verbundwerkstoffen oder Keramiken für Flugzeugtriebwerke und Fahrzeugmotoren. So gibt es bereits Prototypen von Automotoren, die zu einem großen Anteil aus glasfaserverstärktem Kunststoff bestehen.

Generell erfordern die außerordentliche Komponentenvielfalt sowie die unterschiedlichen Anforderungen und Beanspruchungen im Motorenbau jedoch den Einsatz eines sehr breiten Werkstoffspektrums. Durch Anwendung moderner Herstellungstechnologien, Oberflächenbehandlungen und optimaler konstruktiver Gestaltung bieten hier jedoch die metallischen Werkstoffe noch ein beträchtliches Leistungspotential.

Aufgrund der hohen Leistungsanforderungen hat die *Luft- und Raumfahrttechnik* im Werkstoffbereich schon immer eine technologische Vorreiterrolle gespielt. Gerade hier besteht die besondere Notwendigkeit zur Energie- bzw. Gewichtseinsparung. Beispiele sind die Verwendung neuer Verbundwerkstoffe und Legierungen für tragende Strukturelemente sowie Superlegierungen und Keramiken für Triebwerke. Insbesondere für Raumfahrtanwendungen, bei denen Hitzebeständigkeit und Unempfindlichkeit gegen Ablation und andere materialabtragende Prozesse entscheidend sind, werden spezielle Hochtemperaturkeramiken oder Kohlenstoff-Verbundwerkstoffe (CFC) benötigt (z.B. Hitzeschilder von Raumtransportern).

Nachdem sich im Flugzeugbau die Verwendung von Verbundwerkstoffen zunächst schrittweise auf die Substitution metallischer Sekundärstrukturen (Klappen, Ruder, Verkleidungen) beschränkte, setzt sich diese Werkstoffklasse zunehmend auch für Primärstrukturen (Leitwerke, Tragwerke, Rumpfkomponenten) durch. Langfristig wird damit gerechnet, daß im modernen Flugzeugbau der Gewichtsanteil an Verbundwerkstoffen bis zu zwei Drittel des Strukturgewichtes ausmachen kann.

Ein wichtiger Anwendungsbereich der Raumfahrt ist die Erforschung und Herstellung von Werkstoffen im Weltraum. Aus Sicht der Materialforschung sind Untersuchungen zum Verhalten von Materialien unter den Bedingungen der annähernden Schwerelosigkeit (Mikrogravitation) insbesondere zum Verständnis von Schmelzprozessen, Kristallzüchtung oder Beschichtungsvorgängen interessant. Darüber hinaus ist zu erwarten, daß sich gewisse Werkstoffe unter Weltraumbedingungen mit einer Perfektion und Homogenität herstellen lassen, die auf der Erde nicht zu erzielen ist. Aufgrund der extremen Kosten dürften solche Weltraumprodukte jedoch nur als Referenzstandards zur Qualitätsbestimmung oder zur Substitution von Spezialwerkstoffen in Betracht kommen, die bereits auf der Erde sehr teuer sind. Auch läßt sich daraus keine entscheidende Begründung für die bemannte Weltraumfahrt ableiten.

Naturgemäß gibt es insbesondere in der Luft- und Raumfahrt viele Verknüpfungen und Überlappungen zwischen dem zivilen Bereich und der *Wehrtechnik*. Im Vergleich zu zivilen Anwendungen müssen die Werkstoffe für militärische Flugkörper, Raketen und Flugzeuge häufig sogar noch höheren technischen Leistungsanforderungen genügen. Insbesondere hat der militärische Flugzeugbau die Entwicklungsdynamik einer Reihe von heute allgemein eingeführten Werkstoffentwicklungen, wie z.B. Verbundwerkstoffen, wesentlich mitbestimmt, da hier der Kostenaspekt zumindest während der frühen Entwicklungsphase vernachlässigt wird. Auch im militärischen Schiffbau werden zunehmend Verbundwerkstoffe eingesetzt. In den USA wird die Verwendung von Kunststoffen für Infanteriewaffen diskutiert. Der Panzerschutz aller modernen Kampfpanzerentwicklungen basiert auf sandwichartigen Konstruktionen aus verschiedenen Werkstoffentypen, wobei v.a. Keramiken eine wichtige Rolle spielen. In der Regel genügt die Leistungsfähigkeit der zivil entwickelten elektronischen oder optoelektronischen Funktionswerkstoffe den militärischen Anforderungen. Bei den speziellen wehrtechnischen Entwicklungslinien in diesem Bereich stehen Eigenschaften wie Zuverlässigkeit und Robustheit im Vordergrund.

In jüngster Zeit werden neue Werkstoffe immer stärker auch in der *Medizin* angewendet. Zunehmend ist erkennbar, daß für den Bereich der sog. Ersatzteilmedizin neben der natürlichen Transplantation die Verwendung von Biowerkstoffen unverzichtbar ist. Gründe hierfür sind sowohl der Mangel an natürlichen Transplantaten als auch die unvermeidbaren immunologischen Schwierigkeiten bei Spenderorganen. Als Biomaterialien in Betracht kommen Metalle und bestimmte Metall-Legierungen, Kunststoffe und polymere Verbundwerkstoffe sowie Keramiken und Gläser. Geeignete Werkstoffe sind heute für eine große Zahl von Anwendungen verfügbar, das Spektrum reicht von Augenlinsen, Herzklappen, Knochen, Zähnen, Bändern, Gewebe und Haut bis zu Arzneimittel-Speichern oder Dosierungsimplantaten. Die Auswahl des jeweils geeigneten Werkstoffs wird neben der speziellen medizinischen Funktion stets durch die grundsätzliche Forderung nach Bioverträglichkeit bestimmt, d.h. die Wechselwirkung des Materials mit dem Empfängerorganismus muß untoxisch, steuerbar und vorbestimmbar sein. Für eine Reihe von sehr langfristigen Anwendungen (z.B. Prothesen) verlangt die Erfüllung dieser Forderung eine sehr hohe Reaktionsträgheit des Werkstoffs im Organismus. In letzter Zeit konzentrieren sich die Forschungsanstrengungen zunehmend auf den Versuch, für zeitlich begrenzte Implantate (z.B. Nägel bei Knochenbrüchen) Polymere zu entwickeln, die im Verlaufe des Heilungsprozesses im Körper abgebaut werden, um so eine zweite Operation zu vermeiden.

Neue Werkstoffe sind auch im Hinblick auf die *Biotechnologie*, der in vielen Zukunftsanalysen z.Zt. das größte Innovationspotential beigemessen wird, von Interesse. So kann z.B. die Verwendung neuer Membranwerkstoffe den Ablauf von Fermentationsprozessen revolutionieren und damit überhaupt erst kostengünstige biotechnologische Produktionslinien ermöglichen. Umgekehrt läßt die derzeit außerordentlich dynamische Weiterentwicklung dieser Basistechnologie auch Konsequenzen für den Werkstoffbereich erwarten, wie z.B. auf biotechnologischem Wege hergestellte neue Funktionswerkstoffe für elektronische oder sensorische Anwendungen (Bioelektronik, Biosensorik).

Eine Reihe von Wechselwirkungen gibt es zwischen der modernen Werkstofftechnik und -forschung und der *Umwelttechnik*. Hierzu gehören hinreichend systematische und genaue Untersuchungen über die Implikationen neuer Werkstoffentwicklungen auf die Umwelt, die in der Regel erst durch die Meßmethoden und -geräte der modernen Werkstoffprüfung und -forschung ermöglicht werden. Darüber hinaus kann eine frühzeitige Berücksichtigung ökologischer Aspekte bei Werkstoffdesign und -produktion wesentlich dazu beitragen, daß gar nicht erst Umweltprobleme auftreten. Zu diesen primär vorbeugenden Maßnahmen gehören alle Aspekte des Werkstoffrecycling. Aber auch für den Bereich der sog. sekundären Umwelttechnik, d.h. die Techniken zur Entsorgung oder Sanierung, spielen Materialaspekte eine wesentliche Rolle. So sind z.B. viele Umwelt-Verfahrenstechniken, wie z.B. Filter-, Membran- und Katalysetechniken, eng mit modernen Funktionswerkstoffen verknüpft. Ein weiteres Beispiel sind Materialien, die zur hinreichend sicheren Abdichtung von verseuchten Bodenbereichen bzw. zur Einschließung von Sonderabfall geeignet sind.

2 Neue Entwicklungen in konventionellen Werkstoffklassen

2.1 Metalle

Unter allen technischen Werkstoffen werden Metalle auch weiterhin eine heraus-ragende Rolle spielen, vor allem im Bereich der Strukturwerkstoffe. Dazu tragen nicht zuletzt moderne Prozeßtechnologien bei, die eine gezielte Beeinflussung des Mikrogefüges erlauben. Im Bereich der klassischen Schmelzmetallurgie ist dabei insbesondere an die Prozesse der gerichteten sowie der raschen Erstarrung zu denken. Dazu kommen in weiter zunehmendem Maße pulvermetallurgische Verfahrensvarianten.

Wesentliche Entwicklungen im Bereich der Metalle gibt es bei

- *Leichtbauwerkstoffen (Al-Li-, Mg-Li-Legierungen, Schaummetalle),*
- *Hochtemperaturwerkstoffen (Superlegierungen, intermetallische Verbindg.),*
- *Spezialstählen,*
- *Formgedächtnislegierungen,*
- *Magnetwerkstoffen (Nd-Fe-B, amorphe Metalle) und*
- *Metallischen Supraleitern.*

2.1.1 Übergeordnete Aspekte

Für alle Metalle charakteristisch ist die Aufspaltung der Gitteratome in positive Ionen und ein quasi frei bewegliches, dem ganzen Gitter zuzurechnendes Elektronengas, das aus den Valenzelektronen der Atome gebildet wird. Diese Art der "metallischen Bindung" ist für ihre gute elektrische ("metallische") und thermische Leitfähigkeit verantwortlich. Außerdem ist sie die Ursache für ihr gutes Reflexionsvermögen.

Eine Klassifikation der Metalle kann nach verschiedenen chemischen oder physikalischen Gesichtspunkten erfolgen. Entsprechend ihrer Neigung zur Oxidbildung unterscheidet man in unedle (z.B. Magnesium), halbedle (z.B. Kupfer) und edle Metalle (z.B. Gold). Nach ihrer Dichte, die zwischen ca. 0,5 g/cm^3 beim Lithium und ca. 23 g/cm^3 beim Osmium liegt, ist eine grobe physikalische Unterteilung in Leichtmetalle und Schwermetalle möglich. Ihre Schmelzpunkte liegen zwischen -39°C bei Quecksilber und 3380°C bei Wolfram.

Metalle werden unter allen technischen Werkstoffen auch weiterhin eine herausragende Rolle spielen. Zu ihren wichtigsten Vorteilen zählen die extrem langjährige Erfahrung, die man mit ihnen gemacht hat, die relativ geringen Gestehungskosten, etablierte Fertigungs- und Verarbeitungs- sowie Reparaturverfahren und nicht zuletzt die außerordentlich hohe Recycling-Fähigkeit. Gerade der letztgenannte Gesichtspunkt tritt mit zunehmendem Umweltbewußtsein immer stärker in den Vordergrund. So liegt die Recyclingrate bei Stählen bereits bei ca. 40%. Nichtmetalle, die diese in konkreten Anwendungen substituieren könnten, müssen ihre Überlegenheit unter Beachtung aller relevanten Gesichtspunkte nachweisen. Dazu gehört nicht zuletzt eine Vollkostenrechnung, die auch Wartung, Instandsetzung und zunehmend die Wiederverwertung oder Entsorgung einschließt.

Die große technische Bedeutung der Metalle beruht vor allem auf ihrer Formbarkeit, der charakteristischen Leitfähigkeit und ihrer Eignung zur gezielten Einstellung von Eigenschaftskombinationen durch Legierung. Ihre Qualität läßt sich häufig noch dadurch verbessern, daß man sie gerade starken thermischen oder mechanischen Belastungen aussetzt. So kann Verformen die Festigkeit erhöhen oder eine gezielte Wärmebehandlung die Wahrscheinlichkeit eines Festigkeitsabfalls bei hohen Temperaturen herabsetzen. Verantwortlich für solche makroskopischen Eigenschaften der Metalle ist ihre kristalline Struktur. Im festen Aggregatzustand sind sie überwiegend in dichtesten Kugelpackungen kristallisiert. Die Art und Weise, wie die zusammenpassenden Atomebenen aneinandergefügt sind, wirkt sich auf viele mechanische Eigenschaften aus. Allerdings bestimmen gerade die Defekte, die die regelgemäße Fügung der Atomebenen stören, meist entscheidend solche Charakteristika wie Duktilität bzw. Sprödigkeit und Hochtemperaturverhalten. Diese Erkenntnis hat wesentlich dazu beigetragen, daß man heute in der Lage ist, über die gezielte Beeinflussung des Mikrogefüges neue, hochwertige metallische Werkstoffe zu entwickeln. Je nach Anforderung ist ein ganzes Spektrum potentieller Eigenschaften möglich. So können Metalle z.B. spröde oder geschmeidig verformbar, hart oder weich, leicht schmelzbar oder extrem hitzebeständig sein.

Über die reine Werkstoffentwicklung hinaus haben also vor allem moderne Prozeßtechnologien dazu beigetragen, daß auch klassische Legierungen durch Beeinflussung ihrer Mikrostruktur immer wieder den neuesten Anforderungen angepaßt werden können. Viele dieser Verfahren ermöglichen außerdem die Fertigung ganz neuer Legierungen, die mit klassischen Methoden gar nicht herstellbar wären. Bei-

spiele sind die amorphen, metastabilen, oxiddispersionsgehärteten oder die gerichtet erstarrten Metalle.

2.1.2 Spezifische Fertigungsverfahren

Klassisches schmelzmetallurgisches Verfahren zum Urformen von Metallen ist das
Gießen. Sein Hauptnachteil ist der meist hohe Aufwand an Nacharbeit und Fehler-
prüfung, aber auch auf diesem Gebiet gibt es erwähnenswerte Fortschritte. Zu nennen sind hier Neu- und Weiterentwicklungen sowohl der Gußwerkstoffe als auch
der Herstellverfahren. Zunehmend wird eine computergesteuerte Gestaltsoptimie-
rung entsprechend der zukünftigen Beanspruchung vorgenommen. Dreh- und
Angelpunkt für rechnerische Simulationen ist dabei die Finite-Elemente-Methode
(FEM).

Aufgrund ihrer charakteristischen Kristallstruktur sind gerade die Metalle prädes-
tiniert für die Einstellung bestimmter makroskopischer Eigenschaften durch
gezielte Beeinflussung des Mikrogefüges mittels qualifizierter Verarbeitungsverfahren. Dabei sind signifikante Verbesserungen auch traditioneller Techniken
weiterhin möglich. Das gilt insbesondere für die klassischen Temperaturverfahren
zur Härtung von Metallen, bei denen eine ausgeklügelte Computersteuerung inzwischen die systematische Manipulation des Gefüges erlaubt. Inzwischen gibt es aber
auch Bemühungen um die Ergänzung derartiger konventioneller Prozeßtechnologien z.B. mit *elektrischen Härteverfahren*, die auf der Wirkung elektrischer Spannungen von bis zu mehreren tausend Volt beruhen.

Eine gezielte Beeinflussung des Gefügezustandes metallischer Legierungen gelingt
auch mittels des Fertigungsprinzips der *gerichteten Erstarrung*, die zu den wichtigsten neuen Techniken der Metallverarbeitung gehört. Hier wird eine Erhöhung
der Einsatztemperatur durch Vermeidung von Korngrenzen senkrecht zur Hauptbe-
lastungsrichtung erreicht, ein interessantes Verfahren beispielsweise für Werkstoffe in Strahltriebwerken. Mit einem ähnlichen Verfahren gelingt auch die einkristalline Erstarrung z.B. von Turbinenschaufeln oder die Fertigung eutektischer
Superlegierungen. Letztere zeichnen sich durch das gleichzeitige Auskristallisieren
von zwei oder mehr Phasen während des Abkühlens aus. Dadurch ist eine sehr
feine Verteilung von Fasern des einen Legierungselementes in der Matrix des
anderen möglich, wie sie mit keinem konventionellen Verfahren erreichbar wäre.

Großes Interesse hat in den letzten Jahren auch das *schnelle Abschrecken* gefun-
den. Hier werden flüssige Metalle sehr rasch (bis zu einer Größenordnung von
10^6 Grad pro Sekunde) abgekühlt, wodurch Werkstoffe mit relativ homogener
Mikrostruktur entstehen, die oft hochfest sind und gewöhnlich einen hohen
Schmelzpunkt besitzen. Es können auch amorphe Metalle hergestellt werden sowie

metastabile Phasen ansonsten nicht mischbarer Substanzen. Aufgrund der nötigen hohen Abkühlgeschwindigkeiten können bisher allerdings nur Materialien mit einem großen Verhältnis von Oberfläche zu Volumen gefertigt werden. Besondere Entwicklungsanstrengungen gelten daher der direkten Herstellung massiver Bauteile.

Pulvermetallurgie

Zu den wichtigsten Entwicklungen in der Werkstoffherstellung gehört die Pulvermetallurgie. Aufgrund ihrer verhältnismäßig geringen Wirtschaftlichkeit werden die zugehörigen Verfahren in der Metallverarbeitung allerdings heute immer noch relativ wenig genutzt. In Zukunft wird ihre Bedeutung weiter steigen, zumal das nahezu abfallfreie Sintern eines Formteils aus Pulver in die Endgeometrie (near-net-shape-forming) die Möglichkeit zur Einsparung von Energie und Rohstoffen und damit zumindest im Prinzip auch wirtschaftliche Vorteile mit sich bringt.

Beispiel für diese Zielrichtung ist die Entwicklung eines neuen Herstellungsverfahrens für Stahlbleche, Rohre und Profile, das sog. *Sprühkompaktieren*. Dabei trifft eine zerstäubte Schmelze im Tröpfchenzustand direkt auf das Substrat, bis das gewünschte Dickenprofil erreicht ist. So können Pulverherstellungs-, Pulverkompaktierungs- und Formgebungsschritte (für Halbzeuge) in einem einzigen Verfahrensschritt zusammengefaßt werden. Die ersten Ergebnisse mit diesem Verfahren zeigen deutlich sein großes Entwicklungspotential.

Eine wichtige neue Methode zur Herstellung von Pulvern ist das *mechanische Legieren* ("Mechanical-Alloying", MA). Dabei handelt es sich um eine universelle Verfahrenstechnik, bei der in Kugelmühlen oder sog. Attritoren durch wiederholtes Verschweißen und Wiederaufbrechen von Pulverteilchen eine feine und homogene Mikrostruktur erzeugt wird. Auch die Herstellung homogener amorpher Pulver ist möglich. Die Vorteile des Verfahrens bestehen v.a. darin, daß fast jede beliebige (auch schmelzmetallurgisch nicht herstellbare) Materialkombination mit kontrollierter Mikrostruktur und damit entsprechend dem jeweiligen Anwendungszweck einstellbarem mechanischen oder physikalisch/chemischen Eigenschaftsprofil herstellbar ist. Dies erscheint besonders attraktiv im Hinblick auf Funktionswerkstoffe für Katalysatoren oder Hartmagnete. Bei den Konstruktionswerkstoffen hat das MA aufgrund seiner Nutzbarkeit zur Fertigung oxiddispersionsgehärteter Legierungen bereits wesentliche Verbesserungen bewirkt.

Allgemein ist das Entwicklungspotential des Verfahrens dadurch begrenzt, daß selbst bei Einsatz sehr großer Attritoren auch Strukturwerkstoffe nur in relativ geringen Jahresmengen hergestellt werden können. Das bedeutet, daß MA-Werkstoffe immer relativ teuer sein werden. Andererseits wird mit wachsenden Materialanforderungen insbesondere aus dem Flugzeugbau auch die Bedeutung kostspieliger Spezialwerkstoffe steigen.

Nach der Pulversynthese sind die Kompaktierungsverfahren wesentlich für die Fertigung pulvermetallurgischer Bauteile. Sie erlauben die Einstellung eines breiten, von hochporös bis hochdicht reichenden Dichtespektrums. Entsprechend groß ist die Variationsbreite der Anwendungsbereiche.

Eine besonders interessante Möglichkeit zur Verarbeitung von Metallpulvern direkt zum Bauteil bietet das *Metallspritzgießen* (Metal Powder Injection Moulding, MIM), das die Gestaltungsmöglichkeiten des Kunststoffspritzgießens mit der weitgehenden Freiheit der Werkstoffauswahl in der Pulvermetallurgie zu einer neuen Art von Sinterformteilen kombiniert. Es beruht auf der Vermengung feiner Metallpulver mit Kunststoff (z.B. Wachs) zu einer einzigen Masse. Der Kunststoff wird nach dem Spritzgießen bei höherer Temperatur entfernt, wobei gleichzeitig die Pulverteilchen miteinander versintern. Dieses zukunftsträchtige Verfahren eignet sich insbesondere zur Herstellung großer Stückzahlen von kleinen Bauteilen mit geometrisch anspruchsvollen Formen. Solche Bauteile sind z.B. im Maschinenbau oder in der Medizintechnik einsetzbar. Wesentliches Entwicklungsziel ist die Verwendbarkeit möglichst grober Metallpulver und die damit einhergehende Senkung der Herstellungskosten. Das konkurrierende Feinguß-Verfahren hat den Nachteil größerer Fertigungstoleranzen, außerdem ist es z.B. für die äußerst verschleißfesten Hartmetalle wie Wolframkarbid erst gar nicht geeignet.

Ein besonders aufwendiges Formgebungsverfahren für die Pulverteilchen ist das *Heißisostatische Pressen* (HIP), das aufgrund seiner hohen Kosten ursprünglich zur Fertigung äußerst hochwertiger Superlegierungen eingesetzt wurde. Inzwischen gibt es eine ganze Reihe von Varianten mit teilweise verringerter Zykluszeit und erhöhter Wirtschaftlichkeit. Das Verfahren eignet sich auch zum Ausheilen von Defekten in Gußteilen oder zum Schließen von Mikroporen, die aufgrund der hohen Belastungen z.B. in Turbinenwerkstoffen entstanden sind. Wie bei den meisten pulvermetallurgischen Prozesse gibt es Parallelen zur Fertigung moderner Keramiken.

Zur Kompaktierung rasch erstarrter amorpher Metallpulver scheinen *Explosionsverfahren* geeignet, da bei konventionellen Methoden für relativ große Zeiträume Temperaturen herrschen, die oberhalb der Kristallisationstemperatur der Pulver liegen. Allerdings werden die von der das Material durchdringenden Schockwelle verursachten Effekte bisher nicht ausreichend verstanden, so daß diese Technologie großtechnisch noch nicht einsetzbar ist.

Insgesamt gehören heute mehrphasige Gefüge, dispersionsgehärtete und faser- oder whiskerverstärkte Werkstoffe unter Verwendung nahezu aller Metalle als Legierungskomponenten zum Feld der pulvermetallurgischen Materialien. Die technologische Weiterentwicklung pulvermetallurgisch hergestellter Bauteile ist nicht mehr wie in den 60-er und 70-er Jahren auf Substitutionsanwendungen konzentriert, sondern nutzt zunehmend neuartige Möglichkeiten der aus den kleinen Einheiten (Pulverpartikeln oder auch Fasern) zusammengesetzten Stoffe. So hat die Pulvermetallurgie eine große Bedeutung z.B. für die Entwicklung der Metall-Matrix-Verbundwerkstoffe. Eine grundlegende Entwicklungslinie ist auch die Herstellung von Werkstoffen mit nanokristalliner Struktur. Sowohl für Metalle als auch für Keramiken zeichnen sich hier neue bzw. erheblich verbesserte Eigenschaften ab. Zukunftsträchtig ist auch die Fertigung von Verbunden aus einem Kernwerkstoff und einem pulvermetallurgisch aufgebrachten Mantelwerkstoff zur Kombination unterschiedlicher Merkmale, wie Zähigkeit und Härte mit Korrosionsfestigkeit an der Oberfläche. Durch hohe Abkühlgeschwindigkeiten bei der Pulverherstellung (Metallverdüsungsverfahren) oder mechanisches Legieren lassen sich in Verbindung mit geeigneten Verdichtungsverfahren auch Legierungen erzeugen, die schmelzmetallurgisch nicht herstellbar sind.

Neben der hohen Fertigungsflexibilität wird in der modernen Pulvermetallurgie eine extreme Reinheit und gleichbleibend hohe Qualität bei der Herstellung und Verarbeitung der Pulver angestrebt. Die Vermeidung von Gefügefehlern hat eine ähnliche Bedeutung wie in der Keramik-Fertigung und führt auch hier zunehmend zur Notwendigkeit von Reinraumvorkehrungen. Nur so sind die positiven Eigenschaften, wie etwa die Temperaturfestigkeit, der pulvermetallurgisch erzeugten Bauteile und eine weiter verbesserte Spezifizierung der Werkstoffeigenschaften für die angestrebten Anwendungen zu realisieren.

Umformverfahren

Eine wesentliche Entwicklung auf dem Gebiet der Umformverfahren und ein gutes Beispiel für die Wechselwirkung zwischen Werkstoffeigenschaften und Formgebungsverfahren ist das *Superplastische Umformen* (Superplastic Forming, SPF). Gewisse Legierungen mit geringen Korngrößen lassen sich bei hohen Temperaturen und niedrigen Dehnraten auf ein Vielfaches ihrer ursprünglichen Länge strecken, ohne zu brechen, da die sehr feinen Körner aneinander abgleiten. So sind die superplastischen Werkstoffe zu komplizierten Teilen formbar, wobei sich bei der Weiter- und Endbearbeitung eine Reihe von Arbeitsgängen erübrigt. Gerade die langsame Umformgeschwindigkeit mit den daraus folgenden Konsequenzen für Taktzeiten in der Fertigung hat bisher allerdings dazu geführt, daß die SPF-Technologie im wesentlichen auf den Bereich der Luft- und Raumfahrt beschränkt geblieben ist.

Vor allem im Zusammenwirken mit dem *Diffusionsschweißen* (Diffusion Bonding, DB) jedoch führt SPF über die Verringerung der Zahl der Einzelteile und der Verbindungselemente zu höherer Struktureffizienz, geringerem Gewicht und geringeren Fertigungs- und Montagekosten. Beide Verfahren haben sich deshalb im Flugzeugbau bereits etablieren können, verfügen aber weiterhin über ein großes Entwicklungspotential. So wird eine Verbesserung der Diffusionsschweißbarkeit von Aluminium sicher wesentlich zu einer weiteren Verbreitung der SPF/DB-Technologie auch im zivilen Luftfahrzeugbau beitragen. Ein wichtiger Entwicklungsschwerpunkt sind auch SPF/DB-Techniken für gekrümmte Mehrblechstrukturen. Neue SPF-Verfahren führen zu einer besseren Kontrolle der Wanddickenprofile. Das Problem der lokalen Blechausdünnung kann durch ein Membran-Formungsverfahren gelöst werden, welches für eine gleichmäßigere Verteilung des Druckes sorgen soll. Die Membrantechnik könnte im übrigen auch zum Heißformen nichtsuperplastischer Werkstoffe angewendet werden.

Hohes Entwicklungspotential haben auch die Superplastischen Werkstoffe selbst, von denen es sogar schon schweißbare Versionen gibt. Es wird intensiv an der Entwicklung leichterer, billigerer und/oder warmfesterer Materialien gearbeitet (z.B. partikelverstärkte Aluminium-Legierungen). Eine erhöhte Warmfestigkeit sollen v.a. superplastische Titanaluminide (als intermetallische Verbindungen) bieten, für die allerdings wesentlich höhere Umformtemperaturen als für klassische Titanlegierungen nötig sein werden, mit entsprechenden Konsequenzen für die einsetzbaren Werkzeuge.

Eine erwähnenswerte Entwicklung im Bereich der Schmiedetechnik ist das *isotherme Schmieden*, bei dem die Werkzeugtemperatur und damit das Werkstück selbst während des gesamten Schmiedeprozesses exakt auf dessen Umformtemperatur gehalten wird. Diese Präzisionsschmiedetechnik dient zur Herstellung kompliziert gestalteter Bauteile bei gleichzeitig deutlich angehobener Maßgenauigkeit. Der damit verbundene beachtliche Aufwand führt allerdings dazu, daß ihre Anwendung bislang noch auf die Fertigung relativ weniger hochwertiger Bauteile beschränkt bleibt (z.B. Integralbauteile im Flugzeugbau).

2.1.3 Strukturmetalle

In vielen Strukturanwendungen werden metallische Hochleistungswerkstoffe trotz der wachsenden Konkurrenz durch faserverstärkte Kunststoffe oder Keramiken ihre führende Stellung verteidigen oder teilweise sogar ausbauen können. Das gilt auch für die Luft- und Raumfahrt. In diesem Bereich sind die wirtschaftlichen Vorteile am größten, die durch die Nutzung besonders leichter bzw. hochtemperaturbeständiger Materialien zu erzielen sind. Daraus resultieren die außergewöhnlichen Anstrengungen zur Erzeugung hochfester Werkstoffe mit geringem Gewicht und hohen Einsatztemperaturen. Während *Leichtbauwerkstoffe* hinsichtlich der Reduzierung der Strukturgewichte entwickelt werden, sollen neue *Hochtemperaturlegierungen* in erster Linie die Erhöhung des Schub/Gewichts-Verhältnisses von Triebwerken ermöglichen. Dabei reicht die Bedeutung beider Entwicklungslinien weit über die Luft- und Raumfahrt hinaus. Auch im Automobilbau bzw. bei Schienenfahrzeugen führt der Einsatz entsprechender Werkstoffe zu einer Verringerung des Energieverbrauchs. Allerdings wird hier besonderer Wert auf die großtechnische Herstellbarkeit mit einem betont günstigen Kosten/Nutzen-Verhältnis gelegt.

Sowohl nach der Menge der Erzeugung als auch nach dem Umsatz stehen *Stähle* weltweit an der Spitze aller Werkstoffe. Dabei sind die meisten der etwa 2500 eingesetzten Stahlsorten jünger als 10 Jahre. Obwohl sie auch interessante funktionale Eigenschaften haben, werden sie hauptsächlich als Strukturwerkstoffe gebraucht. Herausragende mechanische Eigenschaften in Kombination mit bestimmten funktionalen Besonderheiten bieten auch die *amorphen Metalle*.

Unabhängig von derartigen Aspekten der Festigkeit, des Leichtbaus oder des Hochtemperatureinsatzes gibt es weitere interessante Entwicklungen auf dem Gebiet der Strukturmetalle. Besonders erwähnenswert sind die sog. *Memory-Metalle* mit "Formgedächtnis". Sie wurden bereits vor etwa 30 Jahren entdeckt und sind damit klassische Beispiele für die heute aus übergeordneter Sicht erforschten Smart Materials (s. 3.2), wobei sie die dort wesentlichen Sensor- und Aktorfunktionen in einem Bauteil vereinigen.

Leichtbauwerkstoffe

Im Hinblick auf das Strukturgewicht hat die mögliche Reduzierung der Bauteildimension aufgrund z.B. einer gesteigerten Werkstoffestigkeit einen kleineren Effekt als eine Reduzierung der Werkstoffdichte. Dies unterstreicht die Bedeutung der *Leichtmetalle* wie Aluminium, Titan und Magnesium.

Unter den Metallen mit geringer Dichte nimmt *Aluminium* aus wirtschaftlicher und technischer Sicht eine herausragende Stelle ein. Es steht bei der Welterzeugung auf dem zweiten Platz aller metallischen Werkstoffe und ist neben Eisen zum wichtigsten Gebrauchsmetall geworden. Neben gesicherten Rohstoffquellen und wirtschaftlichen Produktionsmethoden sind es vor allem folgende Vorteile, die das Aluminium auszeichnen:

- geringe Dichte
- auf die Dichte bezogen günstige mechanische Eigenschaften
- ausgezeichnete chemische Beständigkeit
- gute Leitfähigkeit für Wärme und elektrischen Strom

- hervorragende Verformbarkeit.

Nachteilig sind mangelnde Warmfestigkeit und Oberflächengüte. Wesentliches Entwicklungsziel ist auch die weitere Steigerung der massespezifischen Festigkeit.

Bereits heute werden die verschiedensten Komponenten von Kraftfahrzeugen aus Aluminium gefertigt. Eine weitere deutliche Steigerung des Bedarfs ist hier zu erwarten, wenn die Voraussetzungen für den großtechnischen Einsatz von Aluminium im Karosseriebau geschaffen werden können. In diesem Zusammenhang ist der sogenannten Spaceframe-Bauweise eine entscheidende Bedeutung beizumessen. Als Basis des Fahrzeugs dient dabei ein Gitterrohr-Rahmen aus Aluminium-Strangpreßprofilen, an dem die Karosserieteile befestigt werden. Erste Prototypen entsprechend gefertigter Kraftfahrzeuge existieren, eine Serieneinführung steht bevor.

Vor allem an Werkstoffe für Triebwerke wird neben der Gewichtsreduzierung die Forderung nach erhöhten Einsatztemperaturen gestellt. Kurzfristig scheint die Steigerung der Einsatztemperaturen von konventionellen Al-Legierungen auf ungefähr 450°C erreichbar. So haben dispersionsverfestigte, pulvermetallurgisch hergestellte Al-Legierungen für den Temperaturbereich bis 300°C das Potential, in einigen Anwendungen Titan im Flugzeugbau zu ersetzen. Höhere Einsatztemperaturen sind auf der Basis intermetallischer Verbindungen des Al, z.B. mit Titan, zu erwarten. Bis heute bestehen die Triebwerke von Verkehrsflugzeugen v.a. aus Nickel, Stahl sowie Titan und zu weniger als 10% aus Aluminium.

Zur Verbesserung der Eigenschaften gibt es über die Weiterentwicklung der Produktionsverfahren hinaus ständige Bemühungen um neue Rezepturen für die Legierungen. Erwähnenswert sind in diesem Zusammenhang z.B. zinkhaltige Aluminiumlegierungen, die sich durch eine besondere Ausgewogenheit ihrer mechanischen Eigenschaften auszeichnen.

Der bedeutendste Fortschritt der vergangenen Jahre wurde in der Klasse der leichten Metalle durch die Entwicklung von *Aluminium-Lithium-Legierungen* (Al-Li) bis zur Schwelle des industriellen Einsatzes erzielt. Das große Interesse der Industrie an Al-Li-Werkstoffen resultiert aus dem Potential zur Gewichtsreduzierung von Strukturbauteilen. Die Zugabe von 1% Lithium zu Aluminium reduziert die Dichte der Legierung um 3% und erhöht das Verhältnis Festigkeit/Dichte um 10%. Der maximale Lithiumanteil beträgt für Labormuster bisher um 10%, noch höhere Anteile sind evt. durch Schnelles Erstarren oder Mechanisches Legieren erreichbar.

Die Herstellung der Al-Li-Legierungen stellt die Aluminium-Industrie vor eine große prozeßtechnische Herausforderung. Das Legierungselement Lithium hat einen vergleichsweise hohen Dampfdruck und ist sehr reaktiv gegenüber Wasser,

Sauerstoff, Stickstoff und konventionellem Feuerfestmaterial. Sicherheitsaspekte hinsichtlich Explosionsrisiken und toxischen Dämpfen müssen ebenfalls berücksichtigt werden.

So resultieren im Vergleich zu konventionellen Aluminiumlegierungen um ein Mehrfaches erhöhte Kosten. Trotzdem könnten Al-Li-Legierungen schon in zehn Jahren den Hauptanteil aller Aluminiumverbindungen in Flugzeugen ausmachen. Verschiedene Komponenten sind relativ kurzfristig durch Teile aus dem neuen Material ersetzbar, da vorhandene Arbeitsgänge und Maschinen ohne Umstellungen genutzt werden können. Bereits heute sind z.B. einige Bauteile am Flügel des neuen Airbus A340 aus diesem Werkstoff im Einsatz. Ein Al-Li-spezifisch konstruiertes Flugzeug, das dann erst alle Vorteile ausschöpfen könnte, wird es aber erst nach der Jahrtausendwende geben. Hauptkonkurrent der Al-Li-Legierungen, vielleicht längerfristig überlegen, sind dabei die Kohlenstoffaserverstärkten Kunststoffe (CFK), gegen die allerdings bisher die schwierigere und weniger erprobte Verarbeitung spricht. Dagegen sind inzwischen sogar schweißbare Al-Li-Legierungen bekannt, die im übrigen auch für den Fahrzeugbau interessant wären.

Der steile Anstieg der Produktionszahlen von *Titan* seit Mitte der 50-er Jahre erklärt sich durch seine insbesondere in der Luft- und Raumfahrt geschätzten Vorteile wie

- hohe gewichtsspezifische Festigkeit,
- hohe Schwingfestigkeit,
- hohe Bruchzähigkeit,
- hohe Kriechbeständigkeit und
- gute Korrosionsbeständigkeit.

Dabei hat Titan im Vergleich zu Aluminium und Magnesium die höchste Festigkeit, allerdings auch die größte Dichte. Titanlegierungen ersetzen häufig bestimmte Stähle in Anwendungen, wo es auf Gewichtseinsparungen ankommt, und Aluminium, wo besondere Hochtemperatureigenschaften gefordert sind.

Über die Luft- und Raumfahrtindustrie hinaus gibt es inzwischen eine wachsende Zahl neuer Anwendungsgebiete. Vor allem die chemische Industrie nutzt die Korrosionsbeständigkeit von Titan für viele Bauteile, die mit aggressiven Medien in Berührung kommen. Der Einsatz des Materials in der Medizintechnik nimmt ständig zu, seit gesicherte Erkenntnisse über die ausgezeichnete Körperverträglichkeit von Titan vorliegen.

Für die Einsatztemperaturen von Hochtemperatur-Titanlegierungen scheinen kurzfristig Werte um 650°C erreichbar. Damit könnten sie möglicherweise in einigen Anwendungen die wesentlich schwereren Superlegierungen ersetzen. Vor allem

Intermetallische Titanaluminide zeichnen sich durch exzellente Hochtemperatureigenschaften aus und sind daher Gegenstand zahlreicher Forschungsprogramme.

Im Bereich der Titanverarbeitung kann die o.g. SPF/DB-Technik als beherrscht betrachtet werden. Neben der Suche nach neuen Legierungen mit niedrigeren Umformtemperaturen (klassisch ca. 940°C) und höheren Umformgeschwindigkeiten ist das nächste Entwicklungsziel die Übertragung der beherrschten Technologie auf Titanaluminide, hier bei wesentlich höheren Umformtemperaturen.

Einige negative Eigenschaften (Anisotropie, Textur) machen gerade bei der Entwicklung von Bauteilen aus Titan eine werkstoffgerechte Konstruktion erforderlich. Aufgrund der geringen Oberflächenhärte des Titans ist außerdem die Entwicklung von Verfahren zur Hartstoffbeschichtung interessant.

Vor allem wegen der im Vergleich zu Aluminium geringeren Dichte des Magnesiums haben auch *Magnesiumlegierungen* ein Potential als leichte Konstruktionswerkstoffe. In konventioneller Ausführung sind sie jedoch gekennzeichnet durch niedrige Festigkeit, geringe Duktilität und hohe Korrosionsanfälligkeit. Gerade der letztgenannte Aspekt hemmt ihren Einsatz im Flugzeugbau. Es gibt allerdings Entwicklungen von hochreinen, korrosionsbeständigen Gußlegierungen, denen in Verbindung mit geeigneten Beschichtungen durchaus ein Anwendungspotential in der Luft- und Raumfahrt eingeräumt wird. Durch pulvermetallurgische Verfahren konnten zudem Magnesiumlegierungen mit Yttrium- und Neodym-Legierungszusätzen hergestellt werden, deren Festigkeits- und Duktilitätskombination äquivalent zu hochfesten Al-Legierungen ist. Die Verschleißfestigkeit kann darüber hinaus durch Zusatz harter keramischer Partikel erhöht werden.

Langfristig wird die Qualifizierung extrem leichter Magnesium-Lithium-Legierungen für technische Anwendungen bis zu einer Einsatztemperatur von 200°C angestrebt. Zu diesem Zweck gibt es intensive Bemühungen insbesondere um die Optimierung vorhandener und die Entwicklung neuer Verfahrenstechniken. Außerdem werden weitere Legierungszusammensetzungen erprobt, die ausreichende mechanische und vor allem adäquate korrosionstechnische Eigenschaften haben sollen.

Im Prinzip bereits seit den fünfziger Jahren bekannt ist eine neue Klasse von Leichtbauwerkstoffen, die sog. *Schaummetalle*. Durch ein gezieltes Einbringen von Poren liegt deren Dichte noch einmal deutlich unter der der benutzten Grundwerkstoffe und kann bei Verwendung von Leichtmetallen wie Aluminium weniger als 1 g/cm^3 betragen. Dabei reichen die Festigkeitswerte für viele Anwendungen immer noch aus. Genau wie das Elastizitätsmodul hängen sie von der eingestellten Dichte des Materials ab.

Während sich offenporige Schaummetalle als stoßunempfindliche Katalysatorträger, Filter, Wärmetauscher oder Elektrodenmaterialien mit hoher spezifischer Oberfläche anbieten, können geschlossenporige Strukturen aufgrund ihrer mechanischen Eigenschaften eingesetzt werden. Neben der offensichtlichen Eignung für den Leichtbau, wo zudem die Nichtbrennbarkeit ein entscheidendes Kriterium sein kann, gehören auch gute Schall- und Wärmedämmungseigenschaften zu ihren Vorteilen. Naheliegend wäre auch ihre Anwendung als Energieabsorber z.B. an Front- oder Seitenteilen von Kraftfahrzeugen.

Im Gegensatz zu den geschäumten Polymeren ist die Bedeutung der Schaummetalle bisher allerdings relativ gering geblieben. Das liegt in erster Linie an den zur Verfügung stehenden Herstellungsverfahren, die entweder schlecht kontrollierbar sind, aufwendige Ausgangsmaterialien benötigen oder organische Füllstoffe verwenden, welche schließlich wieder entfernt werden müssen. So führen Versuche, die Poren durch Beimischung eines gasabspaltenden Treibmittels z.B. in eine rasch abzukühlende Aluminiumschmelze einzubringen, zu einer schlechten Reproduzierbarkeit und einer ungleichmäßigen Verteilung der Poren.

Derartige Nachteile entfallen bei einem neuen pulvermetallurgischen Herstellungsverfahren, bei dem der pulverförmige metallische Grundwerkstoff mit einem Treibmittel gemischt und anschließend zu einem Halbzeug verdichtet wird. Dieses kann durch konventionelle Umformtechniken in jede beliebige Form, beispielsweise Bleche oder Hohlprofile, gebracht und anschließend durch Erwärmung aufgeschäumt werden. Nachdem diese Technologie zunächst insbesondere zur Herstellung von Leichtmetallschäumen eingesetzt wurde, wird eine Erweiterung auch auf andere Metalle und hier speziell Stähle angestrebt. Entscheidend für die großtechnische Verbreitung der Schaummetalle ist die Verringerung der Herstellungskosten durch den weiteren Ausbau der Laborversuche zu einem kontinuierlich durchführbaren Prozeß.

Hochtemperaturlegierungen

Eine besondere Herausforderung bei der Entwicklung neuer Werkstoffe stellen die Hochtemperaturlegierungen dar. Einerseits begrenzt der Stand der Technik auf diesem Gebiet die Betriebsbedingungen für fortgeschrittene Wärmekraftmaschinen, die im Interesse des Wirkungsgrades oder der Emissionsoptimierung bei möglichst hohen Temperaturen betrieben werden sollen. Andererseits müssen bei Hochtemperaturwerkstoffen mehrere Kriterien, deren grundlegende Prinzipien zudem noch nicht vollständig verstanden werden, gleichzeitig erfüllt sein. Bei diesen handelt es sich um Kriech- und Ermüdungsfestigkeit, Oxidations- bzw. Korrosionsbeständigkeit sowie ausreichende Zähigkeit und meist geringe Dichte. Gerade metallische

Hochtemperaturwerkstoffe erfüllen diese Bedingungen häufig in relativ ausgewogenem Maße.

Neben modernen Prozeßtechniken wie gerichteter oder einkristalliner Erstarrung ist in diesem Zusammenhang die eigentliche Werkstoffzusammensetzung von besonderem Interesse. So sind für mechanisch belastete Teile in korrosiver Umgebung mit zunehmender Temperatur zunächst konventionelle Legierungen, dann Superlegierungen und schließlich Geordnete Intermetallische Legierungen einsetzbar. Diese wiederum werden in Zukunft verstärkt mit metallischen oder keramischen Verbundwerkstoffen bzw. Kohlenstoffaserverstärktem Kohlenstoff (CFC) konkurrieren. Auch Technologien zur Beschichtung besonders beanspruchter Bauteile mit keramischen Werkstoffen werden zunehmend interessant. Dabei ist im übrigen zu bemerken, daß die maximale Einsatztemperatur natürlich immer unter der Schmelztemperatur liegt, da ja im konkreten Einsatz bestimmte mechanische Anforderungen erfüllt werden müssen.

Im Gegensatz zu konventionellen einphasigen Legierungen weisen die speziell für den Hochtemperaturteil von Turbinen entwickelten *Superlegierungen* (meist auf Nickelbasis) zwei oder mehr Phasen auf. So werden Versetzungsbewegungen im Material erschwert und hohe Einsatztemperaturen auch unter bedeutender mechanischer Beanspruchung und in korrosiver Umgebung ermöglicht. Kurzfristig scheinen über 1100°C erreichbar, was allerdings nur eine relativ kleine Steigerung gegenüber dem Stand der Technik in der Mitte der achtziger Jahre bedeutet. Auch durch moderne Prozeßtechniken wie Mechanisches Legieren sowie die bereits etablierten, aber verbesserungswürdigen Verfahren der Gerichteten und Einkristallinen Erstarrung werden wesentliche Steigerungsmöglichkeiten nicht mehr erwartet, da die Einsatztemperaturen inzwischen immer näher an die Schmelztemperaturen der Superlegierungen herangekommen sind. Die Verwendung von Legierungsbestandteilen mit wesentlich höheren Schmelztemperaturen wird untersucht. Wie z.B. Wolfram haben diese allerdings oft eine hohe Dichte und führen zur Erhöhung der Bauteilgewichte. Außerdem ist unsicher, ob sie den im praktischen Einsatz in korrosiver Umgebung gegebenen weiteren Randbedingungen genügen können.

Langfristig werden Werkstoffe benötigt, die im konkreten Einsatz Temperaturen von weit über 2000°C standhalten können. Geeignete Materialien für solche extremen Anforderungen stehen heute noch nicht zur Verfügung, und auch die inhärent spröden Keramiken können in absehbarer Zeit nicht als Ersatzwerkstoffe für Superlegierungen eingesetzt werden. Zu den qualifizierten Kandidaten gehören hier insbesondere die *Geordneten Intermetallischen Verbindungen*, die sich von konventionellen metallischen Legierungen dadurch unterscheiden, daß die Bestandteile in annähernd stöchiometrischem Verhältnis zueinander stehen. Im Gegensatz zu einigen Superlegierungen beinhalten sie kaum strategische Elemente wie Kobalt oder Chrom, so daß Probleme mit den entsprechenden Ressourcen nicht zu erwarten sind. Kurzfristig scheinen Einsatztemperaturen von ungefähr 1200°C, für einen späteren Zeitpunkt auch 1800°C realistisch.

Die Eigenschaften intermetallischer Verbindungen liegen zwischen denen von Superlegierungen und denen von Keramiken. So gibt es auch hier vor allem Probleme mit der Sprödigkeit. Diesen soll durch bestimmte Legierungszusätze und durch die Entwicklung angemessener Bearbeitungsverfahren begegnet werden. Trotz dieser beachtlichen Schwierigkeiten wird den intermetallischen Phasen ein bedeutendes Einsatzpotential bescheinigt. Neben den dominierenden strukturellen sollten dazu auch bestimmte funktionale Anwendungen beitragen. So ermöglichen sie in spezifischen Modifikationen z.B. die effektive Speicherung von Wasserstoff. Das Hauptaugenmerk bei der Entwicklung intermetallischer Verbindungen hat sich bisher auf Aluminide gerichtet. Inzwischen werden aber auch eine Reihe anderer Verbindungen untersucht, die aufgrund einzigartiger Eigenschaften für spezifische Anwendungen interessant sind. So ist Ni_3Si z.B. außergewöhnlich widerstandsfähig gegen heiße Schwefelsäure.

Größtes Interesse hat bisher die Verbindung Ni_3Al gefunden. Nachdem die Sprödigkeit dieses Werkstoffes durch geringe Zusätze von Bor verringert werden konnte, steht er jetzt auf der Schwelle zur kommerziellen Anwendung. Allerdings bringt er keine wirklich wesentlichen Verbesserungen gegenüber konventionellen Superlegierungen. Für den Triebwerksbau scheinen insbesondere NiAl, Ti_3Al und TiAl sowie molybdän-oder berylliumhaltige intermetallische Verbindungen besser geeignet, die einen höheren Schmelzpunkt und/oder eine geringere Dichte haben. Deren mangelhaftes duktiles Verhalten könnte u.a. durch Einbindung in Verbundwerkstoffe verbessert werden.

Unabhängig von der Art der Legierung läßt sich die Festigkeit bei hohen Temperaturen durch das Einbringen von Teilchen erhöhen, die nicht mit der Matrix reagieren, z.B. Oxide. Solche *Oxiddispersionsgehärteten Legierungen* werden in Flugtriebwerken bereits eingesetzt, dank weiterer Fortschritte in den Herstellungsmethoden (z.B. Mechanisches Legieren) lassen sich die Kosten senken und die mechanischen Eigenschaften verbessern. Da die spezifische Aushärtung der Superlegierungen unterhalb von 900°C höhere Festigkeitswerte liefert als die Dispersionshärtung, bietet sich eine Kombination beider Härtungsmechanismen in Oxiddispersionsgehärteten Superlegierungen an.

Prinzipielle Obergrenze für die Einsatztemperatur bleibt aber natürlich die Schmelztemperatur der verwendeten Matrixlegierung. Von dieser Grenze ist man gerade bei dispersionsgehärteten Al-Legierungen noch relativ weit entfernt, wodurch sich deren besonderes Entwicklungspotential begründet. Das wird auch der Dispersionshärtung intermetallischer Legierungen zugesprochen. Fortschritte sind in jedem Fall von der weiteren Optimierung der eingebrachten Dispersoide zu erwarten, wobei speziell den Mechanismen an der Teilchen-Matrix-Grenzfläche besondere Beachtung zukommt.

Stähle

Ursache für die anhaltende Bedeutung der Eisenbasis-Legierungen sind neben dem weiten Eigenschaftsspektrum nicht zuletzt die Beherrschung großtechnischer Fertigungsverfahren in gleichbleibender und prüfbarer Qualität, die hohe Verfügbarkeit des Eisens in der Erdrinde sowie die gute Rückführbarkeit gebrauchter Produkte in den Herstellungsprozeß. Stähle können außerordentlichen mechanischen, thermischen oder chemischen Anforderungen genügen. Ihre Einsatztemperaturen reichen heute von -270°C, z.B. in der Tiefkühltechnik, bis weit über +1000°C (Ferritische Superlegierungen) in den Verbrennungskammern von Strahltriebwerken. Ihre Eigenschaften sind empfindlich durch Steuerung von Menge und Art der Legierungsbestandteile beeinflußbar. So steigert Kohlenstoff, das wichtigste Legierungselement des Eisens im Stahl, die Festigkeit, verursacht aber gleichzeitig Einbußen bei der Zähigkeit. Diesen Nachteil muß man beim Stickstoff, der ebenfalls die Festigkeit der Legierung erhöht, nicht in Kauf nehmen. Die angestrebte Minimierung des Anteils an Phosphor soll zu einer weiteren Verringerung der Sprödigkeit hochfester Stähle führen.

Neben der Spezifizierung neuartiger Legierungen sind es heute insbesondere spezielle Wärmebehandlungsverfahren und neue Walztechniken, die das Maßschneidern der Eigenschaften von Stählen entsprechend spezifischer Problemstellungen ermöglichen. Besonders erwähnenswert ist in diesem Zusammenhang z.B. die Entwicklung der HSLA-Stähle (High-Strenth Low-Alloy), bei denen aufgrund ausgeklügelter Bearbeitungsverfahren eine beeindruckende Verbesserung mechanischer Eigenschaften bei gleichzeitiger Minimierung der Legierungsbestandteile gelungen ist. Sie finden zunehmenden Einsatz z.B. im Automobilbau.

Bemerkenswerte Entwicklungen gibt es außerdem z.B. auf den Gebieten der Superplastischen Stähle sowie der sog. Dual-Phase-Stähle. Letztere sind ferritischmartensitische Gefüge, die über hohe Festigkeiten (typischer Wert 1200 N/mm^2) bei gleichzeitig guter Verformbarkeit verfügen. Weitere Fortschritte sind in der Pulvermetallurgie sowie der gerichteten, einkristallinen oder amorphen Erstarrung von Stählen zu erwarten. Nennenswerte fertigungstechnologische Entwicklungen finden sich außerdem bei der Sekundärmetallurgie (qualitätsverbessernde Verfahren zwischen Erschmelzen und Weiterverarbeitung), verschiedenen Behandlungsverfahren des Endproduktes (z.B. durch Laser) und dem Endabmessungsnahen Gießen.

Da die Eisenwerkstoffe eine gewaltige Bandbreite von Eigenschaften überdecken, ist ihr Entwicklungspotential beträchtlich. Aber nur auf hohem technisch-wissenschaftlichem Niveau sind bei einer bereits so gereiften Werkstoffgruppe weitere Fortschritte möglich. Zurückgewonnen werden dabei allerdings auch solche Anwendungsgebiete, in die andere Werkstoffe bereits eingedrungen sind.

Amorphe Metalle

Durch herausragende mechanische Eigenschaften zeichnen sich auch die amorphen Metalle (auch als metallische Gläser bezeichnet) aus, deren weichmagnetisches Verhalten bereits besonderes Interesse im Bereich der Funktionswerkstoffe gefunden hat. In strukturellen Anwendungen sind insbesondere ihre erhebliche Härte sowie hohe Zugfestigkeit und Elastizität gefragt, bei gleichzeitig guter Korrosionsbeständigkeit. Festigkeiten von typischerweise über 1500 N/mm^2 lassen sie z.B. als Verstärkungsfasern in Verbundwerkstoffen interessant erscheinen.

Eine neue Entwicklung sind metallische Gläser auf Aluminiumbasis, die ein geringeres spezifisches Gewicht haben als konventionelle amorphe Legierungen auf Basis der Übergangsmetalle. Bei gleichzeitig hoher Duktilität und Zähigkeit sind Zugfestigkeiten von ca. 1000 N/mm^2 erreicht worden. Ihre Festigkeitswerte übertreffen damit diejenigen der besten, im Flugzeugbau verwendeten Leichtmetalllegierungen um ungefähr einen Faktor zwei. Zudem sind sie als amorphe Phasen stabil bis zu Temperaturen von ungefähr 500°C (konventionelle amorphe Legierungen bis ca. 400°C).

Damit ist ein wesentlicher Problembereich amorpher Werkstoffe angesprochen, nämlich ihr Streben nach Rückkehr in den energetisch günstigeren kristallinen Zustand (Kristallisation/Entglasung). Außerdem sind für herkömmliche Metallverarbeitung optimierte Verfahren nicht unbedingt in gleicher Weise einsetzbar, was v.a. für schneidende Prozesse oder für thermische Fügeverfahren gilt. Auch die Fertigung massiver Teile ist schwierig, bedingt durch die Herstellungstechnik der Schnellen Erstarrung nach dem Schmelzausziehverfahren. Einen Ausweg kann hier das Mechanische Legieren und die anschließende pulvermetallurgische Verdichtung der so gefertigten amorphen Pulver zum Bauteil bieten.

Die bereits in größerem Umfang eingesetzten amorphen Schichten können durch Verdampfen oder Kathodenzerstäubung hergestellt werden. Sie vermindern Korrosion und Verschleiß von Werkstücken.

Memory-Metalle

Memory-Metalle können aufgrund reversibler Austenit-Martensit-Gefügeumwand-
lungen in Abhängigkeit von der Temperatur verschiedene stabile Zustände anneh-
men. Man spricht von Einwegformgedächtnis, falls eine große bleibende Verformung bei Erwärmung zurückgeht, und von Zweiwegformgedächtnis, falls zwei
verschiedene Formen durch Erwärmung und Abkühlung abwechselnd eingenom-
men werden können. Im Gegensatz zu den bekannten Thermobimetallen erfolgt
die Formänderung bei Memory-Metallen abrupt in einem kleinen Temperaturintervall. Bemerkenswert ist dabei das hohe Arbeitsvermögen pro Volumeneinheit während der Effektentfaltung. Die "Schalttemperatur" kann u.a. durch die Legierungszusammensetzung gezielt eingestellt werden.

Über die thermisch induzierte, also von der Temperatur abhängige hinaus gibt es
auch das Phänomen einer rein spannungsinduzierten Gefügeumwandlung. Dann
spricht man von der sog. Pseudoelastizität oder vom mechanischen Formgedächtnis. Dabei kann die innere Struktur allein durch Aufbringen oder Rücknehmen
einer mechanischen Spannung zwischen austenitischer und martensitischer Form
wechseln. Ein pseudoelastisches Bauteil läßt sich im Vergleich zu konventionellen
Legierungen um das Fünf- bis Zehnfache dehnen oder stauchen und kehrt nach
Entlastung in seine ursprüngliche Form zurück.

Memory-Metalle werden z.B. für Rohrverbindungen oder hochzuverlässige Steck-
verbindungen in der Elektronik genutzt. Außerdem können sie die Grundlage bilden für Entriegelungselemente in der Raumfahrt oder thermomechanische Stell-
elemente bzw. Greifarme von Kleinrobotern. Ein Beispiel für die vielfältigen
Anwendungsmöglichkeiten pseudoelastischer Legierungen sind die bereits kommerziell erhältlichen superelastischen Brillenrahmen, die auch nach extremer Dehnung oder Biegung immer wieder ihre Idealform einnehmen.

Darüber hinaus ist gerade bei dieser neuartigen Klasse von "lernfähigen" Werkstoffen eine Vielzahl neuer Anwendungen denkbar, die bisher nicht für möglich gehalten wurden oder erst erfunden werden müssen. Trotz ihrer im Prinzip hervorragenden Zukunftsaussichten ist das Potential für eine tatsächliche großtechnische
Anwendung von Memory-Metallen allerdings noch offen. Probleme bereitet z.B.
die Ermüdung des Werkstoffs nach sehr häufigem Wiederholen der Formänderung.
Außerdem sind die bislang am meisten verwendeten Nickel-Titan-Legierungen
nicht einfach herzustellen und deshalb noch sehr viel teurer als ihre Rohstoffe. Die
ebenfalls eingesetzten Kupfer-Zink-Legierungen sind zwar preiswerter, haben aber
deutliche Nachteile bzgl. der Effektentfaltung und der thermischen Stabilität.
Daher entwickelt man Eisenbasislegierungen mit Formgedächtnis. Dabei sind
bereits erste Erfolge zu verzeichnen. Solche Legierungen hätten außer hoher

Festigkeit und geringeren Herstellungskosten vermutlich den weiteren Vorteil, daß man sie bei höheren Temperaturen einsetzen könnte.

2.1.4 Funktionsmetalle

Auch bei den Funktionswerkstoffen kommen wichtige klassische Vertreter aus dem Bereich der Metalle. Aufgrund ihrer charakteristischen elektrischen Leitfähigkeit und außergewöhnlichen magnetischen Eigenschaften haben sie schon relativ früh Eingang gefunden in Massenanwendungen, z.B. zur Stromübertragung oder auch zur Datenspeicherung in der Elektronik. Dank ihres geeigneten Verhaltens gegenüber körperlichem Gewebe gehören Metallegierungen wie Chrom- und Kobaltstähle, Titan-Aluminium-Vanadium oder Chrom-Nickel überdies zu den am weitesten verbreiteten biomedizinischen Werkstoffen. In vielen funktionalen Anwendungen spielen die herausragenden mechanischen Eigenschaften der Metalle indes eine untergeordnete Rolle, so daß sie hier in besonderem Maße von der Substitution durch andere Werkstoffklassen bedroht werden. Viele neue Entwicklungen sowohl auf dem Gebiet der Legierungen selbst als auch bei modernen Prozeßtechniken führen allerdings dazu, daß Metalle auch in diesem Verdrängungswettbewerb weiterhin zumindest konkurrenzfähig bleiben.

So haben in jüngerer Zeit Entdeckungen wie diejenigen der hartmagnetischen Neodym-Eisen-Bor-Verbindungen oder der weichmagnetischen amorphen Metalle sowie das zunehmende Verständnis der magnetischen Grundlagen und verbesserte Verfahrenstechniken zur Erweiterung und zur Verfeinerung des Spektrums metallischer Magnetwerkstoffe geführt.

Die Entwicklung der *Dauermagnetwerkstoffe* ist durch Versuche gekennzeichnet, die maximale Energiedichte durch Steigerung der Remanenz oder der Koerzitivfeldstärke zu vergrößern. Viele der in diesem Zusammenhang erzielten Fortschritte basieren auf der Nutzung von Eisen, Nickel und Kobalt in Legierungen miteinander oder mit anderen Elementen wie Aluminium, Bor oder verschiedenen Seltenen Erden.

Permanentmagnete auf Samarium-Kobalt-Basis wurden Anfang der 70-er Jahre entwickelt. Sie übertreffen in ihren magnetischen Eigenschaften die konventionellen Ferrit- und Aluminium-Nickel-Kobalt-Werkstoffe um ein Mehrfaches. Eingesetzt werden sie hauptsächlich in leichtgewichtigen elektronischen Bauteilen wie Quarzuhren oder Kopfhörern sowie in elektrischen Kleinstmotoren, wo die durch die Miniaturisierung möglichen Systemvorteile die Kostennachteile dominieren.

Eine weitere Steigerung der magnetischen Eigenschaften gelang Anfang der 80-er Jahre mit den *Neodym-Eisen-Bor-Legierungen*, die bei Raumtemperatur in ihrem magnetischen Niveau alle anderen Dauermagnetsorten übertreffen. Zudem kommen sie ohne das strategische Metall Kobalt aus und sind bereits heute billiger als die Samarium-Kobalt-Typen. Zunehmenden Einsatz finden sie z.B. in Kraftfahrzeug-Anlassermotoren, bürstenfreien Gleichstrommotoren und magnetischen Bildgebern. In Zukunft können sie sogar in Hochleistungsanwendungen wie industriellen Magnetscheideverfahren mit den dort bisher genutzten Elektromagneten konkurrieren. Bis heute haben Neodym-Eisen-Bor-Magnete allerdings zwei bedeutsame Nachteile. Ihre relativ niedrige Curie-Temperatur führt zu einer geringen Leistungsfähigkeit bei Temperaturen über 120°C, außerdem neigen sie zu Korrosion und Oxidation. Maßnahmen zu einer gewissen Verbesserung der Eigenschaften können wieder zu einer Verteuerung führen. So nutzt man das relativ teure Dysprosium als Legierungselement zur Erhöhung der Einsatztemperaturen. Trotzdem erscheint die Überwindung der technischen Schwierigkeiten auch zusammen mit einer gleichzeitigen Verringerung der Kosten möglich, was zu einer weiteren Verbreitung der Neodym-Eisen-Bor-Magnete führen wird.

Daneben wird auch die Nachfrage nach Samarium-Kobalt-Magneten weiter steigen, insbesondere dort, wo deren hohe Temperaturbeständigkeit ausgenutzt wird. Außerdem gibt es inzwischen Anzeichen für die erfolgreiche Entwicklung weiterer Hochleistungsmagnete, deren magnetische Kennwerte nochmals über denen von Neodym-Eisen-Bor liegen und bis zu hohen Temperaturen erhalten bleiben sollen. Aber auch die konventionellen Magnetwerkstoffe werden weiter eingesetzt. Sie behalten ihre Vorteile insbesondere dort, wo es auf Preisgünstigkeit (Ferrite) oder hohe Einsatztemperaturen über 300°C (Aluminium-Nickel-Kobalt) ankommt.

Weichmagnetische Werkstoffe sind durch kleine Koerzitivfeldstärken gekennzeichnet. Zu den klassischen Vertretern gehören insbesondere die Nickel-Eisen- und Kobalt-Eisen-Legierungen, welche nicht zuletzt aufgrund der inzwischen erreichten Vielfalt und Vielseitigkeit auch weiterhin eine große Bedeutung haben werden. Verbesserungsfähig sind diese z.B. in Bezug auf ihre Korrosionseigenschaften, ihre Verschleißfestigkeit sowie ihr Temperaturverhalten.

In jüngerer Zeit wurden weichmagnetische Pulververbundwerkstoffe entwickelt. Dabei handelt es sich um Mischungen magnetischer Pulverteilchen (Fe, Fe-Si, Fe-Ni) mit isolierenden organischen oder anorganischen Bindern. Auch deren Eigenschaften konnten bereits für verschiedene Anwendungen optimiert werden, v.a. in der Elektrotechnik.

Extrem geringe Koerzitivfeldstärken haben die erst in den letzten Jahren entwickelten *amorphen Metalle*, welche bislang durch rasche Erstarrung in Bandform hergestellt werden. Sie sind beispielsweise für den Einsatz in Transformatoren, Magnetköpfen und (flexiblen) magnetischen Abschirmungen sowie als magnetoelastische Sensoren geeignet. Ihre Eigenschaften hängen primär von der Legierungszusammensetzung ab, lassen sich aber auch durch gezielte Wärmebehandlungen beeinflussen. So sind z.B. verschiedene Hystereseschleifen einstellbar. Weitere Entwicklungsanstrengungen zielen insbesondere auf die Verbesserung bestimmter mechanischer Eigenschaften und der Handhabung sowie auf die Verbilligung und Erweiterung der Herstellungsverfahren.

Neben den magnetischen sind es vor allem die charakteristischen elektrischen Eigenschaften, die den Einsatz von Metallen in funktionalen Anwendungen begründen. So basieren einige besonders innovative Technologien auf der Nutzung konventioneller *metallischer Supraleiter*, deren elektrischer Widerstand bei Temperaturen um 20 K ganz verschwindet. Typische Anwendungsfelder, in denen diese heute schon eingesetzt werden oder vor der Markteinführung stehen, finden sich z.B. in den Bereichen Sensorik, Antriebs-, Energie- und Medizintechnik sowie Trenn- und Aufbereitungstechnik. Dabei werden die Supraleiter hauptsächlich als Magnetspulen in Drahtform oder in Form dünner Schichten verwendet. Wesentliche Entwicklungsbemühungen richten sich auf neue Herstellungs- und Verarbeitungsverfahren, welche zusammen mit der eigentlichen Legierungszusammensetzung sowohl die physikalischen als auch die mechanischen Eigenschaften bestimmen.

Trotz der inzwischen aufscheinenden Konkurrenz durch keramische Hochtemperatursupraleiter (HTSL), welche für die Kühlung mit flüssigem Stickstoff (77 K) auskommen, sollte die zukünftige Bedeutung der metallischen Supraleiter nicht unterschätzt werden. Vor allem aufgrund besserer mechanischer Eigenschaften und höherer Stromtragfähigkeiten auch in hohen Magnetfeldern bleiben sie für viele Anwendungen auf absehbare Zeit die einzig realistische Option, zumal der durch die einfachere Kühlung zu erzielende Einsparungseffekt der HTSL oft einen überraschend geringen Anteil an den Gesamtkosten einer Anlage ausmacht.

Der für die technischen Anwendungen bisher wichtigste und am weitesten verbreitete Supraleiter besteht aus dem Zweikomponentensystem Niob-Titan (Nb-Ti). Diese Legierung weist eine ausgezeichnete Verformbarkeit auf, die eine problemlose Herstellung von Drähten durch Strangpressen und Ziehen erlaubt. Aufgrund der guten Verarbeitungseigenschaften der Drähte sind die für den Magnetbau erforderlichen Längen von mehreren Kilometern industrieller Fertigungsstandard.

Die zweite Generation der bereits verwendeten supraleitenden Materialien sind intermetallische zweikomponentige Verbindungen. Ihr wichtigster Vertreter, eine Verbindung aus Niob und Zinn (Nb_3Sn) besitzt im Vergleich zu Nb-Ti eine deutlich höhere kritische Temperatur und vor allem ein doppelt so hohes kritisches Magnetfeld. Es ist aber ein sehr hartes, sprödes und nicht verformbares Material, für dessen Drahtherstellung aufwendige Verfahren entwickelt werden mußten.

Ein unter den klassischen Materialien außergewöhnlich hohes kritisches Magnetfeld zeichnet einige Verbindungen aus der Gruppe der sog. Chevrelphasen aus, an denen das Phänomen der Supraleitung erst 1971 entdeckt wurde. Diese bestehen aus drei Komponenten, einem Metall bzw. einem Element der Seltenen Erden, Molybdän und schließlich Schwefel oder Selen. Sie zählen zu den aussichtsreichsten Materialien, wenn es darum geht, an den mit Niob-Zinn-Drähten realisierbaren Magnetfeldbereich von bis zu 20 Tesla in Richtung noch höherer Felder anzuknüpfen. Mit ihrer inhärenten Sprödigkeit z.B. besitzen sie allerdings einige charakteristische keramische Eigenschaften und stehen in besonderem Maße in Konkurrenz zu oxidischen Hochtemperatursupraleitern, zumal sie sich ebenfalls in einem relativ frühen Stadium der Entwicklung befinden.

2.2 Polymere

Die Entwicklungsbemühungen auf dem Gebiet der Polymere gelten inzwischen weniger der Synthese chemisch ganz neuer Verbindungen als vielmehr der Beeinflussung der Mikrostrukturen und der geeigneten Kombination bereits bekannter Verbindungen. Eine besondere Rolle spielen in diesem Zusammenhang

- *Copolymere,*
- *Polymerlegierungen (Blends) und*
- *Interpenetrierende Netzwerke.*

Wichtige Fortschritte in den Bemühungen, die im Prinzip überlegenen mechanischen Eigenschaften chemischer Bindungen auch makroskopisch nutzbar zu machen, gibt es vor allem mit den selbstverstärkenden Flüssigkristallpolymeren.

Zunehmende Bedeutung erlangen insbesondere Polymere mit funktionalen Eigenschaften, die für diese Werkstoffklasse zunächst ungewöhnlich oder gar unbekannt waren. Besonderes Interesse finden hier

- *Polymere mit spezifischen Permeationsfähigkeiten (z.B. Membranwerkstoffe),*
- *Polymere mit spezifischen elektrischen Eigenschaften (z.B. elektrisch leitend),*
- *Polymere mit spezifischen optischen Eigenschaften (z.B. optisch nicht-linear) und*
- *Polymere mit spezifischen biologischen Eigenschaften (z.B. resorbierbar).*

2.2.1 Übergeordnete Aspekte

Polymermoleküle sind Verbindungen aus molekularen Einheiten, sogenannten Monomeren, die zu Tausenden kettenartig aneinandergereiht oder netzartig verknüpft sein können. Für ihre makroskopischen Eigenschaften sind neben der chemischen Zusammensetzung vor allem die Strukturen im molekularen und supramolekularen Bereich verantwortlich. Dabei reicht das Spektrum der Möglichkeiten von amorphen bis kristallinen Strukturen und von homogenen Gefügen bis zu solchen, die Bereiche unterschiedlicher Zusammensetzung oder Ausrichtung der Moleküle enthalten.

In der Regel werden die Begriffe "Polymere" und "Organische Werkstoffe" synonym verwendet. Die Entwicklung anorganischer polymerer Strukturen wie der Polyphosphazene wird vor allem aufgrund der hohen Kosten nur in eng begrenzten Bereichen zum Einsatz führen, etwa bei der Herstellung immobilisierter Medikamente. Eine wirklich großtechnische Bedeutung ist noch nicht abzusehen, aber die Wertschöpfung könnte gerade hier besonders groß sein. Im Zusammenhang mit anorganischen polymeren Gefügen sind auch die sog. Siliziumpolymere zu erwähnen, obwohl sich diese bezüglich einzelner Werkstoffeigenschaften wie ihre organischen Gegenstücke verhalten. Bei diesen sind die Kohlenstoffatome durch Silizium ersetzt, wodurch man sich z.B. eine Verbesserung des Temperaturverhaltens verspricht. Sie befinden sich allerdings noch ganz am Anfang der Erforschung.

Nach ihren physikalischen Eigenschaften lassen sich die Polymere in Duroplaste, Thermoplaste und Elastomere einteilen. Nach Leistungsniveau und dem Grad ihrer Verbreitung unterscheidet man zwischen Standardpolymeren, technischen Polymeren und Hochleistungspolymeren.

Die *Duroplaste* sind ausgehärtete Produkte mit minimaler Zustandsänderung bei Veränderung der Temperatur. Der Aushärtevorgang ist eine irreversible chemische Vernetzungsreaktion. Trotz ihrer schwierigen Verarbeitung sind sie z.B. als Epoxidharz-Matrixwerkstoffe Stand der Technik in polymeren Verbundwerkstoffen. Sie zeichnen sich durch große Festigkeit und hohe Wärmebeständigkeit aus.

Thermoplaste machen heute bereits etwa 70% der gesamten Kunststoffproduktion aus. Sie lassen sich auch nach mehrfachem Erwärmen immer wieder plastisch verformen und erstarren im abgekühlten Zustand. Die Formgebung erfolgt also durch eine reversible Zustandsänderung, woraus die relativ gute Verarbeitbarkeit thermoplastischer Halbzeuge resultiert. Sie zeichnen sich im Vergleich zu Duroplasten durch höhere Zähigkeit, längere Lagerfähigkeit und problemlosere Qualitätssicherung aus und erscheinen daher trotz Problemen bei der Warmfestigkeit als geeignete Alternative für Duroplaste in Verbundwerkstoffen.

Die Polymerketten der *Elastomere*, wozu alle Kautschuk-Materialien gehören, werden durch den Vorgang der "Vulkanisation" schwach vernetzt. Sie sind einerseits formfest, aber stark elastisch verformbar. In bestimmten Temperaturbereichen werden sie thermoplastisch.

Die *Standardpolymere* sind Massenprodukte und werden in sehr großen Tonnagen produziert. Polyvinylchlorid (PVC), Polystyrol (PS), Polyethylen (PE) sowie Polypropylen (PP) sind typische Vertreter dieser Klasse. Sie werden auch in Zukunft einen bedeutenden Markt haben, nicht zuletzt aufgrund des beträchtlichen Bedarfs der Verpackungsindustrie z.B. an Polyethylen und Polypropylen. Der zunehmende Verbreitungsgrad der Standardpolymere war in den letzten Jahren in gewisser Weise auch immer ein Ausdruck des Wachstums einer Volkswirtschaft. Dieser Zusammenhang könnte sich in Zukunft aufgrund geänderter umweltpolitischer Rahmenbedingungen auflösen.

Als *Technische Polymere* bezeichnet man solche Kunststoffe, die als ausgesprochene Konstruktions- oder auch Funktionswerkstoffe zur Anwendung kommen. Dazu gehören z.B. Polyamide (PA) und Polycarbonate (PC) sowie Polyethylen- bzw. Polybutylenterephtalate (PET bzw. PBT). Sie nehmen eine Mittelstellung sowohl bezüglich Produktionsvolumen als auch hinsichtlich Materialkosten bzw. Fertigungsaufwand ein und zeichnen sich im allgemeinen durch gute Wärmebeständigkeit, (Stand-)Festigkeit, Korrosions- und Chemikalienbeständigkeit sowie geeignete elektrische Eigenschaften aus. In erster Linie werden sie heute in der Automobil- und Flugzeugindustrie sowie in der Elektro- und Elektronikindustrie, zunehmend aber auch im Maschinen- und Apparatebau eingesetzt. Die stetige Verbesserung ihrer Eigenschaften wird in vielen Anwendungsbereichen zu einer weiteren Steigerung der Konkurrenzfähigkeit gegenüber klassischen Metallen oder Keramiken führen.

Aus der Gruppe der technischen Polymere ragen die *Hochleistungspolymere* heraus, die als ausgesprochene Spezialitäten nur in relativ kleinen Mengen produziert werden. Sie zeichnen sich je nach Art z.B. durch extreme Temperatur-, Chemikalien- und Formbeständigkeit, mechanische Festigkeit und spezifische elektrische sowie optische Eigenschaften aus. Oft sind sie gerade aufgrund dieser für die Anwendung positiven Charakteristika nur schwer zu verarbeiten. Die besonderen Anforderungen moderner Hochtechnologien eröffnen für diese Kunststoffklasse immer neue Anwendungsfelder. Hier stehen die Polymere oft nicht in Konkurrenz zu anderen Werkstoffen, sondern ermöglichen in vielen Fällen erst die Lösung neuer technischer Probleme. Dieser Vorstoß in neue Anwendungsgebiete hat zur Folge, daß neue Kunststoffe heute zum Teil zehn Jahre und mehr Forschungs- und Entwicklungsarbeit benötigen, bis mit der Markterschließung begonnen werden kann.

Ermöglicht werden die Erfolge bei der Entwicklung fortschrittlicher Polymere erst durch neue Erkenntnisse aus der Grundlagenforschung, die aus interdisziplinärer Zusammenarbeit von Chemikern, Physikern, Elektronikern und Ingenieuren resultieren. Hierzu zählt insbesondere das tiefergehende Verständnis des Aufbaus, der Wechselwirkungen sowie der Architektur der Moleküle, das teilweise nur in Verbindung mit fortgeschrittenen Methoden der Computersimulation und der Datenverarbeitung erarbeitet werden kann. Eine Schlüsselrolle spielen dabei auch neue Methoden zur Klärung der Molekülstruktur, wie z.B. die Kernresonanzspektroskopie.

So läßt sich der morphologische Aufbau der polymeren Werkstoffe heute in erheblichem Maße vorausbestimmen und modifizieren. Damit gelten die Entwicklungsbemühungen inzwischen weniger der Synthese chemisch neuer Polymere als der Beeinflussung der Mikrostrukturen und der geeigneten Kombination bereits bekannter Verbindungen. So steht die Entwicklung von Polymerlegierungen (Blends) bei den meisten Kunststoffanbietern im Vordergrund ihrer Forschungsaktivitäten.

In immer höherem Maße müssen bereits bei der Entwicklung neuer Werkstoffe neben Aspekten der Arbeitssicherheit auch die Ressourcenschonung und Möglichkeiten zur Entsorgung einbezogen werden. In diesem Zusammenhang ist der Bereich der Polymere besonders betroffen, denn (konventionelle) Kunststoffe sind nicht auf natürlichem Wege abbaubar und akkumulieren aus diesem Grunde in der Umwelt, sofern sie nicht recycliert werden. Gerade beim Kunststoffrecycling aber treten grundsätzliche Probleme der Sortentrennung und der Wiederverwertung in neuen marktkonformen Produkten auf, wenn man einmal vom sog. Energierecycling, also der Abfallverbrennung, absieht (s. 4.4). Daher gibt es bereits seit einiger Zeit Bemühungen, Polymere zu entwickeln, die im Gegensatz zu den herkömmlichen petrochemischen Kunststoffen nach Gebrauch abgebaut werden oder zumindest rasch zerfallen. Am konsequentesten wird dieses Prinzip von den vollständig *biologisch abbaubaren Polymeren* realisiert. Als Grundstoff für diese oft als Biopolymere bezeichneten neuen Materialien steht die Stärke im Vordergrund. In feuchter Erde zersetzen sie sich rasch zu Kohlendioxid und Wasser. Wegen ihrer Unbeständigkeit und anderer unangemessener Eigenschaften werden sich Biopolymere allerdings auch nach weiteren Fortschritten in der Entwicklung vor allem für bestimmte kurzlebige Güter aus dem Bereich der Verpackungen und Wegwerfgegenstände eignen. Hochleistungspolymere aus anwendungsbezogener Sicht sind sie sicher nicht.

Ohnehin würde ein im großen Maßstab betriebener biologischer Abbau von Kunststoffen wiederum spezifische Probleme mit sich bringen. Nicht zuletzt aus diesem Grund sind auch Entwicklungen interessant, die genau in die entgegengesetzte Richtung zielen. So kann die Nutzungsdauer konventioneller Kunststoffe durch Erhöhung ihrer Stabilität gegenüber schädigenden chemischen, photolytischen oder thermischen Einwirkungen auch verlängert und auf diese Weise zur Ressourcenschonung und zur Verringerung des Entsorgungsbedarfs beigetragen werden.

2.2.2 Spezifische Fertigungsverfahren

Die wesentlichen Verfahrensschritte bei der Fertigung von Bauteilen aus Polymeren sind die eigentliche Polymersynthese, die Aufbereitung in Verbindung mit dem Zusatz bestimmter Additive und die Formgebung. Auf allen diesen Stufen gibt es Bemühungen um Verbesserungen bestehender und Einführung neuer Verfahren, nicht zuletzt unter zunehmender Beachtung der Umweltverträglichkeit. Gute Zukunftsaussichten, insbesondere zur Herstellung bestimmter Funktionspolymere, besitzen auch verschiedene, an die Formgebung anschließende Methoden zur Eigenschaftsmodifizierung durch chemische oder plasmachemische Oberflächenbehandlung (surface engineering).

Insgesamt wird die weitere Verbreitung organischer Werkstoffe weniger von der Synthese völlig neuartiger Polymere als vielmehr von der Entwicklung der Verarbeitungsverfahren abhängen. Diese beeinflussen einerseits den Preis und die Zuverlässigkeit der Produkte, andererseits sind sie aber in bestimmten Fällen auch direkt verantwortlich für deren innere Struktur und damit für die technischen Eigenschaften des Materials. Ein besonders prägnantes Beispiel für diesen Zusammenhang ist der Bedarf an gezielten Orientierungsmechanismen für die Polymerketten in Flüssigkristallpolymeren.

Für die *Formgebung* werden mittlerweile zahlreiche Verfahren eingesetzt, die von Formmassen oder Halbzeugen ausgehen und auf die spezifischen Verarbeitungscharakteristika von Thermoplasten oder Duroplasten abgestimmt sind. Als Vertreter für diese klassischen Techniken seien hier Spritzgießen und Strangpressen sowie Tiefziehen und Blasformen genannt. Beispiele für die vielfältigen Neuentwicklungen auf diesem Gebiet sind die Rotationsbeschichtung von Walzen und Rädern, das Zweikomponenten-Spritzgießen zur Verknüpfung der Eigenschaften mehrerer Kunststoffe in einem Bauteil sowie die Schmelzkerntechnik zur Herstellung von Hohlkörpern mit komplexer Geometrie. Besondere Entwicklungsanstrengungen gelten der Verbesserung der Verarbeitbarkeit des hochviskosen thermoplastischen Grundmaterials, speziell hinsichtlich der Verwendbarkeit im Spritzgießverfahren.

Vor allem im Hinblick auf die Qualitätssicherung und -verbesserung steigt die Bedeutung von Konzepten zur weitergehenden Automatisierung unter Nutzung computergesteuerter Kontroll- und Regelungssysteme. Damit geht außerdem eine

Aufhebung der strengen Grenzen zwischen den einzelnen Fertigungsstufen einher. Zunehmend werden direkte Verfahren eingesetzt, die Synthese, Aufbereitung und Formgebung möglichst in einen Schritt integrieren. Eine besondere Bedeutung in diesem Zusammenhang hat das Reaktions-Spritzgießen (RIM: Reaction Injection Moulding), bei dem die Ausgangsstoffe in Mehrkomponenten-Anlagen injiziert werden.

2.2.3 Strukturpolymere

Ihre klassischen Anwendungen finden Polymere vor allem im Bereich der Strukturwerkstoffe. Hier sind sie insbesondere aufgrund folgender Eigenschaften interessant:

- hohe Festigkeit, Steifigkeit und Zähigkeit bei geringem Gewicht
- relativ hohe Dauertemperaturbeständigkeit
- gute Chemikalienbeständigkeit
- adäquate elektrische Eigenschaften.

Über die vielfältigen Fortschritte bei den organischen Verbundwerkstoffen hinaus (s. 2.5) gibt es erwähnenswerte Entwicklungen insbesondere bei

- Polymeren mit hoher Festigkeit auch bei hohen Temperaturen,
- flüssigkristallinen Hauptkettenpolymeren und
- Polymerlegierungen.

Besondere Bemühungen gelten der Steigerung der Festigkeit auch bei hohen Temperaturen, da den Polymeren viele Einsatzmöglichkeiten bisher gerade aufgrund ihrer Temperaturempfindlichkeit verschlossen bleiben. So nimmt die Bedeutung der *Hochtemperaturfesten Polymere* ständig zu, zumal der Trend zur Miniaturisierung insbesondere in der Elektrotechnik immer höhere Ansprüche an Wärmeform- und Wärmealterungsbeständigkeit mit sich bringt. Zunehmendes Interesse finden sie auch im Fahrzeugbau, wo der Bedarf an Werkstoffen mit gleichzeitig geringem Gewicht und ausgezeichneten mechanischen sowie thermischen Eigenschaften wächst. Mit steigendem Einsatzvolumen werden die bisher sehr hohen Preise deutlich sinken.

Eine allgemeingültige Definition für hochtemperaturfeste Polymere gibt es nicht. Als vernünftiges Kriterium erscheint die Dauereinsetzbarkeit im Temperaturbereich über 150°C. Die Suche nach Polymeren mit dieser Eigenschaft begann in den späten fünfziger Jahren, hauptsächlich wegen des Bedarfs der Raumfahrt- und der Elektronikindustrie. Seit dieser Zeit wurden verschiedene Systeme entwickelt, von denen heute einige kommerziell in Form von Filmen, Fasern, Beschichtungen, Formstücken, Schäumen, Klebstoffen oder Membranen erhältlich sind. Zu diesen zählen vorwiegend Fluorpolymere, Aramide (aromatische Polyamide), Polyimide, Polyphenylensulfid (PPS), Polysulfone und Polyetherketone. Neben herausragenden mechanischen Eigenschaften bei Dauertemperaturbeständigkeiten bis zu ca. 300°C zeichnen sich die einzelnen Typen durch weitere Stärken aus. Dazu gehören hohe Verschleißfestigkeit, Beständigkeit gegen Chemikalien oder energiereiche Strahlung, hohe Flammwidrigkeit oder besondere elektrische bzw. dielektrische Eigenschaften. Sie werden bereits in vielen Anwendungsbereichen eingesetzt, die von der Mikroelektronik über Strukturkomponenten für Hochgeschwindigkeitsflugzeuge bis hin zu Beschichtungen für Kochtöpfe reichen. Bestimmte Typen bieten sich z.B. auch für hitzebeständige Innenverkleidungen in Flugzeugen an, da sie im Brandfall nur minimal Rauch entwickeln und die entstehenden Gase sehr geringe Toxizität aufweisen.

Insgesamt wird die thermische Belastbarkeit hochtemperaturfester Polymere in absehbarer Zeit nur noch wenig zunehmen. In diesem Zusammenhang ist zu beachten, daß für Langzeitbelastungen ohnehin eine prinzipielle physikalische Obergrenze bei ungefähr 500°C liegt. Darüber nehmen die maximalen Standzeiten rasch ab und liegen z.B. bei 750°C und spannungsfreien Bedingungen in Luft derzeit unterhalb einer Minute. Fortschritte werden in erster Linie bei der Entwicklung von kostengünstigeren und leichter verarbeitbaren Materialien mit außerdem weiter verbesserten Eigenschaften zu erzielen sein. Angestrebt wird auch die Weiterentwicklung klassischer technischer Polymere zu Hochleistungskunststoffen mit herausragenden Eigenschaften, z.B. bezüglich Steifigkeit oder Zähigkeit, und gleichzeitig günstigem Fertigungsverhalten.

In herkömmlichen Polymeren wird das in Form der chemischen Bindungen eigentlich vorhandene Potential für die mechanische Beanspruchbarkeit im Gegensatz etwa zu den Metallen erst in einem geringen Maße tatsächlich genutzt. Das liegt daran, daß die Moleküle hier in geknäuelter Form vorliegen. Wenn es gelänge, die inhärenten Eigenschaften durch Streckung des geknäuelten Moleküls in den Idealzustand voll nutzbar zu machen, könnte eine erhebliche Steigerung von Festigkeit und Steifigkeit erzielt und auch bezüglich dieser Kriterien Konkurrenzfähigkeit zu Metallen erreicht werden.

Allerdings ist man von diesem Idealzustand noch weit entfernt. Einen wichtigen Fortschritt stellen jedoch, insbesondere als sog. Hauptketten-LCP ("Liquid Cristal Polymers"), die *Flüssigkristallpolymere* dar, deren anisotroper molekularer Aufbau sog. selbstverstärkende Eigenschaften zur Folge hat. Im Prinzip sind sie Verbundwerkstoffe mit einer organischen Matrix, in welche Fasern aus dem gleichen Polymer eingelagert sind. Sie haben eine holzähnliche Struktur und bieten in der Vorzugsrichtung der eingelagerten Polymerketten sehr gute Stabilität bei hohen Temperaturen in Verbindung mit hervorragenden mechanischen Eigenschaften, vergleichbar mit denen konventioneller Verbundwerkstoffe. Ihr größtes Anwendungspotential ist zunächst in der Elektrotechnik gegeben, sie sind aber auch für tragende Teile im Automobil- und Flugzeugbau einsetzbar. In ihrer Modifikation als sog. Seitenketten-LCP sind sie auch für optische Anwendungen interessant.

Den Flüssigkristallpolymeren werden hervorragende Zukunftsaussichten bescheinigt. Der Schwerpunkt der FuE-Aktivitäten verlagert sich immer stärker auf die Entwicklung von Verarbeitungsverfahren für diese Werkstoffe. Beim Spritzgießen oder Extrudieren z.B. muß soviel Anisotropie wie nötig erzeugt werden, ohne zuviel Isotropie zu opfern, um auch anders gerichteten Beanspruchungen genügen zu können. Auch Orientierungsmechanismen auf der Grundlage magnetischer oder elektrischer Felder sind möglich. Allerdings hängt die weitere Verbreitung der Flüssigkristallpolymere nicht zuletzt von der Senkung der bisher sehr hohen Fertigungskosten ab.

Ein erfolgversprechender Weg, die Eigenschaften eines Polymers zu modifizieren, beruht auf Veränderungen in dessen chemischem Aufbau. So kann die Zusammensetzung und Gestalt der Hauptmolekülkette durch Einfügen zusätzlicher Grundbausteine abgewandelt werden. Fügt man solche Bausteine entweder regelmäßig verteilt oder in Form zusammenhängender Blöcke in die Hauptkette ein, entstehen sog. *Copolymere* oder Blockcopolymere, deren Eigenschaften vom Basiskunststoff zum Teil deutlich abweichen können. Diese Vorgehensweise ist heute bereits Stand der Technik und wird ständig weiterentwickelt.

Die Zusammenfügung von Polymeren mit ursprünglich möglicherweise unterschiedlichen Eigenschaften zu Werkstoffen, die durch andere Maßnahmen nur schwer oder überhaupt nicht herzustellen sind, gelingt darüber hinaus auch durch die Herstellung von *Blends* oder *Polymerlegierungen*. Neben der strukturellen Veränderung bekannter Polymere ist diese im Prinzip von den Metallen her bekannte Technologie ein weiterer Weg zu neuen organischen Werkstoffen mit ganz neuen Eigenschaftsbildern. Dabei können beide Linien, die Copolymerisation und das Blending, auch kombiniert werden.

Die bisher technisch genutzten Polymerlegierungen bestehen aus zwei, höchstens drei Komponenten. Dazu gehören die sog. schlagzähen Kunststoffe, die durch Legieren von harten und spröden Thermoplasten mit weichen, aber zähen Kautschuken oder anderen Thermoplasten entstehen. Im Prototypenstadium befinden sich dagegen noch die Multikomponenten-Legierungen, denen ein besonders großes Anwendungspotential auch über reine Konstruktionszwecke hinaus (z.B. in der Optoelektronik) vorausgesagt wird. Besondere Entwicklungsbemühungen gibt es zur Kombination eigentlich inkompatibler Polymere, deren Mischbarkeit durch Zusatz geeigneter Additive erhöht werden könnte. In diesem Zusammenhang bietet sich auch die Nutzung von Blockcopolymeren an, deren Molekülenden jeweils mit einem der zu mischenden Partner kompatibel sind.

Das Zusammenfügen vollständig unmischbarer Polymere gelingt in einer besonders interessanten neuen Klasse von Polymerlegierungen, den *Interpenetrierenden Netzwerken*. Bei diesen durchdringen sich die einzelnen, unabhängig erzeugten polymeren Netzwerke gegenseitig. Das Maßschneidern ihrer Eigenschaften ist durch gezieltes Einstellen geeigneter Mischungsverhältnisse möglich. Sie stehen allerdings noch ganz am Anfang ihrer Entwicklung. Bemühungen gibt es nicht zuletzt um die Verbesserung ihrer Verarbeitbarkeit.

Durch Blockcopolymerisation von dehnbaren, elastischen und weichen Verbindungen in Polymerketten aus harten und unelastischen Verbindungen entstehen die *Memory-Polymere*, die gezielte temperaturabhängige Formänderungen durchlaufen können. Sie eignen sich nicht nur für Produkte wie Spielzeuge oder Kunstblumen, die weniger aus technologischer als vielmehr aus wirtschaftlicher Sicht interessant sind, sondern auch für technologisch höherwertige Anwendungen z.B. in der Automobil- und Medizintechnik. Es gibt bereits Experimente mit Memory-Polymeren aus drei und mehr Komponenten, die in der Lage wären, auch komplexe Bewegungsabläufe auszuführen.

2.2.4 Funktionspolymere

Auch im Bereich der organischen Werkstoffe wächst die Bedeutung der Materialien mit besonderen funktionalen Eigenschaften. Sie spielen eine besondere Rolle vor allem in der Elektronik, der Kommunikations- und Informations- sowie der Biotechnik. Hier werden Werkstoffe mit chemischen oder physikalischen Eigenschaften gebraucht, die für Polymere bisher ungewöhnlich oder gar unbekannt waren. Dazu gehören z.B. elektrische Leitfähigkeit anstatt Isolation oder sehr schnelle chemische bzw. physikalische Veränderung bei Einwirkung von Licht statt Inertheit gegen Bestrahlung. So sind die Funktionspolymere zu einer beachtlichen Herausforderung für die Polymerforschung geworden. Ermöglicht werden sollen die Fortschritte auf diesem Gebiet nicht zuletzt durch neuartige computergestützte Verfahren zum gezielten Aufbau neuer Polymerketten mit vorbestimmten Eigenschaften, die unter dem Stichwort "molecular engineering" bekannt sind.

Eine wichtige Entwicklungsrichtung mit zunehmender Bedeutung sind die Polymere mit spezifischen *Permeationseigenschaften*, also mit der Befähigung zum Stofftransport im weitesten Sinne. Neben festen Ionenleitern z.B. für Batterien gehören die Membranwerkstoffe zur Reinigung von Flüssigkeiten oder zur Selektierung spezieller Spurenelemente, Salze oder umweltbelastender Substanzen in diesen Bereich. Hier sind partiell funktionierende Membranen auf polymerer Basis vielversprechend, da traditionelle Trenntechniken häufig nicht zur Lösung derartiger Aufgaben in der Lage sind.

Besonderes Interesse finden darüber hinaus

- Polymere mit besonderen elektrischen Eigenschaften, z.B. elektrisch leitende Polymere, organische Halbleiter, piezoelektrische Polymere oder Polymere mit extrem niedriger Dielektrizitätskonstante,
- Polymere mit besonderen optischen Eigenschaften, z.B. Photoresists, polymere Lichtwellenleiter oder Polymere für optische Datenspeicherung und
- Polymere mit besonderen biologischen Eigenschaften, neben biomedizinischen Polymeren z.B. auch organische Trägermaterialien zur Fixierung von Enzymen (Biokatalysatoren) oder Biosensoren.

Typisch für die Struktur *elektrisch leitfähiger Polymere* ist die Wechselfolge aus Einfach- und Doppelbindungen zwischen den die Hauptkette der Makromoleküle bildenden Kohlenstoffatomen. Daraus resultiert eine elektronische Struktur, die bei Hinzufügen von geeigneten Fremdmolekülen neue Energiebänder entstehen läßt. Diese sind nur teilweise mit Elektronen gefüllt, wodurch deren Beweglichkeit drastisch erhöht wird. Ein derartiges Vorgehen wird allgemein wie in der Halbleitertechnik mit dem Begriff Dotieren bezeichnet, obwohl schon im Entstehen neuer Energiebänder ein wesentlicher Unterschied besteht. Auch nimmt das Fremdmolekül bei den leitfähigen Polymeren nicht als Ersatz für das Wirtsmolekül dessen Platz ein, sondern fungiert nur als Partner.

Der Entwicklungsstand der elektrisch leitfähigen Polymere kann mit dem gewöhnlicher Polymere vor etwa 50 Jahren verglichen werden. Nachdem 1977 mit dem Polyacetylen der erste leitfähige Kunststoff synthetisiert wurde, konnte bereits 1981 der Prototyp einer Batterie mit Polymerelektroden vorgestellt werden. Mitte 1987 erreichten Polymere die Größenordnung der Leitfähigkeit von Kupfer. Inzwischen kennt man sogar organische Supraleiter, deren Sprungtemperatur über 10 K liegt und die in bestimmten funktionalen und strukturellen Eigenschaften bemerkenswerte Ähnlichkeiten mit keramischen Hochtemperatursupraleitern aufweisen.

Die Realisierung und die Wettbewerbsfähigkeit der auf der Leitfähigkeit basierenden Anwendungen sind allerdings in hohem Maße von der Stabilität der leitfähigen Polymere unter Umweltbedingungen und von der Verbesserung ihrer Verarbeitbarkeit abhängig. Die Steigerung der Leitfähigkeit der ersten leitenden Polymere führte gleichzeitig zu einer Erhöhung der Instabilität und der Sprödigkeit. Hier sind inzwischen schon wesentliche Fortschritte gemacht worden. Als Beispiele für leitfähige Polymere mit einer besonders günstigen Kombination von Merkmalen gelten heute Polyanilin und Polypyrrol. Weitere Verbesserungen der mechanischen Eigenschaften könnten sich in Zukunft auch durch das Erreichen einer gewissen elektrischen Leitfähigkeit bei bestimmten Flüssigkristallpolymeren ergeben.

Trotz der bereits erzielten Erfolge verbleiben jedoch weitere Herausforderungen für die Grundlagenforschung, und trotz ihres hohen Potentials werden leitfähige Polymere selbst nach Lösung der noch bestehenden Probleme z.B. bei Stabilität oder Verarbeitbarkeit den bewährten Kupferdraht großtechnisch wohl nicht ersetzen können. Allerdings sind für Werkstoffe, welche die Eigenschaften von Polymeren mit der elektrischen Leitfähigkeit von Metallen verbinden, eine ganze Reihe vielversprechender technischer Anwendungen denkbar. Neben dem Ersatz von Kupfer überall da, wo es besonders auf geringes Gewicht ankommt, wie vor allem in der Luft- und Raumfahrt, können sich aufgrund von weiteren interessanten optischen, mechanischen und chemischen Eigenschaften auch neuartige Einsatzmöglichkeiten ergeben. Besonders zukunftsträchtig erscheint neben bereits realisierten Anwendungen auf dem Batteriesektor vor allem der Einsatz als Antistatika und zur elektromagnetischen Abschirmung.

Neben den intrinsisch leitfähigen sind bestimmte füllstoffhaltige Polymere von praktischer Bedeutung. Hier ist die Kombination nanokristalliner leitfähiger Substanzen mit leicht verarbeitbaren Kunststoffen, die außerdem eine ausreichend hohe thermische und mechanische Stabilität besitzen, Gegenstand weiterer Entwicklungsarbeiten. Ein dritter Weg, "leitfähige" Kunststoffe herzustellen und damit neue Märkte zu erschließen, besteht in der Abscheidung geeigneter Schichten auf den Kunststoffoberflächen. Diese Vorgehensweise ist bisher z.B. für Polycarbonate bereits erfolgreich gewesen.

Der erste und bis heute wichtigste Vertreter der *piezoelektrischen Polymere* ist das Polyvinylidenfluorid (PVDF), in dem dieses physikalische Phänomen 1969 erstmals entdeckt wurde und das inzwischen in Form von Folien kommerziell gehandelt wird. PVDF-Filme sind im Temperaturbereich zwischen -40°C und +100°C einsetzbar. Sie sind resistent gegen die meisten chemischen Substanzen, strahlungsunempfindlich und können leicht geschnitten und zu beliebigen Geometrien oder Laminaten geformt werden. Damit haben sie vielfältige Vorteile gegenüber ihren klassischen keramischen Konkurrenten und sollten diese schon aus Preisgründen aus dem Massenmarkt für Mikrophone, Lautsprecher oder Telefonhörkapseln verdrängen. Zu ihren Nachteilen gehören der beschränkte Einsatztemperaturbereich sowie Probleme mit der Langzeitstabilität aufgrund von Alterungseffekten der Polymere. Wegen des geringen elektromechanischen Kopplungsgrades können sie außerdem keine großen Energien umsetzen, so daß sie z.B. in leistungsstarken Ultraschallsendern zur Materialbearbeitung nicht einsetzbar sind.

Eine Erhöhung der piezoelektrischen Aktivität und des elektromechanischen Kopplungsfaktors kann mit Copolymeren insbesondere von Difluorethan mit Trifluorethylen erreicht werden. Diesbezügliche Entwicklungsarbeiten werden intensiv vorangetrieben und versprechen weiter verbesserte Einsatzmöglichkeiten für piezoelektrische Polymere, z.B. in der Sensorik.

Ferromagnetische Polymere befinden sich noch im Forschungsstadium. Ihre Realisierung wird durch den Einbau ungepaarter Elektronen mit einheitlicher magnetischer Orientierung (Spin) in die Polymerketten angestrebt. Aussichtsreiche Kandidaten kommen aus der Familie der Polypyrrole und Polyacetylene. Anwendung könnten sie als schnell magnetisierbare dünne Schichten in Rechnerspeichern oder aufgrund starker Magnetostriktion in Sensoren finden. Gerade im Hinblick auf eine deutliche Gewichtseinsparung wäre auch der Einsatz in Kernen von Elektromagneten wünschenswert, die bisher üblicherweise aus Weicheisen oder Ferriten bestehen.

Aus dem Bereich der Polymere mit besonderen optischen Eigenschaften wird den bereits einsatzfähigen *Polymeren Lichtwellenleitern* ein großer Markt im Bereich der Nah-Kommunikation vorausgesagt. Sie haben im Vergleich zu Glasfasern eine höhere Flexibilität auch bei größeren Faser-Durchmessern, einen größeren Variationsbereich des Brechungsindexes und geringere Systemkosten aufgrund leichterer Verarbeitbarkeit und niedrigerer Herstellungskosten. Da die heute und in absehbarer Zeit erreichbare Lichtdämpfung bei Polymeren allerdings noch immer wesentlich über der von Glasfasern liegt, gilt dies nur für Übertragungsstrecken bis zu einer Länge von ungefähr 2 km.

Über Kommunikationsmöglichkeiten hinaus ergeben sich Anwendungen z.B. in der Meßwertübertragung, der Produktionsautomatisierung, der Steuerungs- und Regelungstechnik oder auch der Beleuchtungstechnik. In der Sensorik können Polymere eingesetzt werden, die ihre optischen Eigenschaften beispielsweise unter Einwirkung bestimmter Gase ändern.

Noch höhere Anforderungen werden an *Polymere mit nichtlinearen optischen Eigenschaften* (NLO) gestellt. Ihre Lichtleitfähigkeit hängt von der Intensität des eingestrahlten Lichtes ab. So können sie blitzschnell (innerhalb vom Femtosekunden) ihren Brechungsindex ändern oder Frequenz bzw. Polarisation des Lichtes modifizieren. Gegenüber den "klassischen" anorganischen NLO-Werkstoffen sind organische NLO vergleichsweise leicht zu synthetisieren und zu formen. Ihre technische Verwendung z.B. als optische Schalter oder als Frequenzvervielfacher in optischen Schaltungen zeichnet sich ab. Fernziel ist der Einsatz in optischen Computern.

Eine längere Entwicklungszeit bis zur Einsetzbarkeit in technischen Anwendungen werden NLO-Polymere mit elektrooptischen Eigenschaftsänderungen benötigen, deren optisch wirksame Komponenten sich auch unter dem Einfluß äußerer elektrischer Einwirkungen verändern.

Fortschritte in der Mikroelektronik sind eng mit der Fähigkeit verknüpft, größte Datenmengen auf kleinstem Raum zu speichern. Inzwischen gibt es vielfältige

Bemühungen, auch *Polymere für die optische Datenspeicherung* einzusetzen. Die bereits seit einiger Zeit als licht- oder elektronenstrahlempfindliches Maskenmaterialien in der Mikrochip-Fertigung verwendeten Photopolymere könnten für den Einsatz in solchen Informationsträgern weiterentwickelt werden. Erfolgversprechend ist in diesem Zusammenhang auch die Entwicklung spezieller flüssigkristalliner Polymere (Seitenketten-LCP) oder sog. Ultradünner Polymerschichten, allerdings sind hier keine kurzfristigen technischen Lösungen zu erwarten. Als Extremfall der Miniaturisierung sind auch Datenträger in der Größenordnung einzelner Moleküle denkbar.

Die *Ultradünnen Polymerschichten* befinden sich noch im Stadium der Grundlagenforschung. Bisherige Ergebnisse sind außerordentlich vielversprechend, so daß ihre Anwendung eines Tages z.B. für hochauflösende Photoresists in der Mikroelektronikfertigung oder aufgrund der in ihnen auftretenden nichtlinearen optischen Effekte in optischen Computern möglich ist. Wegen ihrer vielfältigen physikalischen Eigenschaften bieten sie sich auch für Einsätze in der Biosensorik oder der Medizintechnik an.

Die Herstellung ultradünner Polymerschichten gelingt u.a. mittels der Plasmapolymerisation. Dabei entstehen nicht nur polymere Schichten mit hohem Verschleißwiderstand, hoher UV-Stabilität oder Transparenz, sondern auch Schichten mit elektrischer Leitfähigkeit. Die Plasmapolymerisationstechnik ist ein neuer, direkter Weg, Polymere in bestimmten Modifikationen und mit spezifischen Eigenschaften umweltschonend ohne viele Zwischenschritte herzustellen. Sie ist aber in erster Linie aus der Sicht der Forschung und nicht für eine Herstellung großer Mengen interessant.

Zu den funktionalen Eigenschaften eines Werkstoffes zählt auch sein Verhalten gegenüber körperlichem Gewebe, das die entscheidende Voraussetzung für seine Verwendbarkeit als Implantatmaterial ist. Spezifische Probleme bei den *biomedizinischen Polymeren* gibt es im Zusammenhang mit der notwendigen Sterilisation der Implantate. Diese erwachsen sowohl aus der hohen Temperaturempfindlichkeit vieler Polymere als auch aus der Tatsache, daß Krankheitserreger einen prinzipiell ähnlichen makromolekularen Aufbau haben, der ja im Zuge der Desinfektion gerade zerstört werden soll.

Besonderes Interesse gilt heute den resorbierbaren Polymeren für "Drug-Release"-Systeme zur stetigen Abgabe von Medikamenten oder für temporäre Implantate. Letztere bieten den Vorteil, daß die sonst notwendige Zweitoperation zur Entnahme der Teile nach der Heilung entfällt. Die wichtigsten organischen Werkstoffe für diesen Einsatz sind Glycolide und Lactide, die auf Milchsäuren bzw. Glycolsäuren basieren. Deren Abbauzeiten können z.B. durch Bildung geeigneter Copolymere individuell eingestellt werden. Sie reichen von wenigen Wochen bei Nahtmaterial bis hin zu mehreren Monaten bei Implantaten für die Fixierung von Knochenbrüchen. Neben der Verbesserung der mechanischen Eigenschaften z.B. durch Faserverstärkung oder geeignete Orientierung der Moleküle während des Herstellungsprozesses gelten die Entwicklungsbemühungen insbesondere weiteren Fortschritten bei der Steuer- und Kontrollierbarkeit der Degradationsprozesse. Auch die Verbesserung der polymergerechten Gestaltung und die Entwicklung vollkommen neuer Implantate wird angestrebt, um die Möglichkeiten der degradierbaren Polymere voll ausnützen zu können.

2.3 Keramiken

Als polykristalline Werkstoffe weisen Keramiken bestimmte nicht-mechanische physikalische Eigenschaften auf, mit denen sie für manche Anwendungen sogar konkurrenzlos sind. Besonders erwähnenswerte Entwicklungen auf dem Gebiet der Funktionskeramiken finden sich bei

- *Substratkeramiken und funktionskeramischen Bauelementen für die Integrationstechnik,*
- *Elektrooptischen Keramiken,*
- *Hochtemperatursupraleitern,*
- *Keramischen Ionenleitern sowie*
- *Organisch modifizierten Keramiken.*

Zur Verwirklichung besonders anspruchsvoller struktureller Anwendungen (z.B. im Motorenbau) gibt es heute umfangreiche Bemühungen, die traditionell günstigen mechanischen Eigenschaften keramischer Werkstoffe auch praktisch nutzbar zu machen. Voraussetzung für eine verbreitete Nutzung der Strukturkeramiken sind jedoch entscheidende Verbesserungen bei der inhärenten Sprödigkeit und der Zuverlässigkeit. Dazu sollen insbesondere folgende Maßnahmen dienen:

- *Reduzierung immanenter Fehler (Erhöhung der Fertigungsqualität)*
- *Optimierung der Gefüge (z.B. durch chemische Herstellungsrouten)*
- *Einbringen von Verstärkungsmechanismen (z.B. Umwandlungsverstärkung und/oder Faserverstärkung).*

2.3.1 Übergeordnete Aspekte

Systematisch gesehen sind die keramischen Werkstoffe dem Materialbegriff "nichtmetallisch und anorganisch" zuzuordnen. Sie haben meist ein heterogenes, polykristallines Gefüge, das gewisse amorphe Anteile als bindende Phase aufweisen kann. Die moderne Definition umfaßt aber auch einen rein monokristallinen Aufbau, so daß auch Stoffe wie Diamant, Saphir oder Rubin unter den Begriff Keramik fallen. Die am intensivsten untersuchten Verbindungen zur Herstellung von Hochleistungskeramiken sind heute die Boride, Karbide, Nitride, Oxide und Silizide von Elementen der 3. und 4. Hauptgruppe (Aluminium, Bor, Silizium) sowie von Elementen der Nebengruppen (Molybdän, Titan, Wolfram, Zirkon) des Periodensystems, die zudem eine Reihe verschiedener Dotierungselemente aufweisen können. Wichtig sind auch die einatomaren Keramiken aus Kohlenstoff. Die Rohstoffe für Industriekeramiken zählen damit zu den häufigsten Elementen der Erde.

Für die makroskopischen Eigenschaften der Keramiken sind neben der Kristallstruktur vor allem die vorherrschenden kovalenten und/oder ionischen Atombindungen verantwortlich. So zeichnen sich nahezu alle klassischen keramischen Werkstoffe durch hohe Härte, geringe Wärme- und elektrische Leitfähigkeit sowie hohe Beständigkeit gegen korrosive Medien aus. Diese Eigenschaften bestimmten im wesentlichen die klassischen Anwendungen in Bereichen, in denen gute elektrische Isolation, hohe Verschleißfestigkeit oder hohe chemische Beständigkeit gefordert wurden. Darüber hinaus weisen keramische Werkstoffe hohe Steifigkeit, geringe thermische Ausdehnung und spezielle physikalische Eigenschaften auf. Viele haben außerdem ein geringes spezifisches Gewicht.

Wie bei den anderen Werkstoffklassen unterscheidet man nach ihrer Verwendung sinnvollerweise zwischen Strukturkeramiken (Konstruktionswerkstoffe) und Funktionskeramiken. Die Grenzen zwischen diesen beiden Typen sind allerdings fließend, so daß eine Zuordnung bisweilen nur entsprechend dem jeweiligen Haupteinsatzgebiet erfolgen kann.

Die Entwicklung der *Funktionskeramiken* begann bereits in den 40-er Jahren in enger Anlehnung an den Bedarf der Elektrotechnik/Elektronik. Inzwischen konnten auch viele neue Märkte erschlossen werden, so daß das Verhältnis der Marktvolumina zwischen Funktions- und Strukturkeramiken immer noch bei ungefähr 70:30 liegt.

Der Einsatz von *Strukturkeramiken* für Hochleistungsanwendungen wird erst seit den 70-er Jahren forciert. Sie stehen in besonderem Maße in Konkurrenz zu etablierten Werkstoffen und werden diese nur dort ersetzen bzw. ergänzen können, wo sie ihnen in der Summe ihrer Eigenschaften tatsächlich überlegen sind. In neuerer Zeit sind sie insbesondere durch die gegenüber Metallen wesentlich besseren Hochtemperatur-, Verschleiß- und Korrosionseigenschaften und dabei vor allem durch die zuvor nicht erreichten Eigenschaftskombinationen von geringem spezifischem Gewicht, hervorragender Verschleißfestigkeit und guter thermischer und chemischer Beständigkeit interessant geworden.

Der Grund für das starke Interesse an den keramischen Werkstoffen zum jetzigen Zeitpunkt liegt vor allem darin, daß die Realisierung verschiedener neuer Entwicklungsprojekte durch eine Weiterentwicklung konventioneller Werkstoffe nicht mehr möglich ist. Beispiele hierfür findet man in den Bereichen Elektronik und Elektrotechnik, Optik, Nukleartechnik und Medizin, vor allem aber auch bei Anwendungen im Motorenbau, in der Energie- und Verarbeitungstechnik, im allgemeinen Maschinenbau, im chemischen Anlagenbau, in der Schmelzmetallurgie sowie in der Luft- und Raumfahrt. So ist man heute bestrebt, die im Prinzip besonders positiven Eigenschaften keramischer Werkstoffe stärker zu nutzen und führt die zur Beseitigung ihrer Schwachstellen notwendigen Grundlagenuntersuchungen und technologischen Arbeiten mit großem Aufwand durch.

Ihre Entwicklung läßt sich auf die urgeschichtliche Gefäßkeramik zurückführen, und noch heute ist ihre Herstellung im Prinzip demjenigen Verfahren bemerkenswert ähnlich, mit dem man traditionelle Tongefäße produziert. Dem zunächst als feinkörniges Pulver vorliegenden Ausgangsmaterial, welches bei modernen Hochleistungskeramiken allerdings in ausgeklügelten Verfahren synthetisch hergestellt wird, werden beispielsweise organische Polymere als Bindemittel zugesetzt, um es in eine plastische Masse zu verwandeln. Diese Masse wird nach üblichen Verfahren geformt, z.B. beim Spritzguß mit hohem Druck in eine geschlossene Form gepreßt, beim Strangguß durch eine Düse mit erwünschter Querschnittsform gedrückt oder beim Schlickerguß als dünner Schlicker (Suspension) in eine Form gegossen. Aber auch das direkte Trockenpressen aufbereiteter Pulver wird häufig angewendet. Das schließlich in Form gebrachte Bauteil (Grünling) wird bei deutlich unter dem Schmelzpunkt liegenden Temperaturen gesintert, nachdem die Bindemittel ausgebrannt worden sind. Auch andere organische Chemikalien, z.B. sog. Entflockungsmittel, können zugesetzt werden. Sie sollen verhindern, daß in der Suspension Klumpen entstehen, die das Material ungleichmäßig sintern ließen und Poren bilden würden. Vor oder während der Sinterung kann das Material unter zusätzlichem Druck verdichtet werden. Dies wirkt der Porenbildung entgegen und vermindert die Gefahr des ungleichmäßigen Schrumpfens und der Bildung von Rissen.

Basierten die traditionellen keramischen Werkstoffe hauptsächlich auf *Silikaten*, so dominieren im Bereich der technischen Keramik die sog. Oxidkeramiken und zunehmend die Nichtoxidkeramiken. *Oxidkeramiken*, deren Rohstoffe keine natürlichen Silikate mehr enthalten, sind im allgemeinen billiger als Nichtoxidkeramiken und haben z.B. geringere Wärme- sowie elektrische Leitfähigkeiten, wodurch sich spezifische Anwendungsmöglichkeiten ergeben. Spricht man von "neuer" Keramik, so sind im allgemeinen *Nichtoxidkeramiken*, also im wesentlichen Karbide, Nitride oder Boride gemeint. Sie besitzen gegenüber den Oxidkeramiken vornehmlich verbesserte mechanische Eigenschaften. So hat sich z.B. Siliziumnitrid im Bereich der Hart- bzw. Schneidwerkstoffe für die spanende Bearbeitung bereits hervorragend bewährt. Allerdings ist ihre Fertigung relativ schwierig. Sie muß aufgrund der Oxidationsanfälligkeit der Ausgangsstoffe im Vakuum oder unter Schutzgas erfolgen. Ihre Feinbearbeitung ist nur noch mit Diamantwerkzeugen möglich.

2.3.2 Spezifische Fertigungsverfahren

Unabhängig vom Stand der eigentlichen Werkstoffentwicklung sind reproduzierbare, qualitätsgesicherte und wirtschaftliche Fertigungsverfahren gerade für keramische Produkte die wesentliche Voraussetzung ihrer Marktfähigkeit. Besondere Bedeutung wird der Entwicklung von Verfahren zur Fertigung in reproduzierbarer Qualität beigemessen. Fortschrittliche Prozeßtechnologien werden bereits in absehbarer Zeit zu weiteren Verringerungen der Eigenschaftsstreuung führen, allerdings ist der Bedarf an Innovationen auf diesem Gebiet besonders groß. Neben der Verfahrenssicherheit sind auch der Keramik immanente Eigenschaften, wie z.B. der Sprödbruch, einsatzbegrenzend. Letzterer kann neben dem Einbau zweiter Phasen z.B. in Verbundwerkstoffen auch durch die Optimierung der Gefüge verringert werden. Mikroskopische Defekte wie Poren, Pulveragglomerate und chemische Verunreinigungen sind möglichst zu vermeiden, da von diesen ausgehende Risse schließlich zum Versagen des Bauteils führen können. Aus derartigen Überlegungen resultiert für spezielle Keramiken zum Teil auch eine zunehmende Tendenz zur Fertigung unter *Reinraumbedingungen*, zumindest im Labormaßstab. Hier nähert man sich den (teuren) Herstellungsstandards der Halbleiterfertigung.

Ziel ist außerdem die Verwendung äußerst feiner Pulver von hoher chemischer Reinheit als Ausgangsmaterial, die sich vor der Sinterung sehr dicht packen lassen. Ein übergreifender Trend ist hier die Tendenz zu *chemischen Herstellungsrouten*, die zu sehr feinkristallinen Pulvern führen.

Besonderer Wert wird der Entwicklung neuer Pulver mit höherer Reinheit und definierter, möglichst geringer Korngröße (Submikronbereich) sowie reproduzierbarer Kornform beigemessen. In diesem Zusammenhang ist z.B. das *Reaktionssprühverfahren* zur Entwicklung von Mehrkomponentenpulvern für die Herstellung hochfester Oxidkeramik zu nennen. Dieses ist übrigens auch wirtschaftlich ein aussichtsreiches Verfahren.

Auch das *Sol-Gel-Verfahren* liefert über die Prozeßschritte Flüssig-System (z.B. Alkoholate), Eintrocknung und weitere Temperaturbehandlung feinkörnige Pulver von hoher Reinheit, verbunden mit weiteren verfahrenstechnischen Vorteilen. Zumindest für die Herstellung elektrooptischer Keramiken ist es bereits heute wirtschaftlich.

Bei der Bauteilfertigung selbst gibt es ebenfalls Ansätze zur Implementierung chemischer Herstellungsverfahren. So werden beim *Reaktionssintern* während des Sinterprozesses chemische Umwandlungen durchgeführt. Auf diese Weise entsteht z.B. reaktionsgebundenes Siliziumnitrid (RBSN) oder Aluminiumoxid (RBAO). Wesentlicher Vorteil dabei ist die Möglichkeit, die sonst übliche Schwindung beim Sintern weitgehend zu unterdrücken.

In Zukunft könnten auch bestimmte Methoden der *Polymer-Pyrolyse* (thermische Zersetzung geeigneter polymerer Keramikvorstufen), einem bereits zur Herstellung keramischer Fasern genutzten Verfahren, zur Fertigung monolithischer Formteile einsetzbar werden. Den Vorteilen dieser Technologie, die den Aufbau von Werkstoffen mit definierter Zusammensetzung und Dotierung erlaubt, steht bis heute allerdings als wesentlicher Nachteil die Schwindung des Materials und die damit unkontrollierte Rißbildung gegenüber.

Überhaupt bedarf neben der Herstellung der Pulver auch die Fähigkeit zur Produktion großvolumiger und kompliziert geformter Bauteile, die zudem noch dynamisch und bei hohen Temperaturen belastet werden, besonderer Entwicklungsanstrengungen. In aller Regel ist eine Endbearbeitung unverzichtbar, deren Hauptprobleme die Härte der einsetzbaren Werkzeuge (oft Diamantwerkzeuge notwendig) und die potentielle Bauteilschädigung sind. Oft machen die Nachbearbeitungskosten bis zu 50 Prozent der Gesamtkosten aus. Daher gibt es intensive Bemühungen um möglichst *endkonturnahe Fertigungsverfahren* (near-net-shape), die inzwischen zu einer Reihe neuer bzw. modifizierter Prozeßtechnologien geführt haben.

So ist das sog. *Gel Casting*-Verfahren eine neue Methode zur Formung keramischer Bauteile, bei dem als Bindemittel gelierfähige, wasserlösliche Verbindungen eingesetzt werden. Vor dem Sintern können die Grünlinge ohne Diamant- oder Hartmetallwerkzeuge preiswert weiter bearbeitet werden. Die Einführung dieser Entwicklung wird in der Bundesrepublik jedoch skeptischer beurteilt als in den USA oder Japan.

Das *Gasdrucksinterverfahren*, welches bestimmte Nachteile konventioneller Heiß- und Heißisostatischer Preßverfahren (HP bzw. HIP) vermeidet, schließt eine übermäßige Nachbearbeitung von vornherein aus. Es ermöglicht die Fertigung von Bauteilen mit komplizierten Geometrien und engen Toleranzen in einem einstufigen Sinterprozeß.

Das Mischen des Keramikpulvers mit einem Bindemittel, die Formung des Grünlings, das anschließende Trocknen und schließlich auch der Sinterprozeß sowie normalerweise sogar das mechanische Nachbearbeiten entfallen ganz beim *Plasmaspritzverfahren*, das auch die Herstellung großdimensionierter Bauteile mit einer hohen Maßgenauigkeit ermöglicht. Es ist allerdings noch doppelt so teuer wie herkömmliche Verfahren, nicht generell für alle keramischen Stoffsysteme anwendbar und kann bisher nur für rotationssymmetrische Teile verwendet werden. In ähnlicher Weise lassen sich auch plasmagespritzte Keramikbeschichtungen zum Schutz vor Korrosion, Verschleiß oder Hitze auf verschiedene Werkstoffe aufbringen.

Ein weiteres neues Formgebungsverfahren arbeitet mit *Elektrophorese*. Dabei werden die Keramikpulver auf eine geformte Elektrode abgeschieden, getrocknet und anschließend gesintert. Es ermöglicht die Fertigung von Bauteilen mit geringer Eigenschaftsstreuung und damit hoher Zuverlässigkeit.

Für die Formgebung ist auch die Technologie der sog. *Nanokeramiken* interessant, die erheblichen Einfluß auf die Kommerzialisierung von technischer Keramik erlangen könnten. Bei diesen haben die kristallinen Grundstoffe nicht mehr eine Größe im Mikrometer- sondern im Nanometer-Bereich (s. 3.4). Die Herstellung der Pulver erfolgt auf sehr unterschiedlichen Wegen, gegenwärtig hauptsächlich durch Vakuumverdampfung der Metalle, die anschließend an einer Kühlfalle abgeschieden und oxidiert werden.

Diese Technologie, die sich heute noch im Stadium der Grundlagenforschung befindet, könnte in absehbarer Zeit die Verarbeitungstechnik keramischer Werkstoffe vereinfachen und langfristig auch verbilligen. Nanokeramiken sind bereits bei niedrigen Temperaturen von z.B. 180°C formbar wie gewöhnliche Keramiken nur in der Nähe des Schmelzpunktes. Dies könnte eine Verarbeitung in Strangpressen oder mit Maschinen zum Ausrollen und Auswalzen von Platten, wie sie z.B. in der Elektronikfertigung gebraucht werden, ermöglichen. Selbst komplizierte Keramikteile könnten so wesentlich leichter gefertigt werden. Aufgrund des sehr frühen Entwicklungsstadiums ist allerdings kurz- und mittelfristig nur punktuell mit der tatsächlichen Realisierung derartiger Technologien zu rechnen.

Ob aus dieser Entwicklungslinie eines Tages vielleicht eine Erhöhung der Duktilität von Keramiken im konkreten Einsatz, insbesondere bei hohen Temperaturen, resultiert, ist zu bezweifeln, denn bei hohen Temperaturen setzt Kornwachstum und damit der Übergang von duktilem zu sprödem Verhalten ein. Die Feinkörnigkeit wirkt sich zudem bei kurzen Schlägen kaum positiv aus, obwohl die Korngrenzen natürlich schon als Rißstopper wirken könnten.

Neben der Herstellung massiver Materialien sowie von Korrosions- und Verschleißschutzfilmen hat gerade bei keramischen Werkstoffen die Fertigung spezieller *funktionaler Schichten* eine besondere Bedeutung. Dies gilt vor allem im Zusammenhang mit der Elektronik bzw. der Integrationstechnik, wo immer ausgeklügeltere Prozesse der Dickschicht- und Dünnfilmtechnik eingesetzt werden und zur Miniaturisierung der Schaltungen beitragen.

Auch das *Foliengießverfahren* wurde ursprünglich zur Herstellung keramischer Substrate und Kondensatoren für die Elektronikindustrie entwickelt. Dabei wird eine Keramikschicht reproduzierbarer Dicke auf eine Plastikfolie gegossen, unter kontrollierten Bedingungen getrocknet und schließlich von der Folie getrennt. Anschließend werden Metallelektroden oder zusammenhängende Muster zur Herstellung mehrlagiger Bauteile wie Kondensatoren oder Substrate im Siebdruck aufgebracht. Spezifische Weiterentwicklungen machen diese Technik indessen auch für andere Anwendungszwecke interessant, z.B. für Feststoffelektrolyte, Sensoren oder Multilayer-Systeme mit gezielt eingebrachten Strukturen für multifunktionale Bauteile.

2.3.3 Strukturkeramiken

Die derzeit anwendungsfähigen Strukturkeramiken enthalten im wesentlichen Oxide, Karbide und Nitride sowie Mehrstoffsysteme oder Dispersionskeramiken. Für diese steht die mechanische Zuverlässigkeit unter mechanischer, thermischer und chemischer Belastung im Vordergrund. Die Erwartungshaltung der siebziger Jahre bezüglich ihrer unmittelbar bevorstehenden Breitenanwendung insbesondere im Antriebsbereich (Gasturbine, Otto- und Dieselmotor u.a.) hat sich bisher als nicht berechtigt erwiesen und ist zwischenzeitlich einer realistischeren Zukunftseinschätzung gewichen. Dabei sind die Haupthindernisse für eine stärkere Nutzung gerade der Strukturkeramiken zum einen ihre große Sprödigkeit und zum anderen ihre zur Zeit noch unbefriedigende Zuverlässigkeit. Die Sprödigkeit resultiert letztlich aus dem Bindungscharakter der Kristallstruktur, die bei niedrigen Temperaturen eine für gute Duktilitätswerte zu geringe Anzahl von Gleitsystemen aufweist.

Das Maß für die Bruchzähigkeit, also den Widerstand gegen Sprödbruch, ist der sog. K_{IC}-Wert (Einheit: MPa·$\sqrt{m}$). Er beträgt bei Stahl ca. 40, bei gängigen Keramiken wie Aluminiumoxid ca. 3. Bei monolithischen keramischen Werkstoffen sind hier gewisse Verbesserungen durch die Optimierung der Feinstpulvertechnologie zu erwarten. Aufgrund von Verfahrensverbesserungen erreicht man inzwischen bei Siliziumnitrid K_{IC}-Werte von bis zu 10, die den Einsatz auch bei hohen Temperaturen und mechanischen Belastungen z.B. in Motorventilen zulassen. Besondere Bedeutung behalten auch Konzepte zur werkstoffgerechten Konstruktion, wie etwa die bevorzugte Belastung keramischer Bauteile durch Druckspannung oder die Vermeidung von Spannungskonzentrationen z.B. an scharfen Kanten. Mittel- und langfristig müssen jedoch ganz neue Werkstoffkonzepte realisiert werden, um durch Zähigkeits- und Festigkeitserhöhung die Fehlertoleranz und

Zuverlässigkeit hochbelasteter keramischer Komponenten zu steigern und so den hohen Anforderungen z.B. im Antriebsbereich zu genügen.

Wesentliche Fortschritte zur Erhöhung der Bruchzähigkeit sind möglich durch den Einbau zweiter Phasen in die keramischen Grundwerkstoffe, die durch Einleiten energieumwandelnder Mechanismen im Mikrobereich den Widerstand gegen Rißausbreitung positiv beeinflussen.

Dabei bietet sich zunächst die *Umwandlungsverstärkung* keramischer Werkstoffe durch den Einbau von Teilchen aus tetragonalem ZrO_2 (oder Phasen mit ähnlichem Verhalten) an, die sich bei Annäherung eines Risses aufblähen. Im Labor sollen so durch Zugabe von ZrO_2 zu Al_2O_3 bereits Werte für die Bruchzähigkeit von bis zu 20 erzielt worden sein, was die Bezeichnung "Keramischer Stahl" erklärt, wenn auch die Duktilität von wirklichem Stahl nicht erreicht werden kann. Die umwandlungsverstärkten Al_2O_3-ZrO_2-Keramiken werden heute bereits mit Erfolg für die Zerspanung von Guß- und Stahlwerkstoffen eingesetzt. Auch ein Einsatz in komplexen, großvolumigen Bauteilen scheint inzwischen möglich.

Allerdings haben derartige Zirkondioxid-Keramiken den Nachteil, daß die Anzahl der Teilchen, die zur Umwandlung in eine voluminösere Phase neigen, mit steigender Temperatur abnimmt. Dies führt zu einer entsprechenden Verringerung der Bruchzähigkeit und behindert ihren Einsatz in einem breiteren Anwendungsfeld. Ein aussichtsreiches Konzept über den gesamten Temperaturbereich ist die *Verstärkung mit Fasern oder Partikeln*, evtl. in Kombination mit der Umwandlungsverstärkung.

Es muß aber festgehalten werden, daß das Sprödbruchverhalten eine inhärente Eigenschaft polykristalliner Materialien ist, die Ionen- oder Atombindung aufweisen. Alle genannten Maßnahmen können dies nur mildern, aber nicht grundsätzlich beseitigen.

Die positiven Auswirkungen der Verteilung zweiter Phasen in einer quasi homogenen Substanz macht sich auch eine relativ junge Klasse keramischer Materialien zunutze, die *Glaskeramiken*. Diese können aus einer Glasschmelze relativ einfach hergestellt werden, haben aufgrund einer gezielten Bildung von Kristallkörnern aber auch einige positive "keramische" Eigenschaften. So weisen sie eine größere Festigkeit und Hitzebeständigkeit auf als herkömmliche Gläser ohne kristallinen Anteil, außerdem haben sie einen sehr niedrigen Wärmeausdehnungskoeffizienten und sind relativ thermoschockbeständig. Natürlich sind aber nicht alle Eigenschaften erreichbar, die konventionelle Keramiken auszeichnen. Das Spektrum der Anwendungsmöglichkeiten reicht von verschleißfesten Fliesen über gewöhnliche Kochgeschirre bis hin zu kugelsicheren Westen. Bestimmte Modifikationen eignen sich auch für einen Einsatz als Funktionswerkstoff, z.B. in elektrischen Isolatoren oder Kondensatoren.

Neben der Erhöhung der Bruchzähigkeit ist ein wesentliches Entwicklungsziel auch die Verbesserung der Absolutwerte der mechanischen Eigenschaften *hochfester Keramiken*. Auch hier geht es allerdings eher um die Steigerung der Zuverlässigkeit als um die tatsächliche Ausschöpfung des realisierten Festigkeitspotentials, da die Bruchwahrscheinlichkeit z.B. eines Implantatmaterials bei vorgegebener Belastung mit der Erhöhung der Bruchfestigkeit überproportional sinkt. In diesem Zusammenhang spielen verbesserte bzw. neue Fertigungsverfahren eine ähnlich wichtige Rolle wie bei der Erhöhung der Bruchzähigkeit. Eine qualitätsgesicherte Herstellung mit möglichst geringen Gefügefehlern wird bei klassischen Herstellungsverfahren durch die Nutzung einer staub- und verunreinigungsfreien Umgebung und die Verwendung von hochfeinen Pulvern erreicht. Bei neuen Herstellungsverfahren versucht man, Flüssigkeiten (Schmelzen, Harze, Sole) als Rohstoffe zu verwenden und damit den Problemen bei der perfekten Anordnung von Pulverteilchen auszuweichen. Diese sog. pulverlosen Technologien zielen auf chemisch extrem homogene und feinkörnige Gefüge und gewinnen mehr und mehr an Bedeutung.

Durchschnittliche Werte für die Zugfestigkeiten monolithischer Keramiken sind heute beispielsweise 250-450 N/mm^2 für Al_2O_3, 500 N/mm^2 für drucklos gesintertes SiC und über 1000 N/mm^2 für Si_3N_4. Whiskerverstärkte Keramiken bringen es typischerweise auf über 500 N/mm^2, kohlenstoffaserverstärkter Kohlenstoff erreicht Werte bis zu 1000 N/mm^2, allerdings mit dem Nachteil der Oxidationsanfälligkeit bei Temperaturen über 500°C.

Neben der Erhöhung der Festigkeit und der Bruchzähigkeit besteht ein weiteres wesentliches Problem trotz erzielter Fortschritte in den nach wie vor nicht befriedigenden Hochtemperatureigenschaften unter mechanischer Belastung. So ist insbesondere die Reduzierung des Festigkeitsabfalles bei hohen Temperaturen das Ziel weiterer Entwicklungsarbeiten auf dem Gebiet der *Hochtemperaturkeramiken*, die für den Einsatz oberhalb von 1000°C geeignet sind. Dabei sind die Anforderungen an den Werkstoff besonders kompliziert und das Zusammenwirken aller für die konkrete Anwendung benötigten Eigenschaften wird nicht immer völlig verstanden. Auf jeden Fall müssen die Werkstoffe bei den beabsichtigten Einsatztemperaturen noch als Festkörper vorliegen und während der gesamten Einsatzdauer die geforderten Eigenschaften beibehalten, d.h. das Gefüge muß hinreichend stabil sein. Besondere Vorteile verspricht man sich von der Verwendung der Hochtemperaturkeramiken z.B. in heißen Strukturen oder Triebwerkskomponenten von Hyperschallflugzeugen oder überhaupt im Triebwerksbau (Erhöhung des Wirkungsgrades mit steigender Verbrennungstemperatur).

Hier bieten sich wegen ihrer vorwiegend kovalenten Bindungen die Nichtoxidkeramiken an, die allerdings spezifische Probleme mit der Stabilität gegen Oxidation haben. Einer hohen Thermoschockbeständigkeit und hohen Einsatztemperaturen (bis zu 1400°C bei Siliziumnitrid oder Siliziumkarbid) steht außerdem neben der großen Streuung der mechanischen Eigenschaftswerte bei monolithischen Keramiken insbesondere die hohe Sprödigkeit gegenüber. Der wichtigste Versagensmechanismus bei hohen Temperaturen ist dabei das langsame Rißwachstum. Trotzdem haben sich monolithische Keramiken in den vergangenen Jahren bereits in verschiedenen Anwendungen über 1000°C bewährt.

Mit den dispersions- und umwandlungsverstärkten sowie den whisker- und kurzfaserverstärkten Keramiken erreicht man gewisse Verbesserungen des Sprödbruchverhaltens, die jedoch zum Teil auf niedere Temperaturbereiche beschränkt bleiben. Wesentlich bessere Eigenschaften werden mit einer kontinuierlichen Faserverstärkung erhalten. Diese Keramiken kommen aufgrund ihres gutmütigen Bruchverhaltens bevorzugt für großformatige Bauteile in Betracht. Mit Siliziumkarbidfaserverstärktem Siliziumkarbid kommt man so z.B. auf maximale Einsatztemperaturen von 1200°C, mit Kohlenstoffaserverstärktem Kohlenstoff sogar auf bis zu 2000°C, wobei dieser ab 500°C allerdings in besonderer Weise gegen Oxidation geschützt werden muß. Neuere Entwicklungen befassen sich mit faserverstärkten oxidkeramischen Werkstoffen, deren anwendungsgerechte Realisierung wichtige Fortschritte für die Höchsttemperaturtechnik mit sich bringen würde. Insgesamt verfügt man für den konstruktiven Einsatz der langfaserverstärkten Keramiken aber bisher nur über einen geringen Kenntnisstand, insbesondere was die Ermittlung von Werkstoffkenndaten, Aussagen über das Langzeitverhalten, den Nachweis der fehlerfreien Herstellung der Bauteile sowie die Verbindung mit anderen Werkstoffen angeht.

So wird verständlich, daß wohl auch die nächste Generation von Hochtemperaturwerkstoffen für Gasturbinen und sonstige Triebwerke im wesentlichen von Metallen gestellt wird, zumal die hier eingesetzten Werkstoffe besonders dynamischen Belastungen ausgesetzt sind. Erst für die übernächste Generation wird damit gerechnet, oxidische Verbundwerkstoffe einsetzen zu können, für die eine Einsatztemperatur von bis zu 1800°C unter Normalatmosphäre angestrebt wird.

Ein weiterer Grund für die bisher nur zögernde Verwendung der Strukturkeramiken ist ihr hoher Preis. Obwohl die für die Herstellung von Keramik benötigten chemischen Elemente sehr häufig vorkommen, sind die daraus gefertigten Ausgangsmaterialien der Hochleistungskeramiken relativ teuer. Auch die Kosten der Formgebung, Verdichtung und Bearbeitung müssen verringert werden. In vielen Anwendungen konkurrieren die Strukturkeramiken mit konventionellen Werkstoffen, die sie in der Gesamtheit ihrer Eigenschaften, also auch unter wirtschaftlichen Gesichtspunkten, erst einmal übertreffen müssen.

2.3.4 Funktionskeramiken

Ökonomisch wesentlich bedeutsamer als die Strukturkeramiken sind die Funktionskeramiken. Als polykristalline Werkstoffe weisen diese je nach Zusammensetzung bestimmte physikalische, z.B. elektrische, dielektrische, ferroelektrische, magnetische oder optische Eigenschaften auf, die in anderen Werkstoffen nicht oder nicht in den bei Keramiken vorkommenden Kombinationen mit mechanischen und chemischen Eigenschaften vorhanden sind. Für viele Anwendungen sind die Funktionskeramiken daher konkurrenzlos, woraus sich ihre dominierende Stellung innerhalb der Hochleistungskeramiken und ihr besonderes Entwicklungspotential begründet. Außerdem sind hier die für strukturelle Anwendungen maßgeblichen Nachteile wie die inhärente Sprödigkeit eher zu tolerieren bzw. durch entsprechende Konstruktionsprinzipien leichter zu umgehen. Besonders erwähnenswerte Anwendungsfelder liegen in den Bereichen Elektrotechnik/Elektronik, Informationstechnik, Energietechnik, Umweltschutz sowie Transport- und Verkehrstechnik. Hier haben Funktionskeramiken oft eine strategische und sogar noch wachsende Bedeutung in der Komponentenentwicklung.

Keramiken mit speziellen optischen/elektrischen Eigenschaften sind meist Oxidkeramiken. So sind ferroelektrische Keramiken normalerweise Verbindungen zwischen zwei verschiedenen Elementen und drei Sauerstoffatomen, die in der sog. Perowskit-Struktur kristallisieren.

Ist die Ladungsverteilung in einem ferroelektrischen Kristall nicht symmetrisch in Bezug auf das Kristallzentrum, so kann seine Deformation eine Verschiebung der Polarisation bewirken. Dies ist die Grundlage der *piezoelektrischen Keramiken*, die unter leichter mechanischer Verformung eine beträchtliche elektrische Ladung aufbauen (Spannungen bis zu mehreren zehntausend Volt). Werden sie umgekehrt einem elektrischen Feld ausgesetzt, verformen sie sich. Sie sind für Klopfsensoren in Motoren oder Zünder von Gasheizungen verwendbar, finden ihre Anwendungen aber auch in der Ultraschalltechnik. Hier werden sie in der medizinischen Diagnose und Therapie genauso eingesetzt wie in der Sonartechnik oder der zerstörungsfreien Werkstoffprüfung. Technologisch besonders anspruchsvolle Einsatzmöglichkeiten gibt es z.B. als Justierelemente für die exakte Verstellung von Laserspiegeln oder als Probentransportbühne im Raster-Tunnelmikroskop. In Zukunft ist die Anwendung von Vielschicht-Piezokeramiken ("Piezostacks") als Mikromanipulatoren ebenso denkbar wie der Einsatz dünner Piezofolien in der Sprachausgabe von Computern, wo sie einen dem menschlichen Stimmenspektrum entsprechenden Übertragungsbereich ermöglichen sollen.

Technisch sehr bedeutsam sind die *Dielektrika*, die weitgehend aus dem ebenfalls ferroelektrischen $BaTiO_3$ hergestellt werden. Ihre Einsatzgebiete finden sich vor allem in Kondensatoren. Neuere Entwicklungen basieren auf komplizierten, z.B.

bleihaltigen keramischen Systemen und haben eine drastische Erhöhung der Permittivität bzw. Dielektrizitätskonstante zum Ziel.

Den Ferroelektrika zuzuordnen sind auch die *elektrooptischen Keramiken*. Mit der Synthese von PLZT (Blei-Lanthan-Zirkonat-Titanat) ist die Entwicklung einer Keramik gelungen, die auch bei Schichtdicken im Zentimeterbereich lichtdurchlässig ist. Die Abhängigkeit ihrer optischen Eigenschaften von der Richtung eines angelegten elektrischen Feldes (entweder Streuung des Lichtes, d.h. Verlust der Transparenz, oder Drehung der Polarisationsebene von polarisiertem Licht, d.h. Doppelbrechung) ermöglicht ihren Einsatz in Blitzschutzbrillen. In Kombination mit zwei Polarisationsfiltern sind außerdem elektronische Kameraverschlüsse oder gar variable Blenden möglich. Auch für optische Speicher oder, im Zusammenwirken mit einer nachgeschalteten Lichtquelle, zur Substitution von Leuchtdioden in Anzeigeelementen ist der Einsatz elektrooptischer Keramiken denkbar. Das Hauptproblem des PLZT ist die mangelnde Standfestigkeit, denn durch wiederholte Polarisation des Kristallgitters verliert die Keramik an Transparenz. Abhilfe könnte hier das Sol-Gel-Herstellungsverfahren schaffen, das eine homogenere Kristallstruktur liefert und so piezoelektrische, dielektrische und elektrooptische Eigenschaften verbessert, selbst wenn es natürlich keinen idealen (großflächigen, mechanisch und chemisch stabilen) Einkristall liefert.

Interessante Entwicklungen in diesem Zusammenhang gibt es im übrigen auch bei Keramiken mit nichtlinearen optischen Eigenschaften wie z.B. Zinkselenid/Zinksulfid. Erwähnenswert sind auch keramische Werkstoffe, die in bestimmten Bereichen des elektromagnetischen Spektrums transparent und z.B. als Radome in Flugzeugen einsetzbar sind.

Für die Informationsübertragung spielen sog. *Mikrowellenkeramiken* eine wachsende Rolle als Resonatoren und Filter. Die Zusammensetzungen sind z.T. sehr kompliziert und können aus mehr als 6 Komponenten bestehen, wobei deren homogene Verteilung entscheidend für die Anwendung ist. Hier nimmt die Bedeutung naßchemischer Fertigungsverfahren zu.

Ein wichtiges Anwendungsfeld für die Funktionskeramiken ist die Mikroelektronik. Die Wärmeabstrahlung von Chips liegt ungefähr bei 20 bis 30 W/cm^2 und steigt mit zunehmender Integrationsdichte. Zur Erhöhung der Leistungsfähigkeit werden Trägermaterialien gesucht, die die Wärme besser aus dem Chip abtransportieren. Als aussichtsreiches Material für solche *Substratkeramik* hat sich Aluminiumnitrid erwiesen. Es hat einen hohen elektrischen Widerstand und eine bis zu zehnfach höhere Wärmeleitfähigkeit als das bisher verwendete Aluminiumoxid. Zudem paßt es in seinem Wärmeausdehnungsverhalten sehr gut zu Silizium, so daß mechanische Spannungen minimiert werden können. Keramische Substratmaterialien, aber auch geeignet aufgebrachte funktionskeramische Bauelemente spielen auch eine wichtige Rolle im Bereich der sog. Multichipmodul-/Hybridtechnik, deren Bedeutung weiter zunehmen wird.

Während die elektrischen Anwendungen von Keramiken ursprünglich ausschließlich auf deren Isolationswirkung beruhten (z.B. Aluminiumoxid), gibt es heute sogar verschiedene Typen *leitender Keramiken*. Die elektrische Leitfähigkeit reicht dabei über Halbleiter und Keramiken mit metallähnlicher Leitfähigkeit bis zu den neuen Hochtemperatursupraleitern.

Die Materialbasis für halbleitende Keramiken ist sehr breit und kann nach den jeweiligen Anwendungen unterschieden werden. Dazu gehören z.B. Varistoren aus Zinkoxid, halbleitende Kondensatoren auf der Basis von Bariumtitanat und Gassensoren auf der Basis von verschiedenen Metalloxiden. Ein unübersehbarer Trend auch bei den Halbleiterkeramiken ist die Miniaturisierung der Bauteile und deren Integration, möglichst in integrierten Schaltkreisen. In diesem Zusammenhang ist ebenfalls die zunehmende Bedeutung von einkristallinem Siliziumkarbid und in fernerer Zukunft womöglich Diamant insbesondere für hochtemperaturfeste mikroelektronische Bauelemente zu nennen (s. 2.6).

Aus "metallisch" leitender Keramik werden z.B. Widerstandsheizgeräte und Elektroden hergestellt. Während sie bei konventionellen Anwendungen kaum mit metallischen Leitermaterialien konkurrieren, werden sie v.a. da eingesetzt, wo Metalle nicht zu gebrauchen sind.

Die zunächst rasante Entwicklung auf dem Gebiet der keramischen *Hochtemperatursupraleiter* (HTSL) scheint inzwischen zu stagnieren und ist einer Konsolidierungsphase gewichen. Nach der 1986 erfolgten Entdeckung bestimmter Lanthan-Strontium-Kupfer-Oxide mit Sprungtemperaturen oberhalb 30 K wurden zahlreiche Stoffe mit ähnlicher Kristallstruktur synthetisiert. Bereits 1987 verfügte man über Yttrium-Barium-Kupfer-Oxide ("YBCO") mit Sprungtemperaturen um 90 K, der bisherige Rekordwert von 125 K wurde 1988 mit einem Thallium-Barium-Kalzium-Kupfer-Oxid erreicht. Danach konnte ein neuer Rekordwert für die Sprungtemperatur erst wieder 1993 gemeldet werden. Er beträgt bei einer neuen Klasse von Quecksilber-Barium-Kalzium-Kupfer-Oxiden nun ca. 133 K.

Ein nicht zu unterschätzendes Hindernis bei der Einführung der HTSL in marktfähige Anwendungen ist die Tatsache, daß bei diesem Effekt das äußere Magnetfeld und die zu tragende Stromdichte eine ebenso wichtige Rolle spielen wie die Temperatur und ebenfalls einen kritischen Wert nicht überschreiten dürfen. Dabei stehen diese drei Kriterien auch noch in einem Zusammenhang. Unabdingbare Voraussetzung für die Nutzbarkeit der neuen Supraleiter ist außerdem die sichere Beherrschung geeigneter Herstellungsverfahren sowie ihre Stabilisierung gegen äußere Einflüsse. Zumindest ebenso wichtig sind wirtschaftliche Aspekte und die

Zuverlässigkeit im konkreten Einsatz. Trotzdem führen die in den letzten Jahren bereits gemachten Fortschritte und die Intensität der weltweiten Forschungsanstrengungen zu der Aussage, daß viele der Probleme schließlich gelöst werden können und der Einsatz von HTSL in bekannten und auch völlig neuartigen Anwendungen zunehmen wird. Aufgrund der momentanen Unsicherheit bei einer korrekten Theorie können auch spektakuläre Erfolge nicht ausgeschlossen werden, womöglich mit bisher in diesem Zusammenhang noch gänzlich unbeachteten Verbindungen.

Zu den ersten Branchen, die die Hochtemperatursupraleiter nutzen werden, gehören Elektronik, Weltraum-, Wehr- und Kommunikationstechnik. Diese Bereiche sind von hohen Leistungsanforderungen geprägt, und v.a. in den beiden ersten steht der Kostengesichtspunkt oft hinter den Einsatzanforderungen zurück. Die meisten dieser Anwendungen, zuerst ist an Sensoren und passive Mikrowellenschaltungen zu denken, werden dünne Filme nutzen, bei denen die Technologie der HTSL bereits am weitesten fortgeschritten ist. Für die Mikroelektronik werden die HTSL insbesondere durch die Möglichkeit zur Nutzung hybrider Supraleiter/Halbleiter-Systeme bei der Temperatur des flüssigen Stickstoffs interessant.

In einem mittleren Zeitraum werden HTSL wahrscheinlich auch in medizintechnischen und sog. industriellen Anwendungen (z.B. Magnetscheideverfahren) eingesetzt. In diesen Bereichen machen die mit der Helium-Kühlung verbundenen Kosten für mit konventionellen Supraleitern arbeitende Anlagen oft einen signifikanten Anteil an den Gesamtkosten aus, was allein den Einsatz der HTSL rechtfertigt. Viele dieser Anwendungen benötigen allerdings starke Elektromagnete, für die nur Materialien in Frage kommen, die über eine hohe Stromtragfähigkeit auch in großen Magnetfeldern verfügen. Diese Tatsache und nicht zuletzt auch die gerade hier besonders wichtige Zuverlässigkeit erschweren die Einführung der HTSL, selbst wenn der Bau von keramischen Spulen gelingt.

Am längsten wird sicher die breite Einführung von Hochtemperatursupraleitern in der Energie- sowie der Verkehrstechnik auf sich warten lassen. Voraussetzung ist, daß man Verfahren zur Herstellung geeigneter Massivteile, Drähte und Bänder findet. Außerdem spielen gerade hier die Kosten und insbesondere die Zuverlässigkeit eine entscheidende Rolle. Tatsächlich bedeutet der letzte Punkt nicht zu unterschätzende Nachteile gegenüber erprobten Systemen aus konventionellen Supraleitern.

Ausgesprochene Massenmärkte für HTSL werden sich also frühestens in ca. 20 Jahren ergeben, wenn überhaupt die Schaffung der technologischen Voraussetzungen gelingt. Auch für so spektakuläre Anwendungen wie Schwebebahnen auf Basis supraleitender Magnete werden konventionelle Supraleiter auf absehbare Zeit die einzig realistische Option bleiben.

Keramische Ionen-Leiter (z.B. "Beta-Alumina", ein billiges Material aus Natriumoxid und Aluminiumoxid) verhalten sich wie flüssige Elektrolyte, sind allerdings oft nur bei hohen Temperaturen einsetzbar. Angewendet werden könnten sie z.B. in elektrochromen Spiegeln oder Fenstern, deren Farbe unter Einfluß eines elektrischen Stromes wechselt. Eine entscheidende Rolle spielen sie in gewissen elektrochemischen Systemen. So sorgt z.B. ein Feststoffelektrolyt aus mit Yttrium stabilisiertem ZrO_2 in Hochtemperatur-Brennstoffzellen für den Ionentransport und ermöglicht damit das Schließen des elektrischen Stromkreises im Inneren der Zelle. Auf dieser Basis werden umweltfreundliche Alternativen zur Verstromung von kohlenwasserstoffhaltigen Brennstoffen sowohl in Kraftwerksanwendungen als auch zur primären Energieversorgung großer Fahrzeuge und Schiffe entwickelt.

Ein wichtiger Wachstumsmarkt für Keramiken ist die Sensortechnik. Hier sind solche Werkstoffe verwendbar, die unter Einwirkung bestimmter Umgebungseinflüsse (z.B. Druck, Feuchtigkeit oder Chemikalien) ihre elektrischen Eigenschaften verändern. Ein bekanntes Beispiel sind Piezokeramiken als Drucksensoren, aber auch Ionenleiter werden bereits vielfach eingesetzt und haben gute Zukunftsaussichten. So besteht z.B. die Lambda-Sonde in den geregelten Katalysatorsystemen auch aus Zirkoniumdioxid, das hier zur Messung der Sauerstoffkonzentration im Abgas und damit des Verbrennungsgrades dient.

Zu den funktionalen Eigenschaften eines Werkstoffes zählt auch sein Verhalten gegenüber Körpergewebe, das die entscheidende Voraussetzung für seine Verwendbarkeit als Implantatmaterial ist. Eine ganze Reihe der in diesem Zusammenhang bevorzugten Werkstoffe sind *biomedizinische Keramiken*, welche beispielsweise in Form von Aluminium- oder in neuerer Zeit Zirkoniumoxid für Zähne, Kiefer- und Schädelteile oder Hüft-, Knie-, Fuß- und Handgelenke eingesetzt werden. Zu den Vorteilen der Implantate aus Keramik gehören insbesondere hohe Druckfestigkeit sowie chemische Beständigkeit und toxikologische Unbedenklichkeit. Spezifische Probleme gibt es immer noch mit der Ermüdungsfestigkeit.

Über die mechanischen Eigenschaften hinaus sind vor allem gewollte oder ungewollte Kompatibilitätsreaktionen mit der physiologischen Umgebung von Bedeutung. So unterscheidet man zwischen inerten Keramiken, die vom Immunsystem völlig ignoriert werden, oberflächen- bzw. bioaktiven Keramiken, die einen innigen Verbund mit der Umgebung eingehen, und resorbierbaren Keramiken, die durch den Stoffwechsel abbaubar sind.

Besonderes Interesse gilt heute den Bioaktiven Keramiken und Gläsern. Neben bestimmten Glaskeramiken sind in diesem Zusammenhang z.B. Kalziumphosphate von Bedeutung, die dem anorganischen Teil der Knochen ähneln. Sie können eine ausgezeichnete Bindung zum Knochen eingehen und werden als Oberflächenbeschichtungen für Implantate und Prothesen in der Orthopädie und Dentalchirurgie eingesetzt. Weitere Forschungsanstrengungen zielen hier auf die Charakterisierung und Standardisierung der Materialstrukturen und die Verbesserung der Haftung auf Trägermaterialien aus Metallen oder Kunststoffen. Besondere Relevanz hat die Entwicklung von Verbindungen aus bioaktiven Materialien für die knöcherne Verankerung mit inerten Werkstoffen, z.B. für die Schleimhautdurchführung bei Zahnimplantaten.

Eine neue Werkstoffklasse sind die *organisch modifizierten Keramiken* (organically modified ceramics, ORMOCER®e[*]), die ihre bisher spektakulärste kommerzielle Anwendung als kratzfeste Beschichtung für Brillengläser aus Kunststoff gefunden haben. Darüber hinaus könnten sie aber auch ein Schlüssel für eine ganze Reihe anderer neuer Technologien werden.

ORMOCER®e vereinigen gewisse Eigenschaften von Gläsern oder Keramiken (Härte, Kratzfestigkeit) mit den Eigenschaften von Polymeren (Elastizität, gute Verarbeitbarkeit), können aber natürlich nicht einfach durch Verschmelzung der beiden Werkstoffgruppen hergestellt werden. Die Voraussetzung für ihre Kombinierbarkeit ist erst dadurch gegeben, daß beide chemisch durch ähnliche Prozesse synthetisierbar sind. So ermöglicht das Sol-Gel-Verfahren eine Vernetzung von Polymeren mit Keramiken in einem molekularen Verbund. Es entstehen Werkstoffe mit speziellen optischen, thermischen, elektrischen und anderen möglichen Charakteristika, die in einem weiten Bereich variierbar sind und den unterschiedlichsten Anforderungen angepaßt werden können. Aufgrund der Änderung ihrer elektrischen Eigenschaften in Abhängigkeit von der adsorbierten Menge eines Gases sind sie z.B. als Gas-Sensoren einsetzbar. In Zukunft sind auch Anwendungen als Beschichtungssysteme für mikroelektronische Leiterplatten, als kohlenwasserstoffsperrende Coatings für Kunststofftanks in Kraftfahrzeugen oder zum Schutz historischer Glasfenster, als korrosionsfeste und transparente Metallbeschichtungen, als Feststoffelektrolyte für Batterien sowie als Haftvermittler (z.B. zwischen Glas und Aluminium) denkbar.

Es gibt allerdings eine bedeutsame ökonomische Hürde für ihre weitere Verbreitung. Einer aufwendigen Entwicklungsarbeit stehen im konkreten Einsatzfall nur geringe Mengen benötigten Materials gegenüber. So braucht man für die Beschichtung eines Brillenglases nur ca. 30 Milligramm eines ORMOCER®es.

Eine gebräuchliche keramische Werkstoffklasse ist die der *Zeolithe*. Dabei handelt es sich in der Regel um Silikate, deren Gitter sich aus Silizium- und Aluminium-Tetraedern aufbaut, welche über Sauerstoffbrücken verknüpft sind. So entsteht eine Anordnung gleichgebauter Hohlräume, die über Poren und Kanäle zugänglich sind. Die Kationen im Gitter sind relativ leicht beweglich und können gegen

---

[*] Der Begriff ORMOCER ist als Gebrauchsmuster für die Fraunhofer-Gesellschaft geschützt.

andere Metallionen ausgetauscht werden, was den Einsatz der Zeolithe als Ionenaustauscher z.B. zur Entfernung von Radioisotopen aus Abwässern von kerntechnischen Anlagen ermöglicht. Sie werden als Phosphatersatz in Waschmitteln genauso verwendet wie als universelle Molekularsiebe zur Stofftrennung, z.B. zum Abfangen von Lösungsmitteldämpfen. Ihr heute wohl wichtigstes Anwendungsgebiet ist die Katalyse in der Erdölverarbeitung. Metalldotierte Zeolithe könnten sich aber auch für den Einsatz als Katalysatoren zur Minderung bestimmter Schadstoffe in Abgasen anbieten. Auch Molekularsiebe zur Speicherung von Gasen sind in der Entwicklung.

Es gibt etwa 40 natürlich vorkommende Zeolithe, die Zahl der künstlich hergestellten geht inzwischen sogar in die Hunderte. Wegen der Fülle von sich gegenseitig beeinflussenden Parametern gibt es bei der Synthese eines funktionierenden Zeoliths aber immer noch Schwierigkeiten mit der gezielten Herstellung in reproduzierbarer Qualität. Ihre weitere Entwicklung zielt unter anderem auf Kristalle mit definierter Größe der Poren, um so die Selektivität bei der Absorption und Katalyse weiter zu erhöhen, und auf Kristalle mit möglichst großen Poren. Parallel dazu läuft die Erforschung einer ganz neuen vollsynthetischen Klasse von HohlraumKristallen ohne Vorbilder in der Mineralwelt, den Aluminophosphaten, die über besonders große Porenöffnungen im nm-Bereich verfügen.

Poren spielen auch die entscheidende Rolle bei einer relativ neuen Gruppe von Werkstoffen (im Prinzip seit den dreißiger Jahren bekannt), den *Aerogelen*. Diese zählen mit spezifischen Gewichten von wenigen 10^{-3} g/cm^3 zu den leichtesten Werkstoffen der Welt (zum Vergleich Luft: $1{,}2 \cdot 10^{-3}$ g/cm^3). Sie können aus Metalloxiden bestehen, für die Anwendungen sind jedoch vor allem Aerogele aus Siliziumdioxid interessant. Ihre Herstellung erfolgt über einen chemischen Sol-Gel-Prozeß mit anschließender überkritischer Trocknung, bei der die flüssige Phase aus dem Gel entfernt wird. So entsteht ein äußerst poröses Netzwerk, das zu 99% aus Luftkanälen bestehen kann. Daraus resultiert eine extrem große innere Oberfläche, die bei einem Quader von einem Gramm Gewicht mehr als 1000 m^2 umfaßt.

Technischen Einsatz finden Aerogele bisher hauptsächlich aufgrund spezifischer optischer Eigenschaften als Cerenkow-Detektoren in der Hochenergiephysik, für die sie in kleinen Mengen nach einem relativ teuren Verfahren hergestellt werden. Besondere Zukunftsaussichten haben sie als FCKW-freie Wärmeisolierungen z.B. für Kühlschränke. Aufgrund ihrer Lichtdurchlässigkeit sind sie aber auch zur passiven Nutzung der Sonnenenergie z.B. an Hauswänden oder als Oberlichter in Gebäuden geeignet. Für transparente Fenstersysteme taugen sie wegen ihres milchig-trüben Aussehens, das durch Streuung des Lichtes an den luftgefüllten Poren entsteht, bisher nicht. Es gibt Bemühungen um eine weitere Verkleinerung der

Poren. Von einer reinweißen Transparenz ist man allerdings noch ein gutes Stück entfernt.

Da ihre akustische Impedanz zwischen der von piezoelektrischen Wandlern und Luft liegt, könnten Aerogele als dünne Schicht auf der Oberfläche des Wandlers zur Verminderung von Reflexionsverlusten an dieser Grenzfläche beitragen und somit deren Einsatz z.B. für Entfernungssensoren in Autofocus-Kameras verbessern. Auch Anwendungen als Katalysatorträger in der chemischen Industrie oder leichte Treibstoffspeichermedien für die Raumfahrt werden konkret untersucht.

Teilweise bereits erfolgreiche Bemühungen um ein tiefergehendes Verständnis ihrer Mikrostruktur, um die Verbesserung ihrer Eigenschaften sowie nicht zuletzt um wirtschaftliche und sichere Fertigungsverfahren werden in Zukunft zu einer stärkeren Verbreitung der Aerogele führen, insbesondere im Bereich der Wärmeisolierung. Inzwischen ist auch die Herstellung organischer Aerogele gelungen, die im Vergleich zu den keramischen weniger spröde sind und weiter verbesserte Wärmedämmungseigenschaften besitzen. Deren Entwicklung befindet sich allerdings noch in einer relativ frühen Phase.

2.4 Gläser

Das größte Entwicklungspotential im Bereich der technischen Spezialgläser wird auf absehbare Zeit bei optischen Anwendungen gesehen. Eine Rolle spielen hier vor allem

- *Glasfasern,*
- *Glasfaser-Laser und*
- *Gläser für die Integrierte Optik (einschl. nicht-linearer optischer Gläser).*

Besonders erwähnenswerte Entwicklungen gibt es auch bei

- *Biogläsern (für Implantate),*
- *Porösen Sintergläsern (z.B. für biotechnologische Substratmaterialien) sowie*
- *Faserverstärkten Gläsern (für strukturelle Anwendungen).*

Neben den oxidischen steigt die Bedeutung der nicht-oxidischen Gläser. Intensiv erforscht wird der Bereich der ionischen Gläser. Eine vor allem für spezielle Anwendungen geeignete Alternative zur Glaserzeugung mit Schmelzprozessen ist das Sol-Gel-Verfahren.

2.4.1 Übergeordnete Aspekte

In der ca. 9000 Jahre alten Geschichte der Glaserzeugung ist es bis heute nicht gelungen, eine allgemein gültige Definition des Begriffes Glas zu finden. Im allgemeinen Sprachgebrauch wird darunter sowohl der Werkstoff (z.B. Fensterglas) als auch ein Gegenstand (z.B. Trinkglas) verstanden. Im wissenschaftlichen Bereich sind die Definitionen nach wie vor von einer gewissen Unschärfe geprägt und orientieren sich an verschiedenen Aspekten: chemische Zusammensetzung, Herstellungsprozeß, Struktur und Thermodynamik. Zur besseren Verständlichkeit und zur Abgrenzung gegenüber anderen Materialien wird hier eine bewußt weitgefaßte Begriffsdefinition verwendet. Glas wird verstanden als "ein festes, anorganisches und im wesentlichen nichtkristallines Material". Unter diese Materialdefinition fällt eine zunehmend unübersehbare Anzahl von Stoffen, die sich z.T. sehr deutlich hinsichtlich Herstellungsprozeß, Zusammensetzung, Eigenschaften und Anwendungen unterscheiden. Diese Aufsplitterung wird verstärkt durch den Begriff "New Glasses", der etwa Mitte der 80er Jahre in Japan geprägt wurde und weniger auf die Herstellung und Zusammensetzung abhebt, sondern mehr auf die Funktionalität. Zur besseren Übersicht sollte eine sehr pragmatische Einteilung der Glasarten erfolgen. Es wird dabei bewußt in Kauf genommen, daß sich mehrere Bereiche auch überlagern können.

Als wichtigste Gruppe, sowohl auf die Tonnage als auch auf den Produktionswert bezogen, sind die *konventionellen Massengläser* zu nennen. Sie repräsentieren die Produkte, die umgangssprachlich als "Glas" aufgefaßt werden, wie Behälterglas, Flachglas, Isolierglaswolle und Haushaltsware. Sie bestehen im wesentlichen aus den Oxiden von Silizium (50 bis 80%), Alkalien, Erdalkalien, Bor und Aluminium und werden aus den entsprechenden natürlich vorkommenden Mineralien, z.T. auch aus synthetischen Rohstoffen (Carbonate), hergestellt. Trotz der sehr gut bekannten Technik und Eigenschaften der Gläser sind in speziellen Bereichen Neuentwicklungen erkennbar, die den Charakter eines neuen Werkstoffes haben. Die konventionellen Massengläser repräsentieren ca. 95% der in der Bundesrepublik Deutschland hergestellten Gläser.

Die Produktion von *Spezialgläsern* ist dagegen zur Zeit noch relativ gering. Zu dieser Kategorie sind auch die Natrium-Borosilicatgläser zu rechnen. Diese Gläser mit niedriger Wärmedehnung und hoher chemischer Beständigkeit sind seit langem auf dem Markt.

Viele neue Gläser befinden sich zum großen Teil im Forschungs- und Entwicklungsstadium, so daß die Abschätzung zukünftiger Marktchancen wie bei allen neuen Werkstoffen oft schwierig ist. Aufgrund der zumindest theoretischen Möglichkeit, eine Vielzahl von nichtoxidischen Materialien im glasigen Zustand zu erhalten, ist es denkbar, maßgeschneiderte Werkstoffe für sehr kleine Anwendungsbereiche herzustellen. Es ist daher sinnvoll, die Spezialgläser nach ihrer Applikation zu unterscheiden, und zwar insbesondere in optische, elektronische, thermische, chemische, biochemische und biomedizinische Anwendungen. Aus dieser Aufteilung ist zu erkennen, daß die herstellende und anwendende Industrie von Spezialgläsern oft aus den Bereichen Informations-, Kommunikations- und Biotechnologie sowie Elektronikindustrie und Energiewirtschaft stammen.

Besonders innovative Einsatzbereiche für Spezialgläser gibt es bei Glasfasern und für optoelektronische Anwendungen sowie bei Biogläsern als Implantatmaterial. Interessant sind darüber hinaus Gläser mit äußerst geringer Wärmedehnung für Präzisionsoptiken oder poröse Sintergläser für biotechnologische Substratmaterialien bzw. für die Filtertechnik. Keramik- oder kohlenstofffaserverstärkte Gläser werden für Anwendungen als Strukturwerkstoffe entwickelt.

Oxidische Gläser spielen im Bereich der Spezialgläser nach wie vor eine wesentliche Rolle. Neben den Materialien mit einem relativ hohen Bindungsanteil werden auch silber- und lithiumhaltige ionische Gläser intensiv untersucht. Nichtoxidische Materialien sind Halogenidgläser (vorwiegend Schwermetallfluoride), Chalcogenidgläser (Schwefelverbindungen mit Germanium, Gallium, Arsen und anderen Elementen), Chalcohalogenidgläser und halbleitende Gläser (Indium-Antimon-Legierungen bzw. Legierungen auf Tellurbasis).

2.4.2 Spezifische Fertigungsverfahren

Das wichtigste Verfahren zur Glasherstellung ist der *Schmelzprozeß*, mit dem alle Massengläser und viele Spezialgläser hergestellt werden. Die gut gemischten Rohstoffe werden großtechnisch elektrisch bzw. mit Öl- oder Gasbrennern bis zur Schmelze erhitzt. Die benötigten Schmelztemperaturen liegen für die oxidischen Gläser bei ca. 1100°C bis 1500°C, für nichtoxidische Gläser liegen sie z. T. deutlich niedriger (500°C bis 800°C) und bei ionischen Gläsern im Extremfall auch darunter. Die Schmelze wird in eine Form gebracht und bei gleichzeitiger Abkühlung verfestigt. Die Massengläser werden kontinuierlich in Wannen erschmolzen, die Spezialgläser häufig diskontinuierlich in großen Tiegeln (Hafen). Nichtoxidische Gläser, soweit über den Schmelzprozeß hergestellt, sind hochempfindlich gegenüber Sauerstoff. Hier muß vorwiegend unter Schutzgasatmosphäre oder Vakuum gearbeitet werden.

PVD- und CVD-Verfahren (Physical bzw. Chemical Vapour Deposition) werden bei der Veredelung von Glasoberflächen bzw. bei der Erzeugung von dünnen (nm-Bereich) glasigen Schichten eingesetzt. Das CVD-Verfahren hat im Bereich der Halbleiterindustrie und der Produktion von Nachrichtenübertragungskabeln (Glasfaserkabel) eine große Bedeutung erlangt. Hierbei werden eine oder mehrere leichtflüchtige Verbindungen am Substrat vorbeigeleitet. An dessen Oberfläche erfolgt die gewünschte chemische Reaktion unter Ausbildung einer dünnen Schicht. So wird z. B. dotiertes Kieselglas aus $SiCl_4$ als hochporöse Preform hergestellt. Die Preform wird zusammengesintert und anschließend zur Glasfaser bei ca. 2000°C ausgezogen. Die hohen Anforderungen an die Produkte erfordern eine hohe Reinheit der Ausgangsstoffe und eine definierte Prozeßatmosphäre. Daraus resultiert eine entsprechend aufwendige Technologie.

Als alternatives Konzept zur Glaserzeugung wird das *Sol-Gel-Verfahren* angesehen. Hierbei werden die Rohstoffe in Lösung zur Reaktion gebracht. Nach Abzug des Lösemittels und Verdichten des resultierenden Gels bei Temperaturen, die ca. um den Faktor 3 niedriger sind als die entsprechenden Schmelztemperaturen, werden Gläser hergestellt. Die anfangs diskutierten Vorteile dieses Verfahrens (hochreine Ausgangsmaterialien, Vermeidung hoher Schmelztemperaturen, Synthese von sehr homogenen Werkstoffen) wurden zwischenzeitlich relativiert. Die Ausgangsstoffe müssen in sehr energieaufwendigen Prozessen erzeugt werden und sind dementsprechend teuer. Der partielle Verlust einiger leichtflüchtiger Ausgangsstoffe (vor allen Dingen borhaltige) muß wie beim Schmelzprozeß durch Überdosierung kompensiert werden. Der Prozeß beinhaltet mehrere zeitaufwendige Verfahrensschritte und muß insbesondere bei der Erzeugung von kompaktem Material sehr genau kontrolliert werden. Für spezielle Anwendungen, z. B. Erzeugung monodisperser Pulver oder hochporöser Materialien, erscheint dieses Verfahren sehr vorteilhaft. Sehr interessant ist das Sol-Gel-Verfahren auch für die Beschichtung von thermisch empfindlichen Substraten sowie zur Herstellung von Gläsern, die über den Schmelzprozeß nicht oder nur sehr schwer hergestellt werden können.

2.4.3 Massengläser

Die Hauptentwicklungstendenzen im Bereich der Massengläser konzentrieren sich auf die Veredelung bereits vorhandener Gläser bzw. die Optimierung ihrer Eigenschaften. Im Bereich der *Fenstergläser* bedeutet dies die Entwicklung von Wärmeschutzschichten oder photochromen bzw. elektrochromen Schichten.

Aufgrund der chemischen Resistenz, der Mehrfachverwendung und der Möglichkeit des Recyclings von Altflaschen wird *Behälterglas*, zumindest in Distributionsbereichen von ca. 50 - 100 km, weiterhin eine hervorragende Rolle spielen. Nachteilig wirkt sich das hohe Flaschengewicht aus. Intensive Untersuchungen beschäftigen sich daher mit der Reduzierung der Wandstärke. Im Bereich des Grünglases (Weinflaschen etc.) sind aufgrund des hohen Altglasanteils von ca. 80 - 99% signifikante Veränderungen der Glaszusammensetzungen festzustellen. Die Kontrolle dieser Veränderungen und die Erhöhung des Altglasanteils bei

Weiß- und Braunglas (derzeit ca. 40 - 60%) sind Ziel intensiver Untersuchungen, betreffen aber mehr technische Probleme.

Aufgrund der ökologisch bestimmten Gesetzgebung und der zunehmend knapper werdenden Deponieräume sind Gläser entstanden, die im Grenzbereich zwischen alten und neuen Materialien liegen. Im Bereich der Massengläser wird das Wiedereinschmelzen von selbst produzierten Filterstäuben bereits praktiziert. Ganz am Anfang stehen aber noch Überlegungen, hoch toxisch belastete Reststoffe in einer Glasmatrix einzubinden. Entsprechende Reststoffe sind Filterstäube, Flugaschen und Schlacken aus Kraftwerken und Müllverbrennungsanlagen, Klärschlämme oder alte Bildröhren mit hohen Blei- und Bariumgehalten. Vorteilhaft sind die chemische Inertisierung und die erhebliche Volumenreduktion der Reststoffe. Die so entstehenden Gläser sind chemisch grundsätzlich mit den konventionellen Massengläsern verwandt. Aus der Vielfalt der Komponenten und den erheblichen Schwankungen der chemischen Zusammensetzung der Reststoffe ergeben sich aber signifikante Eigenschaftsveränderungen. In einigen Bereichen der Reststoffverarbeitung steht die Schmelzroute in Konkurrenz zu anderen Verfahrensentwicklungen, die bei niedrigeren Temperaturen arbeiten bzw. die Wiedergewinnung einzelner Komponenten verfolgen, z.B. die Verhüttung von Blei aus Bildschirmröhren.

Der wesentliche Vorteil der Schmelzverfahren ist die Inertisierung der toxischen Stoffe. Angestrebt wird eine intensive Charakterisierung dieser Gläser, um darauffolgend nicht nur eine sichere Deponie, sondern auch ein sinnvolles Recycling zu ermöglichen.

2.4.4 Spezialgläser

Das größte Entwicklungspotential von Spezialgläsern wird auf absehbare Zeit im Bereich der optischen Anwendung gesehen. Die Entwicklung und Optimierung der *Glasfaserkabel* auf SiO_2-Basis ist praktisch abgeschlossen. Durch die Steigerungen der Übertragungskapazität, die Reduktion der Signaldämpfung bis praktisch auf den theoretisch erreichbaren Wert von 0,2 dB/km (bei einer Wellenlänge von 1,55 µm) und die Beschleunigung der Fertigungsverfahren sind die Glasfasern dieses Typs auch ökonomisch konkurrenzfähig zu den Kupferkabeln und werden diese in den nächsten Jahren ablösen.

Nachdem die Glasbildung von Schwermetallfluoriden entdeckt wurde, erfuhr diese Materialklasse eine bemerkenswerte Entwicklung. Die ursprüngliche Hoffnung, die Dämpfung der SiO_2-Fasern zu unterbieten und damit die Übertragungslängen steigern zu können, erfüllte sich nicht. Zumindest im Bereich der Fluoridgläser auf Basis von ZrF_4/AlF_3, die inzwischen auch kommerziell gefertigt werden, gelang es bisher trotz sehr aufwendiger Verfahren nicht, die Verunreinigungen so gering zu halten, daß der theoretische Dämpfungswert von 0,1 dB/km bei 2,5 µm erreicht werden konnte.

Grundsätzlich sind die Schwermetallfluoridgläser chemisch bei weitem nicht so stabil wie die SiO_2-Gläser. Allerdings sind sie bis ca. 7 µm optisch transparent. Der Durchlässigkeitsbereich läßt sich durch den Einsatz von Chloridgläsern oder Sulfid- und Selenidgläsern bis zu 15 µm steigern. Diese Gläser werden zur Zeit nur unter extremen Bedingungen im Labormaßstab gefertigt.

Ähnlich wie bei den Glasfasern zur reinen Nachrichtenübertragung entwickelt sich der Bereich der *Faser-Laser*. Vereinzelt beginnt der Einsatz von mit Seltenen Erden dotierten SiO_2-Glasfaser-Lasern zur Signalverstärkung in Glasfasernetzen. Mit den sogenannten EDAFs (Er^{3+} doped fiber amplifier) wurden die Übertragungslängen auf mehrere hundert Kilometer in Faser-Kommunikationssystemen gesteigert (ohne Verwendung von elektrisch arbeitenden Verstärkungsstationen).

Die nachfolgende Entwicklung von Faser-Lasern auf Schwermetallfluorid-Basis hat gerade erst begonnen. Im Bereich der EDAFs konnte durch Ersatz der SiO_2-Matrix durch Fluorozirkonat-Glas die Er^{3+}-Dotierung auf 5000 ppm erhöht werden. Weitere Entwicklungen konzentrieren sich auf den Einsatz von Nd^{3+} und Pr^{3+}, sowohl in SiO_2- als auch in Fluoridglas-Matrices. Diese aktiven Gläser arbeiten bei einer Wellenlänge von 1,31 µm, die zur Zeit für den Kommunikationsbereich sehr interessant ist. Verglichen mit den Er^{3+}-dotierten Gläsern sind aber noch erhebliche Rückstände bei der Reduktion der Signaldämpfung und in der chemischen Beständigkeit aufzuholen.

Die Faser-Laser stellen ein Bindeglied dar zwischen den optischen Bauteilen zur reinen Nachrichtenübertragung (Glasfasern) und den Bauteilen, die, vergleichbar der integrierten Elektronik, aktive Aufgaben wie Modulation, Schalten, Verbinden von Informationskanälen und Verteilen übernehmen. Dieser Bereich wird *Integrierte Optik* (IO) genannt. Die ersten IO-Komponenten, die zur Zeit in den Markt eingeführt werden, haben noch sehr einfache Funktionen, z. B. eine Y-Verzweigung. Für hochkomplexe optische Systeme (z. B. Rechner) befinden sich die entsprechenden IO-Komponenten gerade am Anfang der Entwicklung.

Die erfolgversprechendste Lösung zur Fertigung von IO-Komponenten ist der Ionenaustausch. Als Substrat dient dabei ein oxidisches Glas mit einer bevorzugt austauschbaren Komponente (im allgemeinen Natrium- oder Kaliumionen). Durch einen photolithographischen Prozeß wird die Struktur des Wellenleiters erzeugt. Durch einen thermisch oder elektrisch unterstützten Prozeß werden anschließend Ionen aus einer Salzschmelze (Lithium-, Rubidium-, Cäsium-, Silber- oder Thallium-Ionen) gegen die Alkali-Ionen ausgetauscht. Entsprechend der vorher geprägten Struktur werden dadurch Wellenleiter im Substrat erzeugt, die an ihren Grenzen zum Substrat einen signifikanten Brechzahlsprung aufweisen.

Rein physikalisch gesehen ist Thallium als Austauschion am besten für die IO-Fertigung geeignet. Allerdings ist es aufgrund seiner signifikanten Toxizität nur unter erheblichen Sicherheitsvorkehrungen einsetzbar und daher ökonomisch nicht relevant. Mit leichten Einschränkungen haben sich Rubidium, Cäsium (geringe Diffusionsgeschwindigkeit) und Silber (chemisch sehr instabil) bewährt.

Eine sehr wichtige Funktion im Bereich der IO wird den sogenannten *Nichtlinearen optischen Gläsern* zugeschrieben. Sie sind prinzipiell in der Lage, im Picosekunden-Bereich oder darunter zu reagieren, d.h. drei Größenordnungen schneller als elektronische Schalter. Gerade bei der IO, die im Vergleich zur herkömmlichen Elektronik in kürzerer Zeit eine größere Datenmenge verarbeiten soll, besteht die Notwendigkeit, optische Signale in extrem kurzen Zeiten zusammenzufügen bzw. trennen zu können.

Zur Zeit sind zwei Wege zur Herstellung geeigneter optischer Schalter erkennbar. Die erste Route basiert auf der Verwendung von Gläsern mit hoher Brechzahl (Bleisilicat-, Blei-Wismut-Gallat-, Chalcogenid-Gläser). Hier muß allerdings mit sehr hoher Eingangsenergie oder mit großen Arbeitslängen des Bauteils gearbeitet werden.

Effektiver scheint der Weg über Gläser zu sein, die mit halbleitenden oder metallischen Partikeln dotiert sind. Sie sind allerdings entweder teuer (Gold) oder toxisch nicht unbedenklich (Cadmiumselenid, -sulfid, -tellurid, Kupferchlorid). Entscheidende Probleme, die in naher Zukunft gelöst werden müssen, sind Präparationsmethoden, welche eine gute Kontrolle über die Partikelgröße erlauben, die Streuung der Partikelgröße und die Partikelkonzentration.

Neben den bisher besprochenen, derzeit gut erkennbaren Entwicklungslinien sind mehrere Materialgruppen bekannt, die teilweise sehr hoffnungsvolle Eigenschaften im Bereich der Optoelektronik bzw. Integrierten Optik besitzen, aber aufgrund einer oder mehrerer Punkte zur Zeit noch keinen sinnvollen Applikationsbereich ergeben.

Beispielsweise sind die *Chalcogenidgläser* im infraroten Wellenlängenbereich sehr gut transparent. Allerdings sind einige Chalcogenide sehr toxisch (Selen und Arsen), andere Alternativsysteme (Sulfid-Gläser) neigen in hohem Maße zur Entmischung. Die Präparation ist sehr aufwendig, da auf Sauerstoffausschluß geachtet werden muß. Sehr neu ist die Idee, Halogenid- und Chalcogenid-Gläser zu den Chalcohalogenid-Gläsern zu kombinieren. Neben der hohen IR-Durchlässigkeit bis zu 20 µm wird theoretisch eine Dämpfung von nur 0,01 bis 0,001 dB/km bei 3 µm erwartet. Erste Studien zeigten, daß diese Gläser relativ stabil gegen Entglasungen und den chemischen Angriff des Wassers sind.

Intensiv erforscht werden auch die *Ionischen Gläser*. Um diese zu erhalten, sind hohe Abkühlgeschwindigkeiten aus der Schmelze erforderlich. Interessante Systeme sind die silberhalogenid und -oxidhaltigen sowie lithiumhaltige Gläser. Im Gegensatz zu den oxidischen, die im allgemeinen Isolatoren sind, zeigen die ionischen Gläser Leitfähigkeiten, die bis zu 10^{-2} S/cm reichen. Die Leitfähigkeit basiert hier allerdings auf der Beweglichkeit von Ionen und nicht von Elektronen, wie z.B. bei Metallen. Mögliche Anwendungsgebiete werden im Bereich der Feststoffbatterien, Sensoren, elektrochromen und photochromen Bauteile gesehen.

Neben den optischen neuen Gläsern ist bereits seit ca. 30 Jahren ein Fachgebiet entstanden, dessen potentielle Entwicklungsmöglichkeiten erst seit wenigen Jahren klar werden, die *Biogläser* oder *Bioglaskeramiken*. Die Herstellung der letztgenannten Materialien beruht auf der Möglichkeit, unter bestimmten Bedingungen Glasschmelzen zu entmischen und eine Phase gezielt kristallisieren zu lassen. Das Verfahren ist im Prinzip bekannt, z.B. für die Herstellung von Glaskeramiken. Den Bioglaskeramiken liegt die Idee zugrunde, Materialien zu verwenden, die in ihrer Zusammensetzung dem körpereigenen Knochenmaterial sehr ähnlich sind und allein unter diesem Aspekt als Knochenersatzmaterial dienen könnten. Voraussetzung hierzu sind eine sehr hohe Biokompatibilität (keine Abstoßungsreaktionen) und hohe Bioaktivität (gutes Anwachsen am vorhandenen Knochen). Diese Punkte sind die wesentlichen Unterscheidungsmerkmale gegenüber herkömmlichen Implantat-Materialien wie anderen Keramiken oder Metallen. Daneben können die Bioglaskeramiken den sehr wichtigen Vorteil der Bearbeitbarkeit während der Operation durch den Arzt bieten (z.B. Einpassung von Zahnimplantaten). Die wesentlichen Bioglaskeramiken beruhen auf der Ausscheidung von Apatit aus phosphosilicatischen Gläsern. Nachdem diese Bioglaskeramiken in etlichen Operationen (von der Stirnhöhlenvorderwand bis zum Knie) bereits eingesetzt wurden, stellt sich aber weiter die Frage der Langzeitstabilität und der Optimierung der mechanischen Festigkeiten. Dort, wo geringere Festigkeiten gefordert sind, z. B. Gehörknochen, steht die Optimierung der Bearbeitbarkeit im Vordergrund.

2.5 Verbundwerkstoffe

In Verbundwerkstoffen führt die gezielte Kombination verschiedener Materialien zu Eigenschaften, die mit keiner der Komponenten allein erreichbar wären. Sie sind damit besonders charakteristische Vertreter der maßgeschneiderten Werk-

stoffe. Neben den Schichtverbunden sind vor allem partikel- oder faserverstärkte Verbundwerkstoffe von Interesse. Als Matrixmaterialien kommen mit zunehmender Einsatztemperatur Polymere, Metalle, Keramiken sowie Kohlenstoff in Frage.

Großtechnisch werden bisher vor allem die verstärkten Polymere verwendet, während sich insbesondere mit langen Fasern verstärkte Metall- und Keramik-Matrix-Verbunde noch in einem relativ frühen Stadium der Entwicklung befinden. Wesentliche Bemühungen gelten sowohl der Weiterentwicklung der Matrixwerkstoffe (z.B. thermoplastische Polymere) als auch der Fasermaterialien. Fortschritte sind außerdem verbunden mit

* *Dreidimensionalen Faserstrukturen zur multidirektionalen Verstärkung,*
* *Hybriden Verbunden mit verschiedenartigen Fasern,*
* *Schichtverbunden mit kontinuierlichem (gradiertem) Eigenschaftsprofil sowie mit der*
* *Einbindung sensorischer oder aktorischer Komponenten in multifunktionalen (intelligenten) Werkstoffen.*

Die weitere Verbreitung der Verbundwerkstoffe auch in Massenanwendungen wird wesentlich davon abhängen, inwieweit die notwendigen Fertigungsverfahren automatisiert und Umweltbelastungen insbesondere aufgrund mangelnder Recycling-Konzepte minimiert werden können. Entwicklungssprünge sind hier nicht zu erwarten.

2.5.1 Übergeordnete Aspekte

Verbundwerkstoffe setzen sich aus verschiedenen Materialien oder Stoffgruppen zusammen, deren gezielte Kombination zu Eigenschaften führt, welche mit keiner der Komponenten allein erreichbar wären. Entsprechend der räumlichen Anordnung der unterschiedlichen Stoffgruppen lassen sich insbesondere Schichtverbunde aus unverstärkten homogenen Schichten und Faserverbundwerkstoffe unterscheiden. Gerade die faserverstärkten Materialien haben inzwischen eine besondere technologische Bedeutung erlangt, so daß die Begriffe Verbundwerkstoff und Faserverbundwerkstoff zumeist synonym verwendet werden.

Über Auswahl und Kombination des Basiswerkstoffs, der sog. Matrix, und der Verstärkungskomponenten sind vor allem mechanische und thermische Merkmale des resultierenden Materials in einem weiten Bereich variierbar. Damit gehören die Verbundwerkstoffe zu den markantesten Vertretern der nach dem Konzept des Material Tailoring entwickelten Neuen Werkstoffe. Erreichbar sind insbesondere

- hohe Festigkeit,
- hohe Steifigkeit,

- niedriges spezifisches Gewicht,
- hohe Ermüdungsfestigkeit,
- günstiges Kriechverhalten,
- geringe thermische Ausdehnung sowie
- gute chemische Resistenz und Korrosionsbeständigkeit (bei Verbund-
  kunststoffen und -keramiken).

Abgesehen von konventionellen Werkstoffen wie z.B. verstärktem Beton kommen aus (hoch)technologischer Sicht als *Matrixmaterial* mit zunehmender Einsatztemperatur Polymere, Metalle und Keramiken sowie Kohlenstoff in Frage. Großtechnische Verwendung finden bisher lediglich die polymeren Faserverbundwerkstoffe, die im Prinzip bereits seit ungefähr dreißig Jahren in primären Flugzeugstrukturen eingesetzt werden. Ständige Weiterentwicklungen bei Werkstoffen und Fertigungsverfahren führen dazu, daß sie auch in den nächsten Jahren ihre herausragende Stellung behalten werden. Metall- und Keramik-Matrix-Verbunde, insbesondere solche mit der für viele besonders anspruchsvolle Anwendungen erforderlichen Langfaserverstärkung, befinden sich weitgehend im Forschungs- und Entwicklungsstadium. Bei diesen mangelt es noch in beachtlichem Maße an physikalisch-chemischem und verfahrenstechnischem Basis-Know-how.

Neben der Natur der Matrix ist die Gestalt der *verstärkenden Elemente* ein Kriterium zur groben Unterteilung der Verbundwerkstoffe. So spricht man z.B. bei den oxiddispersionsgehärteten Superlegierungen von Teilchenverbundwerkstoffen. Außerdem gibt es Faserverbundwerkstoffe mit kurzen Fasern, Whiskern (Einkristallen) oder Langfasern, welche Bauteillänge haben können. Partikel, Plättchen oder Whisker sind häufig unregelmäßig in die Matrix eingebettet und bewirken so ein weniger ausgeprägt anisotropes Festigkeitsbild als die entsprechend dem künftigen Einsatz des Materials ausgerichteten Langfasern. Gerade der letztgenannte Punkt zwingt im übrigen zu einer besonders engen Abstimmung zwischen Bauteilentwicklung und Werkstoffertigung.

Temperaturbeständigkeit, Querfestigkeit sowie Wärme- und Stromleitfähigkeit der Faserverbundwerkstoffe hängen in erster Linie von der Matrix ab. Diese übernimmt die Übertragung der Last auf die Fasern, die Stützung der Fasern bei Druckbeanspruchung und die Lastüberleitung bei gerissenen Faserbündeln. Für die Zug- und Schlagfestigkeit sind vor allem die Fasern verantwortlich. Diese müssen außerdem chemisch verträglich mit der Matrix und von dieser benetzbar sein. Insbesondere für Hochtemperaturanwendungen dürfen die Schmelztemperaturen der verwendeten Fasern natürlich auch nicht geringer sein als die des Matrixmaterials.

Bei der weiteren Entwicklung der Verbundwerkstoffe steht nach wie vor hauptsächlich die Verbesserung bestimmter mechanischer, für den Einsatz in Strukturanwendungen relevanter Eigenschaften im Vordergrund. Nichtmechanische funktionale Eigenschaften spielen gegenwärtig noch eine untergeordnete Rolle. Eine Kombination beider Blickwinkel kann sich in Zukunft allerdings durch den simultanen Einbau von sensorischen und/oder aktorischen Komponenten ergeben. Damit öffnet sich der Weg zu einer neuen Klasse von sog. *multifunktionalen Strukturen* oder intelligenten Werkstoffen (s. 3.2). So könnten zur Verstärkung eines Verbundes eingebrachte Glasfasern gleichzeitig bestimmte Zustände überwachen und auftretende Materialfehler z.B. über eine Veränderung ihrer optischen Eigenschaften melden. Denkbar ist auch die Nutzung bestimmter elektro- oder magnetostriktiver Fasern zur aktiven Einstellung gezielter Formänderungen. Gerade hinsichtlich eines derartigen Einbaus sensorischer oder aktorischer Phasen sind Verbundwerkstoffe homogenen isotropischen Materialien gegenüber im Vorteil, weil sie ja ohnehin einen inhomogenen Aufbau haben.

In den konventionellen Anwendungen stehen Verbundwerkstoffe jedoch meist in Konkurrenz zu etablierten, insbesondere metallischen Materialien, denen sie unter reinen Kostengesichtspunkten in der Regel unterlegen sind. Sie werden überall dort eingesetzt, wo ihre herausragenden Eigenschaften voll ausgenutzt werden können, aufgrund der erreichbaren Gewichtsersparnis vor allem in der Luft- und Raumfahrt. Ihre weitere Verbreitung wird wesentlich davon abhängen, ob der Serieneinsatz in Massenanwendungen wie dem Fahrzeug- und Maschinenbau gelingt. Hier aber bestimmt nicht so sehr das Gewicht das Preis/Leistungs-Verhältnis als vielmehr die Wirtschaftlichkeit der Fertigungsverfahren. Die breite Einführung von faserverstärkten Werkstoffen in der Technik wird um so leichter sein, je wirkungsvoller die dafür notwendigen Fertigungsverfahren mechanisiert oder gar automatisiert werden können. Entwicklungssprünge sind hier nicht zu erwarten. Auch auf dem Gebiet einer effizienten Qualitätssicherung während der Produktion und im Betrieb sind noch etliche Probleme ungelöst.

Ein verstärkter Einsatz von Faserverbundwerkstoffen wird auch durch das Fehlen ausgereifter Möglichkeiten zur Wiederverwertung behindert. Bis heute liegt kein schlüssiges Recycling-Konzept vor, obwohl gerade auf diesem Gebiet ein enormer öffentlicher Druck herrscht. Hier liegt ein wesentlicher Schwerpunkt zukünftiger Forschungsanstrengungen. Aufgrund derartiger Umweltgesichtspunkte wird beispielsweise die Verwendbarkeit von Naturfasern für Anwendungen untersucht, die von den technologischen Anforderungen her weniger anspruchsvoll sind. So hat Flachs eine überraschend hohe spezifische Festigkeit. Allerdings ist man noch sehr weit entfernt von der Lösung des Problems der unzureichenden Beständigkeit unter Umgebungseinflüssen, insbesondere bei Einwirkung von Feuchtigkeit.

Forschungs- und Entwicklungsbemühungen gibt es auch zur Verringerung von Gesundheitsgefährdungen, die bisher vor allem mit der Fertigung bestimmter faserverstärkter Werkstoffe und Bauteile verbunden sind. Neuere Untersuchungen haben z.B. ergeben, daß ein Teil der verwendeten Fasern die krebserzeugende

Potenz von Asbest zu haben scheint. Dabei ist die Gefährdung ausschließlich in der Partikelgestalt begründet, so daß die Aussage unabhängig von der Faserart vor allem für die bei der Herstellung und Bearbeitung entstehenden Bruchstücke gilt. Besondere Gefahr kann von den Whiskern ausgehen. Daher sind in Deutschland die Entwicklungsarbeiten für neue whiskerverstärkte Materialien eingestellt worden. Ein möglicher Ausweg insbesondere bei keramischen Verbundwerkstoffen ist die sog. Platelet-Verstärkung mit kleinen Plättchen statt Whiskern.

2.5.2 Fasern

Grundlage für das Interesse an der Verstärkung von bestimmten Matrixmaterialien mit Fasern ist die Tatsache, daß zur Faser verstreckte Werkstoffe oft wesentlich höhere Festigkeiten haben als in kompakter Form. Volumen- und Oberflächenfehler treten seltener auf, außerdem bestehen während der Herstellung der Fasern spezifische Möglichkeiten zur Festigkeitssteigerung. Auch kommt es beim Bruch einer einzelnen Faser nicht automatisch zum Versagen eines ganzen Faserbündels.

Die folgende Tabelle gibt einen Überblick zur Festigkeit einiger Materialien mit einem Vergleich zwischen typischen erreichten (keine Spitzenwerte) und theoretisch möglichen Festigkeitswerten (in N/mm^2). Es zeigt sich, daß, abgesehen von möglichen praxisbezogenen Einschränkungen, teilweise ein erhebliches Potential für weitere Leistungssteigerungen vorhanden ist.

Stoff	Massives Material	Faser (gestreckt)	theoretisch möglich
Al	600	800	3800
Cu	1200	3000	6200
B		3400	17000
Fe	1400	4100	11200
Polyethylen	30	1000	25000
Polyamid	80	850	25000
Aramid		3000	25000
Glas		4000	11000
Al_2O_3	200	1600	26000
C		3000	35000

Die zentralen FuE-Ziele liegen in der Entwicklung von technischen Prozessen, mit denen aus verfügbaren oder neuen Materialien möglichst dünne Fasern (gängige Durchmesser 5-10 μm) mit hoher Zugfestigkeit und/oder hoher Steifigkeit herstellbar sind.

Besondere Bemühungen gibt es im Einzelfall auch um die *Abstimmung von Fasern und Matrix* im Hinblick auf bestimmte Eigenschaften. Wichtig ist z.B. die Erzeugung einer Faseroberfläche, die nach der Einbettung in die Matrix mit dieser eine für den vorgesehenen Einsatz des Materials optimale Grenzflächenhaftung aufweist. Je nach Materialeinsatz soll die Haftung fest und innig oder weich und gleitend sein. Auch die Dehnbarkeiten von Faser und Matrix müssen aufeinander abgestimmt sein.

Am weitesten verbreitet sind heute die *Glasfasern*, und zwar nicht zuletzt wegen ihres geringen Preises. Seit Mitte der 40-er Jahre zur Verstärkung von Kunststoffen eingesetzt, sind sie heute in vielfältigen Zusammensetzungen und Eigenschaften erhältlich, je nach beabsichtigtem Einsatz. Sie haben bezüglich Festigkeit und vor allem Steifigkeit deutliche Nachteile gegenüber ihren modernen Konkurrenten, die allerdings auch wesentlich teurer sind (Aramid-Fasern 10-fach, C-Fasern bis zu 100-fach, noch teurer sind z.B. Bor- oder Siliziumkarbidfasern).

Bei *organischen Fasern* stehen heute mehrere hochfeste Typen zur Verfügung, insbesondere auf der Basis von Aramiden (aromatische Polyamide) oder Polyethylen. Polyethylen besitzt sehr gute spezifische Festigkeitswerte, die sogar über denen der Aramidfasern liegen, allerdings auf niedrige Temperaturen bis ca. 80°C beschränkt bleiben. Aramide dagegen behalten ihre Eigenschaften auch bei Temperaturen bis zu etwa 150°C. In der spezifischen Zugfestigkeit liegen sie aufgrund ihrer geringen Dichte mit an der Spitze aller überhaupt verwendbaren Fasern. In Druck- und Biegefestigkeit sowie Steifigkeit dagegen erreichen sie normalerweise nicht einmal die Hälfte der Werte von Kohlenstoffasern. Auch Hybride aus Kohlenstoff- und Glasfasern können evtl. leistungsfähigere Anwendungsprofile bieten. So sind Aramidfasern einem zunehmenden Konkurrenzdruck ausgesetzt, im Hinblick auf Hochtemperaturanwendungen z.B. auch durch Polybenzimidazol(PBI)-Fasern.

In *Kohlenstoffasern* führen zweidimensionale kovalente Bindungen mit ausgeprägter Orientierung zu hohen Werten für die Festigkeit und insbesondere auch für die Steifigkeit. Sie sind heute die meistverwendeten Verstärkungsfasern für Zellstrukturen von Flugzeugen und Raumfahrtgeräten. Ein entscheidender Vorteil der C-Fasern beruht auf der Möglichkeit, durch Variation der Herstellungsbedingungen verschiedene Kombinationen von Festigkeit und Steifigkeit systematisch einzustellen. Moderne Entwicklungen zielen nicht auf die Optimierung einzelner Eigenschaften, weil diese gleichzeitig zu nicht akzeptablen Einbußen bei anderen Merkmalen führen würde. Angestrebt wird dagegen ein bestmöglicher Kompromiß zwischen allen relevanten Kennwerten, zu denen z.B. auch die Druckfestigkeit gehört. Besondere Bedeutung kommt der Dehnbarkeit zu, da für die meisten Krafteinleitungsprobleme eine gewisse Duktilität erforderlich ist. Die Bruchdehnung konnte in den letzten Jahren bereits auf Werte um 2% verbessert werden, was im Verbund allerdings nur dann voll genutzt werden kann, wenn die Matrixdehnung den zwei- bis vierfachen Wert der Faserdehnung erreicht.

C-Fasern werden heute überwiegend auf der Basis von Polyacrylnitril hergestellt, eine bezüglich der Rohstoff- und Prozeßkosten relativ aufwendige Verfahrensroute. Grundsätzliche Ansätze zu kostengünstigeren Fasern lägen bei anderen Ausgangsmaterialien (z.B. Pech oder Polyethylen) oder völlig neuen Herstellungsmethoden, wie dem Wachstum aus der Dampfphase. Mittelfristig ist hier jedoch nicht mit gravierenden Neuerungen zu rechnen.

Für die Verstärkung von Metallen und Keramiken bieten sich polykristalline *keramische Fasern* wie Borkarbid, Siliziumkarbid oder Aluminiumoxid an, zumal diese Werkstoffe hauptsächlich für Anwendungen bei höheren Temperaturen vorgesehen werden. Kohlefasern sind gerade zur Verstärkung von Metallen nicht praktikabel, da sowohl bei der Fertigung des Verbundmaterials (z.B. durch Flüssiginfiltration) wie auch im Betrieb die Gefahr unerwünschter Reaktionen besteht. Alle anderen derzeit verfügbaren anorganischen Fasern allerdings erleiden oberhalb von Grenztemperaturen von etwa 1000°C bis 1200°C erhebliche irreversible Festigkeitseinbußen. Aus diesem Grunde sind zur Verstärkung höchsttemperaturfester Keramiken bisher ausschließlich C-Fasern verwendbar, deren Nachteil hier jedoch darin liegt, daß sie gerade bei hohen Temperaturen vor einer oxidierenden Umgebung geschützt werden müssen. Daher konzentriert sich die Entwicklung heute vor allem auf die weitere Verbesserung gerade auch der Hochtemperatureigenschaften von alternativen keramischen Fasern. Fortschritte werden außerdem bei der bislang relativ teuren Fertigung angestrebt.

Fasern aus Siliziumkarbid oder Aluminiumoxid z.B. lassen sich aus organischen Ausgangsmaterialien herstellen. Siliziumkarbid eröffnet Einsatzgebiete bis zu 1400°C und bietet daneben deutlich höhere Festigkeits- und Dehnungswerte als Aluminiumoxid, ist aber wesentlich teurer. Beide Keramiken sind gegenüber flüssigem Aluminium beständig. Sie lassen sich auch als Whisker und sogar sehr kostengünstig in Form kleiner Partikel herstellen und bieten sich deshalb für Materialien mit diskontinuierlicher Verstärkung an.

International gibt es bemerkenswerte Aktivitäten zur Herstellung von einkristallinen Langfasern oxidischer wie auch nichtoxidischer Art, deren verbreiteter Einsatz aber an ihren außergewöhnlich hohen Kosten scheitert.

Prinzipiell kann man zwischen Fasern mit oder ohne Trägerseele unterscheiden. *Borfasern* z.B. entstehen durch CVD-Abscheidungen (Chemical Vapour Deposition) auf feinen Wolfram-Drähten. Sie bieten exzellente mechanische Eigenschaften, sind jedoch relativ dick und lassen sich deshalb nur schwer mit textilen Methoden verarbeiten. Außerdem ist ihre Herstellung außergewöhnlich teuer, auch im Vergleich zu den in manchen Anwendungen, z.B. im Sportartikel-Sektor, konkurrierenden Kohlenstoffasern. Trotzdem sollten Borfasern zumindest im Bereich der Luft- und Raumfahrt auch weiterhin eine gewisse Rolle spielen, möglicherweise in Reparaturplatten zum Ausbessern von Schäden an der Außenhaut von Flugzeugen.

Durch die *Kombination verschiedenartiger Fasern* in einem hybriden Verbund entstehen Werkstoffe mit ganz neuen Eigenschaftsprofilen. So kann man mit der gleichzeitigen Verwendung von Aramid- und Kohlenstoffasern sowohl die Sprödigkeit eines Bauteils verringern als auch die Festigkeit erhöhen. Diese Vorgehensweise ist v.a. bei Polymermatrices bereits technisch möglich. Auf ähnliche Art und Weise sind z.B. auch Verbundwerkstoffe mit nichtlinearer Beziehung zwischen Spannung und Dehnung herstellbar.

2.5.3 Polymer-Matrix

Aufgrund ihrer herausragenden Vorteile wie

- hohe Festigkeit bei niedrigem spezifischem Gewicht,
- hervorragendes Steifigkeitsverhalten,
- gute Dämpfungswerte,
- chemische Resistenz,
- geringe Wärmedehnung sowie
- hohe Ermüdungsfestigkeit

haben Faserverstärkte Kunststoffe (FVK) trotz ihres hohen Preises bereits relativ früh Anwendung in Luft- und Raumfahrt gefunden. Hier wird insbesondere der Vorteil des niedrigen Gewichtes geschätzt. So kann ein Bauteil aus optimal eingesetztem Faserverbundwerkstoff um ca. 28% leichter sein als das gleiche Bauteil aus Aluminium. Mittlerweile werden alle Segelflugzeuge aus FVK gebaut, die außerdem bei allen modernen Flugzeugen in großem Umfang für primäre Zellenstrukturen verwendet werden.

Verbundwerkstoffe tragen nicht nur zur Verringerung des Gewichtes, sondern auch der Anzahl der für ein Bauteil benötigten Einzelteile und damit zur Erhöhung der Betriebssicherheit bei. So verringert sich die Anzahl der Einzelteile für das in Integralbauweise hergestellte Leitwerk des Airbus A 320 gegenüber der Aluminiumausführung von 1100 auf 96.

Allerdings beklagen die Fluggesellschaften nach etwa 20-jähriger Erfahrung mit FVK extrem hohe Reparaturkosten in Schadensfällen, obwohl diese Werkstoffe keiner Korrosion unterliegen und damit ein wesentlicher Schwerpunkt der erforderlichen Wartungsmaßnahmen entfällt. Heute ist es unter Beachtung wirtschaftlicher Kriterien noch nicht möglich, eine Reparatur bei FVK-Strukturen durchzuführen, welche die ursprüngliche Festigkeit wieder herstellt. Eine Konsequenz aus dieser Tatsache ist die Gewährung besonders großer Sicherheitszuschläge bei der Auslegung der Strukturen. So kann man die eigentlich vorhandene Festigkeit des FVK und damit das vom Material her gegebene Potential für Gewichtsreduzierungen bislang bei weitem nicht ausnutzen. Daher gehören verbesserte Reparaturverfahren unter Nutzung geeigneter Harze und Klebstoffe sowie unter Einsatz weiterentwickelter Berechnungsverfahren zu den wichtigsten Zielen zukünftiger Entwicklungsbemühungen. Fortschritte sind auch zu erwarten durch einen verbesserten Informationsaustausch zwischen Materialhersteller, Flugzeughersteller und Anwender sowie durch eine zunehmende Standardisierung sowohl der neuen Materialien als auch der zugehörigen Reparaturtechniken.

Von dem ursprünglich in der Luft- und Raumfahrt erworbenen Know-how für die industrielle Serienfertigung profitieren zunehmend auch Maschinenbau und Kraftfahrzeugtechnik sowie der Freizeit- und Sportsektor. Beispiele reichen von Tennisschlägern über Prototypen von Kraftfahrzeugen mit FVK-Karosserie bis hin zu Walzen für Druck- und Textilmaschinen. In letzteren führt die Verwendung von kohlenstoffaserverstärktem Kunststoff aufgrund des geringen Masseträgheitsmomentes zu einer erheblichen Verbesserung des Anfahr- und Abbremsverhaltens. Die hohe Biegesteifigkeit gewährleistet dabei eine geringe Durchbiegung und erlaubt höhere Betriebsdrehzahlen.

Faserspezifische Aspekte

Als Verstärkungsmaterial für Polymere haben zur Zeit nur Glas-, Kohlenstoff- und Aramid-Fasern technische Bedeutung, die beiden letztgenannten gerade in relativ anspruchsvollen Anwendungen.

Die mit Abstand größten Produktionsmengen entfallen auf die *Glasfaserverstärkten Kunststoffe* (GFK), welche ihren bedeutendsten Markt als leichte Strukturelemente im Bereich des Transportwesens haben. Ihre relativ geringe Steifigkeit verbunden mit der gleichzeitig hohen Ermüdungsfestigkeit hat darüber hinaus z.B. zu einem Einsatz in elastischen Gelenken von Hubschrauberrotoren geführt, deren Aufbau dadurch erheblich vereinfacht werden konnte. Ein besonders herausragendes Beispiel für den Entwicklungsstand moderner glasfaserverstärkter Kunststoffe ist der Prototyp eines Verbrennungsmotors, der bis auf den Brennraum, die Zylinderlaufbüchsen und Teile der Mechanik vollständig aus GFK besteht. Trotz der bisher erzielten Erfolge ist allerdings nicht zu übersehen, daß gerade eine Neubewertung im Automobil- und hier insbesondere im Karosseriebau anscheinend zu einer Abschwächung der weiteren Verbreitung glasfaserverstärkter Kunststoffe führt. Hier sprechen etablierte Fertigungs- und vor allem Reparaturverfahren eher für eine Verwendung anderer Leichtbauwerkstoffe wie z.B. Aluminium, die außerdem in hohem Maße wiederverwertbar sind.

Kohlenstoffaserverstärkte Kunststoffe (CFK) haben bereits seit einigen Jahren den großtechnischen Durchbruch geschafft, vor allem in der Luftfahrtindustrie. Dabei gehen die relativ hohen CFK-Anteile moderner Verkehrsflugzeuge (bis zu 15%) hauptsächlich zu Lasten der hochfesten Aluminiumlegierungen. Neben der extrem hohen Festigkeit und Steifigkeit bei niedrigem Gewicht ist einer der weiteren Vorteile von CFK die Möglichkeit, die Wärmeausdehnung durch definierte Faserorientierung zu Null einzustellen. Dadurch wird das Material z.B. auch für den Bau von Radioteleskopen interessant. Für die nächsten Jahre wird eine weitere deutliche Steigerung des Einsatzes von CFK vorausgesagt, insbesondere im Freizeit- und Sportbereich. Der Anteil der Luft- und Raumfahrt an der Gesamtproduktion könnte dabei auf Werte deutlich unterhalb der Hälfte zurückgehen.

Nachteilig gerade im Hinblick auf besonders anspruchsvolle Anwendungen von CFK sind deren unzureichende Schlag- und Rißzähigkeit sowie ihre Bereitschaft zur Aufnahme von Feuchtigkeit. Zwar kommt es bei einer Schlagbeanspruchung nicht zum plötzlichen Versagen des Bauteils, doch treten Schäden an der Laminatstruktur auf, welche die Festigkeit herabsetzen. Daher kann die im Werkstoff inhärent vorhandene Festigkeit nur zu einem relativ geringen Teil ausgenutzt werden, weil bei der Auslegung eines Bauteils Schadenstoleranz und außerdem Möglichkeiten zur Reparatur gewährleistet bleiben müssen. Das erklärt die großen Anstrengungen, die zur Verbesserung der Reparaturverfahren und zur Erhöhung der Schadenstoleranz unternommen werden.

Grund für das spröde Verhalten sind nicht zuletzt die zu geringe Dehnbarkeit des Verbundes sowie die Unterschiede in den Elastizitätsmoduln von Faser und Matrix. Die Bruchdehnung der Hochleistungs-Kohlenstoffasern konnte in den letzten Jahren zwar auf ca. 2% verbessert werden. Diese Dehnbarkeit der Verstärkungsfaser kann allerdings im Verbund nur dann voll genutzt werden, wenn die Matrixdehnung den zwei- bis vierfachen Wert der Faserdehnung erreicht und durch ausreichende Haftung eine gute Energieübertragung zwischen Faser und Matrix gewährleistet ist. Um die Festigkeitskennwerte von Hochleistungs-Kohlenstoffasern voll ausnutzen zu können, müssen deshalb polymere Matrixsysteme entwickelt werden, die sowohl gute Haftung zur Faser gewährleisten als auch über eine ausreichende Dehnbarkeit verfügen. Auch hier sind Teilerfolge bereits zu vermelden.

Weitere Verbesserungen der Schadenstoleranz von CFK könnten in Zukunft auch durch die Optimierung der Konzepte zur dreidimensionalen Verstärkung oder durch das Einlaminieren ("interleafing") zäher Harzzwischenlagen zwischen einzelne vorimprägnierte Prepregschichten ("preimpregnated") möglich sein.

Aramidfaserverstärkte Kunststoffe werden aufgrund ihrer geringen Druckfestigkeit und hohen Feuchtigkeitsaufnahme für besonders anspruchsvolle Anwendungen wie Primärstrukturen von Flugzeugen kaum eingesetzt. Auch von den Produktionsmengen her haben sie eine relativ geringe Bedeutung. Verbreitet sind sie z.B. in Sportgeräten oder auch Innenausbauten von Verkehrsflugzeugen. Zukünftig könnten sie in einer hybriden Kombination mit CFK zur Verbesserung der Schadenstoleranz Kohlenstoffaserverstärkter Kunststoffe beitragen, ein Potential, das bisher kaum genutzt wird.

Matrixspezifische Aspekte

Die Realisierung einer Vielzahl von neuartigen Anwendungen faserverstärkter Kunststoffe ist erst nach Lösung bestimmter Probleme der "klassischen", die Matrixsysteme betreffenden Werkstoffentwicklung möglich. Dazu gehören insbesondere

- geeignete Matrixsysteme mit erhöhter Temperaturbeständigkeit,
- neue thermoplastisch verarbeitbare Matrices sowie
- Matrices mit auf die Kenndaten der Verstärkungsfasern optimierten Eigenschaften (Festigkeit, Dehnung, Grenzflächenhaftung).

Für Hochleistungsverbunde mit Glas-, Kohlenstoff- oder Aramidfaserverstärkung werden heute überwiegend *duroplastische Matrixsysteme* wie Epoxid-, Phenol- und Polyesterharze eingesetzt, die in Abhängigkeit vom konkreten Einsatzfall bei Temperaturen bis zu 180°C verwendbar sind. Für besonders anspruchsvolle Anwendungen wie z.B. Triebwerksverkleidungen werden höhere Einsatztemperaturen für Duroplaste angestrebt, eine Herausforderung insbesondere für die Verarbeitungs- und Fertigungstechnik. Mit Bismaleinimiden z.B. sind bereits Spitzenwerte bis zu 250°C möglich.

Neben der Warmfestigkeit zielt die Entwicklung neuer Matrixduromere auf die Erhöhung der Bruchzähigkeit, wobei insbesondere flüssigkristalline Systeme von Interesse sind. Zur Verbesserung der Schadenstoleranz bietet sich u.a. die Verwendung thermoplastischer Additive an, aufgrund der damit einhergehenden Verschlechterungen z.B. bei der Einsatztemperatur allerdings in der Regel nur bis zu einem gewissen Grad. Fortschritte könnten sich in diesem Zusammenhang durch die Kombination geeigneter Duro- und Thermoplaste in hybriden Systemen, wie z.B. Interpenetrierenden Netzwerken, ergeben. Derartige Matrixhybride könnten verschiedene Vorteile beider Konstituenten verbinden.

Eigenschaftsverbesserungen werden auch bezüglich der Feuchteresistenz angestrebt. Insbesondere im Temperaturbereich oberhalb von etwa 80°C kommt es z.B.

bei den bisher in der Luft- und Raumfahrt hauptsächlich verwendeten Epoxiden mit der Aufnahme von Feuchtigkeit auch zu einem bedeutsamen Abfall in den Festigkeitswerten.

Die Bauteilfertigung duroplastischer Verbundwerkstoffe erfolgt sowohl handwerklich als auch maschinell durch Tränken der Fasern mit Harz und anschließender Weiterverarbeitung in Preßwerkzeugen, vielfach unter Druck und bei erhöhter Temperatur. Eine spätere Nachformung nach der Aushärtung ist nicht mehr möglich. Hier liegt einer der Vorteile von *thermoplastischen Matrixsystemen* wie Polysulfonen, Polyetherimiden oder Polyetherketonen, die in Zukunft weiter an Bedeutung gewinnen werden. Sie bieten die Möglichkeit der Verarbeitung von Halbzeugen zu Bauteilen an beliebigen Orten zu beliebigen Zeiten. So ist ein in mehreren Einzelschichten faserverstärkter Thermoplast in beheizter Form ähnlich wie metallisches Blech umformbar, was zu der Bezeichnung "organisches Blech" geführt hat.

Neben der Verformbarkeit liegen weitere Vorteile in der Verschweißbarkeit, der prinzipiellen Wiederverwertbarkeit sowie der unbegrenzten Lagerdauer, die auf dem Fehlen von Aushärtungsreaktionen beruht. Damit sind von der weiteren Entwicklung moderner Thermoplaste möglicherweise wichtige Impulse insbesondere auf die Fahrzeugindustrie zu erwarten, in welcher besonderer Wert auf eine wirtschaftliche Serienfertigung wiederverwertbarer Bauteile gelegt wird.

Auch die Verbesserung bestimmter mechanischer Eigenschaften ist mit der Verwendung thermoplastischer Matrixsysteme verbunden. So werden in der Luft- und Raumfahrt vom Matrixmaterial gleichzeitig hohe Schlagzähigkeit und Schadenstoleranz sowie gutes Warm/Feucht-Verhalten (Erhitzung in der Höhe, Feuchtigkeitsaufnahme am Boden) verlangt. Beide Forderungen gleichzeitig lassen sich mit den bisher eingesetzten duroplastischen Matrices nicht zufriedenstellend erfüllen. Hier bieten Thermoplaste mit ihren höheren Bruchdehnungs- und Zähigkeitswerten sowie der besseren Feuchteresistenz günstigere Voraussetzungen.

Für bestimmte Anwendungen im Bereich des Flugzeugbaus werden faserverstärkte Thermoplaste bereits erfolgreich eingesetzt. Ihre weitere Entwicklung wird nicht zuletzt von der Verringerung der Werkstoffkosten abhängen. Schwierigkeiten bei der Herstellung bereitet bisher v.a. ihre hohe Schmelzviskosität. Dadurch wird die Prepregherstellung wesentlich zeit- und prozeßaufwendiger. Außerdem liegt die Dauereinsatztemperatur der meisten geeigneten thermoplastischen Matrixwerkstoffe noch nennenswert unter denen der duroplastischen Matrixharze. Nur sehr hochwertige Thermoplaste erlauben z.Zt. ähnliche Dauereinsatztemperaturen wie Duroplaste, sind aber um bis zum 10-fachen teurer.

Fertigungsspezifische Aspekte

Bei faserverstärkten Kunststoffen gibt es, wenn man von den o.g. "organischen Blechen" mit thermoplastischer Matrix absieht, keine gebrauchsfertigen Halbzeuge, welche nur noch in die gewünschte Form zu bringen wären. Die Werkstoffeigenschaften entstehen gleichzeitig mit der Herstellung des Bauteils und hängen daher direkt von den eingesetzten Fertigungsverfahren ab. Diese müssen die von zunehmend computergestützten Designverfahren vorgegebenen, komplizierten Faseranordnungen präzise umsetzen, da bei derart maßgeschneiderten anisotropen Werkstoffen kleine Abweichungen bereits zu katastrophalem Versagen führen können.

Üblicherweise werden die Verstärkungsfasern in Form unidirektionaler Gelege, zweidimensionaler Gewebe oder textiler Vorformlinge zusammen mit der Harzmatrix zu einer endkonturnahen Struktur ausgehärtet. Dies kann bei unterschiedlichen Drücken und Temperaturen in oder auf einer Form geschehen. Es gibt eine ganze Reihe sehr unterschiedlicher Techniken, die hauptsächlich nach den Kriterien Geometrie des Bauteils, Losgröße und geforderte Bauteileigenschaften ausgewählt werden. Beim "Resin Transfer Moulding"-Verfahren z.B. werden vorkonfektionierte Faservorformlinge mit flüssigen Harzen getränkt und ausgehärtet. Flüssige Harze sind allerdings schwierig in der Handhabung, ihre Verwendung führt außerdem zu einem relativ hohen Zeitaufwand für Benetzung und Tränkung der Fasern und erfordert zusätzliche Maßnahmen zur Qualitätssicherung. Bei der Prepregtechnik verwendet man zur eigentlichen Bauteilfertigung Faserstrukturen, die bereits mit einem heißhärtenden Harz vorimprägniert sind und in einem sog. Autoklaven aushärten. Dieses Verfahren läßt sich durch den Einsatz von speziellen Legemaschinen, die die Prepregs in der gewünschten Orientierung und Länge ablegen, bis zu einem gewissen Grad automatisieren.

Für alle Prozesse gilt, daß die Taktzeiten wesentlich vom Aushärtezyklus des verwendeten Harzes abhängen, das gleichzeitig eine gute Benetzbarkeit der Fasern und gutes Tränkverhalten von Faserbündeln besitzen muß. Speziell für die Autoklaven-Verfahren werden zahlreiche Alternativen zur rein thermischen Aushärtung untersucht. Diese nutzen UV-Strahlung, elektromagnetische Felder, Mikrowellen- oder Elektronenstrahlen und befinden sich in unterschiedlichen Entwicklungsstadien.

Von wenigen Einzellösungen ausgenommen ist die Fertigung von Bauteilen aus FVK insbesondere für den Bereich der Luft- und Raumfahrt weitgehend von manuellen Abläufen geprägt. Die damit verbundenen Kosten und der Konkurrenzdruck speziell durch verbesserte Aluminiumlegierungen (z.B. Al-Li) erfordern rationelle, d.h. automatisierte Fertigungsverfahren. Das gilt erst recht für eine verstärkte großtechnische Anwendung der faserverstärkten Kunststoffe z.B. im Automobil- und Maschinenbau. Für die Massenfertigung von Bauteilen werden kostengünstige Verfahren mit kurzen Fertigungs- und Taktzeiten und möglichst vollautomatischem Ablauf verlangt. Die Automatisierung soll darüber hinaus zu einer effizienteren Qualitätssicherung führen, da sie wesentlich zur Reproduzierbarkeit der Herstellungsverfahren beiträgt. Erste Ansätze zu einer Senkung der Kosten sind vollautomatische Tapelegeroboter oder Weiterentwicklungen und Erweiterungen neuer Fertigungstechniken, wie die Harzinjektion in textile Faservorformlinge. Auch thermoplastische Matrixsysteme bieten ein hohes Potential bezüglich rationeller Fertigungsverfahren.

2.5.4 Metall-Matrix

Verbundwerkstoffe mit metallischer Matrix (Metal-Matrix-Composites, MMC) befinden sich im Gegensatz zu den faserverstärkten Polymeren noch weitgehend im Forschungs- und Laborstadium. Sie weisen im Vergleich zu unverstärkten Metallen verbesserte mechanische Eigenschaften auf (insbesondere Festigkeit und Steifigkeit) und sind in ihrer thermischen Leistung Verbundwerkstoffen mit Polymermatrix weit überlegen. Aufgrund ihrer guten Wärmeleitfähigkeit bei kontrollierbarer Wärmeausdehnung bieten sie sich z.B. auch für die Nutzung in hochminiaturisierten elektronischen Schaltungen an.

Die Entwicklungen konzentrieren sich im wesentlichen auf die Leichtmetalle Titan und Magnesium sowie das unter den faserverstärkten Metallen bisher am weitesten verbreitete Aluminium. Ohne Verstärkung können diese bei höheren Temperaturen wegen zu geringer Warmfestigkeiten nicht eingesetzt werden. So sinkt die Zugfestigkeit von Aluminiumlegierungen bei 200°C auf etwa 50% des Wertes bei Raumtemperatur. Zur Vermeidung derartiger Nachteile kommen alle Verstärkungsmöglichkeiten in Betracht, sowohl auf Partikel- oder Kurzfaser- als auch auf Langfaserbasis.

Insbesondere zur Verbesserung der Eigenschaften hochtemperaturfester Legierungen ist die *Partikelverstärkung* z.B. auf der Basis der Oxid-Dispersionshärtung bereits Stand der Technik. Die gleichmäßige Verteilung der möglichst feinen Partikel gelingt mit einer Reihe unterschiedlicher Verfahren, sowohl auf schmelz- als auch auf pulvermetallurgischer Basis.

Werkstoffe für optimalen Verschleißschutz sind sog. *CERMETs*, homogen in einer Metall-Matrix eingebettete Keramik-Partikel. Diese können durch Flammspritzen auf eine Oberfläche aufgebracht werden, welche anschließend poliert wird. Dabei wird vorzugsweise das weichere Metall abgetragen, so daß die Eigenschaften der Lauffläche ausschließlich von der überstehenden Keramik (z.B. Titankarbid) bestimmt sind.

Im Gegensatz zu Partikeln können in Fasern mit einer bestimmten Mindestlänge Spannungen aus der Matrix eingeleitet und damit in Orientierungsrichtung weitere Eigenschaftsverbesserungen erreicht werden. Die Problematik *kurzfaserverstärkter Metalle* liegt weitgehend bei den Fertigungsverfahren, welche die vorwiegend in Frage kommenden keramischen Fasern perfekt orientieren sollen, ohne sie zu beschädigen. Die dafür zumindest im Prinzip zur Verfügung stehenden Prozesse beruhen z.B. auf der Infiltrierung einer ausgerichteten Faser-Vorform oder auf dem ungleichmäßigen Einmischen der Fasern in eine Schmelze und dem anschließenden Ausrichten durch gerichtete Gußverfahren. Interessant ist in diesem Zusammenhang übrigens auch die Herstellungsroute der selbstverstärkenden Metalle, bei denen z.B. durch Thermobehandlung gerichtete Kristalle in einer Metallmatrix erzeugt werden (eutektisches System).

Erste großtechnische Anwendungen finden sich beispielsweise bei bestimmten Motorkolben aus einer mit Aluminiumoxid-Fasern verstärkten Al-Si-Legierung. Dieser Verbundwerkstoff bietet große Schwingfestigkeit und hohen Verschleißwiderstand bei gleichzeitig geringer Wärmeausdehnung.

Weitere Eigenschaftsverbesserungen ergeben sich durch eine kontinuierliche Verstärkung mit langen Fasern. Allerdings sind die vorhandenen Herstellungs- und Verarbeitungsprozesse, interessant ist ein aus der Kunststofftechnik entlehntes Prepreg-Verfahren, vor allem für *langfaserverstärkte MMC* arbeitskraft- und kostenintensiv. Die reinen Materialkosten machen nur ungefähr ein Viertel der Gesamtherstellungskosten aus. So treten bei der Herstellung in besonderem Maße Probleme auf, die u.a.

- Eigenschaftseinbußen bei den Fasern aufgrund thermischer oder mechanischer Einflüsse,
- Benetzbarkeit und Reaktionsvermögen des Fasermaterials mit der Metallmatrix,
- Defekte und Leerräume im MMC oder die
- zerstörungsfreie Materialprüfung

betreffen.

Die weitere Verbreitung langfaserverstärkter Metalle wird davon abhängen, welcher Aufwand zur Lösung derartiger Probleme getrieben werden muß. Im amerikanischen Space Shuttle werden bereits borfaserverstärkte Aluminiumlegierungen eingesetzt, da sich hier außerordentlich hohe Werkstoffkosten rechtfertigen lassen.

Großtechnische Anwendungen sind darüber hinaus erst dann denkbar, wenn die bisher extrem hohen Preise der Fasern gesenkt werden können. Ein Großteil der Entwicklungen im Bereich der langfaserverstärkten Metalle konzentriert sich daher auf die jetzt schon im Vergleich zu Borfasern preiswerteren Siliziumkarbidfasern. Von Interesse sind aber auch Aluminiumoxidfasern. Zur Lösung des Problems der

Grenzflächenreaktionen bietet sich die Verstärkung mit ähnlich gearteten Materialien an, bei langfaserverstärktem Aluminium z.B. mit Fasern aus SiC und Titan.

Hoher Fertigungsaufwand und hohe Kosten wären gerechtfertigt, wenn es gelänge, mit faserverstärktem Titan in den Bereich der Einsatztemperaturen der spezifisch sehr schweren Superlegierungen einzudringen. Das erklärt die außerordentlichen Entwicklungsbemühungen auf diesem Gebiet.

2.5.5 Keramik-Matrix/Kohlenstoff-Matrix

Ebenso wie die Metallmatrix-Verbunde befinden sich auch die Verbundwerkstoffe mit keramischer Matrix noch weitgehend im Entwicklungsstadium. Sie kommen als hochtemperaturbeständige und zudem relativ leichte Werkstoffe z.B. für thermisch besonders hoch belastete Strukturteile von Raumgleitern oder Hyperschall-Flugkörpern sowie auch für Strahltriebwerke und Gasturbinen in Betracht. Wesentliches Ziel ist hier nicht die Erhöhung der Warmfestigkeit, sondern der Duktilität und der Thermoschockbeständigkeit des von Haus aus spröden Materials. Eine Schlüsselstellung kommt dabei der definierten Einstellung der Faser-Matrix-Haftung zu, die nicht zu stark sein darf, damit die gewünschten Energieabsorptionsprozesse bei Belastung wirksam werden können.

Zur Herstellung von Verbunden mit *Kurzfasern, Whiskern oder Plättchen* können klassische Technologien genutzt werden, die auf dem Mischen der Komponenten und anschließendem Pressen und Sintern oder Heißpressen beruhen. Besondere Probleme stellt bei dieser Fabrikationsroute die mögliche mechanische Beschädigung der Fasern oder Whisker dar, ganz abgesehen von Gesundheitsgefährdungen für das verarbeitende Personal. Dennoch werden mit derartigen Technologien bereits gute Ergebnisse erzielt, z.B. sind whiskerverstärkte Keramiken für Schneidwerkzeuge bereits Stand der Technik.

Mit der Whisker- oder Kurzfaserverstärkung erreicht man genau wie mit den Konzepten der Dispersions- und Umwandlungsverstärkung gewisse Verbesserungen des Sprödbruchverhaltens, die jedoch zum Teil auf niedere Temperaturbereiche beschränkt bleiben. Wesentlich bessere Eigenschaften sind erst mit einer *kontinuierlichen Faserverstärkung* möglich. Solche Keramiken kommen aufgrund ihres relativ gutmütigen Bruchverhaltens bevorzugt für großformatige Bauteile in Betracht. Ihre Herstellung kann durch Einbringen der keramischen Matrix in vorgeformte Fasergerüste bzw. -strukturen erfolgen. Im Grunde basieren alle in Frage kommenden Verfahren auf einer Imprägnierung, wobei grundsätzlich zwischen einer Gasphasen-Infiltration und einer Flüssigphasen- bzw. Schmelzphasen-Infiltration zu unterscheiden ist. Mit Ausnahme der chemischen Gasphasen-Infiltration (CVI) umfassen alle Imprägnierverfahren mehrere Prozeßschritte. In jedem Fall ist die Herstellung sehr aufwendig, die Prozeßzeiten können im Bereich von Monaten liegen.

Für den konstruktiven Einsatz langfaserverstärkter Keramiken verfügt man bisher nur über einen geringen Kenntnisstand, insbesondere was die Ermittlung von Werkstoffkenndaten, Aussagen über das Langzeitverhalten, den Nachweis der fehlerfreien Herstellung der Bauteile sowie die Verbindung mit anderen Werkstoffen angeht. Wesentliche Entwicklungsbemühungen zielen auch auf eine Verringerung der Kosten sowohl der Fasern als auch der Verfahren zur Herstellung der Verbunde ab.

Speziell für *Keramikfaserverstärkte Keramiken* (Hauptaktivitäten: SiC/SiC-Systeme), von denen erste Bauteile z.B. für Raumfahrtanwendungen schon in der Erprobung sind, geht der Trend in Richtung auf die Verbesserung der thermischen Beständigkeit der SiC-Fasern und auf die Entwicklung weiterer Fasern auf nitridischer oder oxidischer Basis, die hohe Einsatztemperaturen und (im Gegensatz zu C-Fasern) gleichzeitig geringe Oxidationsanfälligkeit bieten sollen. Einsatztemperaturen von etwa 1800°C werden für erreichbar gehalten.

Bei noch höheren Temperaturen sollten Bauteile aus *Kohlenstoffaserverstärkten Keramiken*, z.B. C/SiC einsetzbar sein, die sich ebenfalls im Prototypenstadium befinden. Hier werden v.a. Verfahrensverbesserungen bei der Composite-Herstellung angestrebt, was z.B. das Interface Faser/Matrix und die Beschichtung des fertigen Bauteils mit einer zusätzlichen Schutzschicht betrifft (Oxidationsneigung der Fasern).

Eine Schlüsselrolle im Bereich der Höchsttemperaturwerkstoffe wird dem *Kohlenstoffaserverstärkten Kohlenstoff* (CFC) zugesprochen. Dieser bietet im Prinzip Einsatzmöglichkeiten bis in den Bereich von 2000°C und hat damit von allen technisch verfügbaren Konstruktionswerkstoffen die höchste Temperaturbeständigkeit, und das bei einem relativ geringen spezifischen Gewicht. Bereits heute ist er die einzige verläßliche und erprobte faserverstärkte Keramik für höchste Temperaturen bis etwa 1800°C, zumindest für Kurzzeitanwendungen auch in oxidierender Umgebung. Insbesondere für militärische Anwendungen befindet er sich bereits in der Serienfertigung, Verwendung findet er aber auch z.B. für die Leitflächenkanten des Space Shuttle.

Ein großes Problem stellt jedoch die schlechte Langzeitbeständigkeit dieses Materials bei Temperaturen über 500°C in oxidierenden Umgebungen dar. Deshalb konzentrieren sich die Entwicklungsaktivitäten hauptsächlich auf verbesserte Oxidationsschutzsysteme. Schutzschichten müssen eine ganze Reihe verschiedenartiger Eigenschaften in sich vereinen, zur Verhinderung der Sauerstoffdiffusion kommen beispielsweise noch thermodynamische Stabilität und chemische Inertheit gegenüber Kohlenstoff. Außerdem sollen sie mechanisch kompatibel mit dem Verbundkörper sein, damit es bei thermischen Zyklen möglichst nicht zu Rissen kommt. Derart unterschiedlichen Anforderungen sollen sogenannte Multilayerschichten genügen. Nach heutigem Stand kann ein ausreichender Schutz unter Sauerstoffeinwirkung bei ca. 1250°C bis etwa 1000 Stunden, bei ca. 1700°C immer noch über mehrere Stunden erreicht werden. Für einen wirklichen Langzeitschutz ist womöglich außerdem eine Beschichtung der Fasern selbst nötig, z.B. durch eine Imprägnierung mit keramischem Material. Denkbar ist auch eine Kombination mehrerer Systeme.

Die geringe Querfestigkeit Kohlenstofffaserverstärkter Kohlenstoffe scheint durch Konzepte der dreidimensionalen Verstärkung überwindbar.

2.5.6 Neue Strukturkonzepte

Die mechanischen Eigenschaften von Faserverbundwerkstoffen werden vor allem durch die Orientierung der Fasern bestimmt. Daher kommt der Verstärkungsgeometrie besondere Bedeutung zu. Die gebräuchlichsten Verstärkungsarten sind heute Laminataufbauten aus Gelegen (eindimensionale Lagen) oder Geweben (zweidimensional verstärkte Lagen). Gelege weisen gegenüber Geweben bessere mechanische Eigenschaften auf, was durch den Wegfall der Faserkrümmung beim Gelege erklärbar ist. Die verschiedenen Trägermaterialien haben ein sehr unterschiedliches Potential in Bezug auf mechanische Kennwerte und Fertigungsmöglichkeiten. Welche Kombination von Faserart und Verstärkungsform zum Einsatz gelangen soll, ist vom jeweiligen Einzelfall abhängig, allgemeine Regeln lassen sich wegen der vielfältigen Möglichkeiten nur schwer aufstellen.

Aus einer gezielten Ausrichtung der Verstärkungselemente und dem daraus resultierenden anisotropen Festigkeitsverhalten entstehen Probleme bei der Krafteinleitung in Bauteile und bei Bauteilverbindungen. Neue Strukturkonzepte zur Herstellung *multidirektional belastbarer Verbundwerkstoffe* sollen diese Probleme überwinden und die Einsatzmöglichkeiten von Verbundwerkstoffen erweitern. Dabei geht es v.a. auch um die Erhöhung der Schlagzähigkeit und die Verringerung der Delaminationsneigung zwischen den zusammengefügten Schichten. Heute ist es bereits möglich, mit verschiedenen Textiltechniken gewebte, gestrickte oder geflochtene Faservorformlinge herzustellen, die zu einer dreidimensionalen Verstärkung des Verbundes führen und jeweils spezifische Vorteile im Hinblick auf bestimmte Anwendungen haben. Hier gibt es im übrigen eine Reihe von Berührungspunkten mit dem Bereich der *technischen Textilien*, die z.B. im Bauwesen eingesetzt werden und teilweise gleichartige Fasermaterialien nutzen. Allerdings lassen sich bisher lediglich 3-D-Gewebe herstellen, die in der Gewebeebene nur in zwei Richtungen (0°/90°) verstärkt sind. Außerdem verschlechtern sich mit zunehmender Krümmung und steigendem Anteil der Fäden in der dritten Dimension die sog. "in-plane"-Eigenschaften, insbesondere bezüglich Festigkeit und Steifigkeit.

Neben einer kostenmäßig vertretbaren Herstellung liegt das Ziel der Entwicklungsbemühungen insbesondere bei neuen Berechnungsverfahren und der erst nach weiteren vertieften Untersuchungen möglichen Generierung grundlegender Daten für die Bemessung der 3-D-Verbunde. Diese sind die Voraussetzung dafür, daß die hier im Prinzip gegebenen Möglichkeiten zu einem weitestgehenden Maßschneidern von Struktureigenschaften tatsächlich genutzt werden können.

2.5.7 Schichtverbundwerkstoffe

Auch aus mehreren Schichten verschiedenen Materials aufgebaute Werkstoffe, wie z.B. die zunehmend Bedeutung erlangenden Sandwich-Konstruktionen, gehören zu den Verbundwerkstoffen. Solche Schichtenverbunde bergen z.B. den inhärenten Vorteil, daß evtl. auftretende Risse an den Schichtgrenzen umgelenkt werden können.

Besonders erwähnenswert ist in diesem Zusammenhang das *Aramid-Aluminium-Laminat* ARALL, ein durch aramidfaserverstärkten Klebstoff zusammengefügter Verbund aus dünnen, hochfesten Aluminiumlegierungs-Blechen, der die Vorteile der hohen Festigkeit isotropischer Aluminiumbleche mit der Dauerstandfestigkeit von Aramidfasern in sich vereint. Er sollte sich v.a. für Flugzeugbauteile eignen, die ermüdungsgefährdet sind. Vorteilhaft ist neben den erreichbaren Gewichtseinsparungen auch die Bearbeitbarkeit mit bestimmten, für Metalle üblichen Techniken. Schwierigkeiten bereiten insbesondere die Haftung zwischen Faser und Klebstoff, das schwächste Glied in Bezug auf die Dauerfestigkeit, und die Korrosionsanfälligkeit durch von den Kanten der Schichtelemente her eindringende Feuchtigkeit. Wenn die Lösung derartiger Probleme gelingt, sollten Flugzeugkonstruktionen in Zukunft neben Aluminiumlegierungen konventioneller und neuer Art sowie Faserverbundwerkstoffen einen bedeutenden Anteil auch an diesen Aramid-Aluminium-Schichtstoffen enthalten, evtl. unter Nutzung von Aluminium-Lithium-Legierungen.

Interessant sind auch Schichtverbunde *Stahl/Kunststoff/Stahl* mit gegenüber dem reinen Metall verbesserten Dämpfungs- und Zähigkeitseigenschaften sowie verringertem Flächengewicht. Je nach verwendeter Zwischenschicht ist deren Einsatz allerdings auf einen engen Temperaturbereich beschränkt, außerdem besteht eine Reihe von Unterschieden zur Verarbeitung von Vollblechen aus Stahl. Trotzdem werden sie bereits vielfältig eingesetzt, z.B. in Schallschutztüren, und bieten sich u.a. für Verwendungen im Automobilbau an. Entsprechende Schichtverbunde auf der Basis *Leichtmetall/Kunststoff/Leichtmetall* sind noch weitgehend im Entwicklungsstadium.

Viele Probleme, insbesondere im Motorenbau und auf dem Gebiet des Hitzeschutzes, wären durch eine ausreichend feste und dauerhafte Verbindung von Metallteilen mit Keramiken lösbar. Dies ist auch ein Beispiel für einen Schichtverbund, bei dem die keramische Seite extrem temperaturbeständig ist, während die Metallseite die (Stand-)Festigkeit beisteuert. Erwähnenswert sind in diesem Zusammenhang insbesondere die Bemühungen um die Technologie des Reibschweißens. Die Schwierigkeiten der Haftung des einen Werkstoffes auf dem anderen könnten von vornherein durch die Entwicklung von *Schichtwerkstoffen mit funktionellen Gradienten* überwunden werden, bei denen sich die Zusammensetzung kontinuierlich von der Vorder- zur Rückseite ändert (s. 3.1). Die Herstellung erster Prototypen ist im Labor bereits gelungen.

Ganz am Anfang ihrer Entwicklung stehen dagegen hoch schmelzende und hochfeste *mehrschichtige Legierungen*, die aus jeweils einkristallinen Schichten in der Größenordnung der mikroskopischen Kristallstruktur bestehen und im Gegensatz zu (makroskopischen) Einkristallen hohe Festigkeitswerte in verschiedenen Richtungen aufweisen.

Die Möglichkeit, gezielt mechanisch-technologische Eigenschaften zu kombinieren, besteht auch durch den *pulvermetallurgischen Verbund* unterschiedlicher metallischer Werkstoffe mittels des Heißisostatischen Pressens (HIP). So ist z.B. die Beschichtung eines zähen Kerns aus Baustahl mit einem pulvermetallurgischen Mantel zur Erhöhung der Verschleißfestigkeit bereits Stand der Technik.

2.6 Halbleitermaterialien

Das derzeit wichtigste und am weitesten verbreitete Halbleitermaterial ist Silizium. Es wird aufgrund seiner fertigungstechnischen Vorzüge auch zukünftig der dominierende Werkstoff der Mikroelektronik bleiben. In letzter Zeit deutet sich sogar eine Erweiterung seines Einsatzbereiches auf optoelektronische Anwendungen an (poröses Silizium).

Der Verbindungshalbleiter Galliumarsenid wird vor allem in der Optoelektronik und bei Mikrowellenschaltungen eingesetzt und kommt nur für ganz spezielle mikroelektronische Anwendungen als Alternative zu Silizium in Betracht. Daneben wird derzeit noch eine Reihe anderer Verbindungshalbleiter (z.B. Indiumphosphid) untersucht. Hauptziel der Entwicklungsbemühungen ist vor allem die Integration von optischer und elektrischer Signalverarbeitung auf einem Chip. Eine wichtige neue Entwicklung ist das als Band Gap Engineering bezeichnete Design festkörperphysikalischer Materialeigenschaften im Nanometerbereich.

Insbesondere bei hohen Belastungen durch Temperatur und Strahlung eignen sich Halbleiter mit großem Bandabstand (Large Band Gap). Hier ist neben Siliziumkarbid insbesondere Diamant zu nennen, für das sich mit den neuen kostengünstigen Niederdruckverfahren zur Diamantsynthese ein breites Anwendungspotential abzeichnet.

2.6.1 Übergeordnete Aspekte

Als Halbleiter bezeichnet man Materialien, deren elektrische Leitfähigkeit bei tiefen Temperaturen im Gegensatz zu den Metallen verschwindet und die bei technisch interessanten Temperaturen (etwa 300 K) zwischen denen der Metalle und Isolatoren liegt. Bei noch höheren Temperaturen gehen sie dann jedoch je nach Material früher oder später in einen leitenden Zustand über. Anwendung finden Halbleitermaterialien in vielen Bereichen der Mikro- und der Optoelektronik. Dabei ist für die Mikroelektronik die wichtigste Eigenschaft der Halbleitermaterialien die über mehrere Größenordnungen durch Zusätze (Dotierung) und andere Einflüsse veränderbare Leitfähigkeit. Die Nutzung der Halbleiter in der Optoelektronik ist dagegen durch ihre Fähigkeit gekennzeichnet, elektromagnetische Strahlung (Wellenlängenbereich ca. 0,2 bis 200 µm) in elektrischen Strom und umgekehrt auch elektrischen Strom in elektromagnetische Strahlung umzuwandeln. In der einen Richtung fungieren die Halbleiter als Sensoren für Licht von Infrarot bis Ultraviolett und in der anderen als Basismaterial für Leuchtdioden (Light Emitting Diodes, LEDs) oder Halbleiterlaser.

Für die Einsetzbarkeit eines Halbleitermaterials in der Optoelektronik, aber auch in der Mikroelektronik ist der sog. Bandabstand von großer Bedeutung. Er ist ein festkörperphysikalisches Maß für den Abstand zwischen leitenden und nichtleitenden Zuständen eines Materials und damit eine die Halbleitereigenschaft charakterisierende Materialkonstante.

Zu unterscheiden sind bei den Halbleitermaterialen die sog. *Elementhalbleiter*, deren Grundsubstanz chemisch aus einem einzigen Element besteht, und die sog. *Verbindungshalbleiter*, die aus Molekülen einer Verbindung aufgebaut sind. Die Elemente aller dieser Verbindungen sind in den Gruppen II, III, IV, V und VI des Periodensystems zu finden. So besteht die wichtigste Klasse der Verbindungshalbleiter, die sog. III-V-Verbindungen, aus Verbindungen von Elementen der III. und V. Gruppe. In Frage kommen:

- III: Bor (B), Aluminium (Al), Gallium (Ga), Indium (In)
- V: Phosphor (P), Arsen (As), Antimon (Sb).

Verbindungshalbleiter, die aus einer Verbindung zweier Elemente bestehen, werden zur Abgrenzung noch komplexerer Zusammenschlüsse binäre Verbindungshalbleiter genannt. Durch Kombination geeignet gewählter Verbindungen lassen sich Substanzen erzeugen, die drei bzw. vier Elemente enthalten und als ternär bzw. quaternär bezeichnet werden. Die besondere Bedeutung dieser Verbindungen liegt in der damit bestehenden Möglichkeit, Bandabstand und Gitterkonstante eines Materials in weiten Bereichen voneinander unabhängig einstellen zu können.

Aus der großen Vielfalt halbleitender Materialien haben sich in der Praxis für die Mikroelektronik vor allem der Elementhalbleiter *Silizium* und für die Mikro- und Optoelektronik die Verbindungshalbleiter aus III-V-Verbindungen wie *Galliumarsenid* (GaAs) und *Indiumphosphid* (InP) fast ausschließlich durchgesetzt.

Um den Einsatzbereich von elektronischen Schaltkreisen insbesondere hinsichtlich Wärme- und Strahlungsbelastbarkeit zu erweitern, wird in letzter Zeit verstärkt die Verwendbarkeit von Halbleitermaterialien mit größerem Bandabstand als Silizium oder auch Galliumarsenid, die sog. *Large-Bandgap-Materialien* untersucht. Dazu gehören vor allem monokristallines Siliziumkarbid (SiC) und Diamant, für die bereits im Labormaßstab einzelne elektronische und optoelektronische Bauelemente realisiert wurden. Weitere Kandidaten sind die sog. III-V-Nitride, wie Bor- (BN), Aluminium- (AlN) oder Galliumnitrid (GaN), die sich aber noch im frühen Forschungsstadium befinden. Mit solchen Large-Bandgap-Materialien kann auch der verfügbare Frequenzbereich in der Optoelektronik in Richtung höherer Frequenzen (kürzerer Wellenlängen) ausgedehnt werden. Insbesondere werden damit LEDs und Diodenlaser im blauen Bereich verfügbar. Damit ließe sich die Speicherdichte optischer Datenträger im Vergleich zum derzeit üblichen Standard vervierfachen.

Die für Bauelemente der Mikro- und Optoelektronik eingesetzten Halbleitermaterialien müssen in der Regel in Form hochreiner Einkristalle hergestellt werden. Als Kristallgittertyp tritt bei den Elementhalbleitern praktisch nur der Diamantgittertyp und bei den Verbindungshalbleitern der dazu analoge Zinkblende-Gittertyp auf. Large-Bandgap-Materialien weisen jedoch auch noch andere Kristallstrukturen auf.

2.6.2 Silizium

Silizium stellt derzeit das bei weitem verbreitetste Halbleitermaterial dar, insbesondere für Massenfertigung und Hochintegration. Produkte auf der Basis von

Silizium nehmen über 90% des Halbleitermarktes ein. Die Hauptvorteile von Silizium im Vergleich zu anderen Halbleitermaterialien für die Mikroelektronik sind:

- Im Vergleich zum früher stärker verbreiteten Germanium hat Silizium einen größeren Bandabstand und kann daher noch bei höheren Temperaturen (150°C) eingesetzt werden, ohne seine Halbleitereigenschaften zu verlieren.

- Die Herstellung reiner Silizium-Einkristalle wird sicher beherrscht, während dies bei Verbindungshalbleitern wegen der verschiedenen Komponenten schwieriger ist.

- Silizium verfügt mit Siliziumdioxid (SiO_2) über ein chemisch und elektrisch stabiles Oxid, das bei hohen Temperaturen als dichte isolierende Schicht auf dem Kristall aufwächst.

Auch bei zu erwartender besserer Verfügbarkeit von Halbleitermaterialien mit höherer Elektronenbeweglichkeit, die die Realisierung schnellerer Schaltungen ermöglicht, wie z.B. Galliumarsenid, wird Silizium voraussichtlich seine herausragende Stellung als Halbleitermaterial in der Mikroelektronik behaupten können. Ein technischer Grund dafür ist, daß bei hochintegrierten Bauelementen und vergrößerter Chipfläche der Anteil der reinen Leitungslaufzeiten an der Gesamtsignallaufzeit immer größer wird. Da diese aber nicht vom verwendeten Halbleitergrundmaterial sondern nur von der Leitungslänge und eventuell vom Leitungsmaterial abhängen, trägt eine höhere Schaltgeschwindigkeit der einzelnen Gatter mit einem immer kleiner werdenden Anteil zu einer eventuellen Leistungsverbesserung bei, so daß Nachteile wie geringerer Integrationsgrad überwiegen. Lediglich in Bereichen, wo Silizium nicht uneingeschränkt einsetzbar ist, werden andere Halbleitermaterialen verstärkt zum Einsatz kommen. Das gilt z.B. für den Mikrowellenbereich oder die Optoelektronik sowie dort, wo ultrakurze Schaltzeiten bei gleichzeitig geringer Verlustleistung gefordert oder hohe Strahlenbelastung erwartet werden.

Ein Nachteil von Silizium für die Optoelektronik ist die Tatsache, daß es durch seine Bandstruktur als sog. indirekter Halbleiter zwar als Photodetektor einsetzbar ist, aber kein Licht emittieren kann. Dies gilt jedoch nur für Silizium als kompakter Einkristall. Für Silizium mit einer porösen Struktur wurde vor kurzem eine Möglichkeit zur Lichterzeugung im sichtbaren Bereich entdeckt. Das sog. *poröse Silizium* wird aus einer monokristallinen Siliziumscheibe durch eine Reihe von Ätzprozessen gewonnen. Dabei entstehen dünne Kristallnadeln oder sog. Silizium-Quanten-Drähte, in denen aufgrund quantenmechanischer Effekte wahrscheinlich eine völlig andere Bandstruktur vorliegt, die für das veränderte Emissionsverhalten des Siliziums verantwortlich sein könnte. Die Farbe des emittierten Lichtes kann dabei durch die Dicke der Quantendrähte von rot bis grün variiert werden. Es werden jedoch auch andere Mechanismen der Lichterzeugung diskutiert.

Nachdem dieser Effekt zunächst nur durch Bestrahlung mit ultraviolettem Licht hervorgerufen werden konnte, gelang vor zwei Jahren mit Hilfe dünner aufgedampfter Goldplättchen, die als Kontaktelektroden dienen, auch die elektrische Anregung. Probleme ergeben sich dabei durch den sehr hohen Widerstand des porösen Siliziums, so daß derzeit noch ein hoher Leistungsbedarf besteht, der eine hohe Erwärmung nach sich zieht. Die Folge ist ein sehr geringer Wirkungsgrad der Lichterzeugung in der Größenordnung von wenigen Promille.

Die Einsatzbreite von Silizium ließe sich auch auf die Optoelektronik erweitern, wenn die Lichtausbeute noch gesteigert werden könnte. So wären u.a. integrierte optoelektronische Bauelemente auf der Basis von Silizium vorstellbar, bei denen die langsamen elektrischen Leiterbahnen auch innerhalb eines Chips durch schnelle optische Verbindungen ersetzt werden könnten.

Ein weiteres wichtiges Material für die Mikroelektronik stellt neben monokristallinem Silizium auch *polykristallines Silizium* (Polysilizium) dar. Dabei versteht man unter einem Polykristall ein Gebilde, das aus einer Vielzahl kleiner Kristallite zusammengesetzt ist. Polysilizium dient als isolierendes Träger- und Füllmaterial und stellt die Ausgangssubstanz für die monokristallinen halbleitenden Schichten dar. Die wichtigste Eigenschaft von Polysilizium ist jedoch, daß mittels Dotierung seine Leitfähigkeit von nahezu Eigenleitung bis herauf zu guter Leitfähigkeit variiert werden kann. Damit wird es zum Werkstoff für Gate-Elektroden sowie Leiterbahnen und kann Metalle ersetzen, die trotz ihrer guten Leiterqualitäten für den Einsatz als Leiterbahnen und insbesondere als Elektroden nur bedingt geeignet sind, da sie entweder Hochtemperaturbehandlungen nicht aushalten oder sehr leicht oxidieren.

Als Rohmaterial für die Herstellung von Silizium für die Mikroelektronik verwendet man *Quarz*, aus dem zunächst ein polykristallines Zwischenmaterial, das bereits einen hohen Reinheitsgrad aufweist, hergestellt wird. Dieses Rohsilizium wird durch weitere Destillationsschritte über Silizium-Chlor-Verbindungen gereinigt, wobei Verunreinigungen bis unter den ppb-(parts per billion)-Pegel abgesenkt werden.

Für die Umwandlung dieses polykristallinen Materials in einen monokristallinen Stab stehen für die Massenproduktion derzeit zwei technische Verfahren zur Verfügung. Das gebräuchlichere Verfahren ist dabei das sog. *Tiegelzieh- oder Czochralski-Verfahren*, bei dem Einkristalle definierter Kristallorientierung mit möglichst großem Durchmesser aus einer Siliziumschmelze gezogen werden. Durchmesser von 200 mm sind derzeit Stand der Technik. Mittelfristig angestrebt werden Durchmesser von 300 mm. Wo die Grenzen liegen werden, ist heute noch nicht abzusehen. Das zweite Verfahren, das sog. *Zonenziehen*, ist ein tiegelloses Verfahren und basiert darauf, daß eine Zone des polykristallinen Siliziums induktiv aufgeheizt und geschmolzen wird und dann über einem Kristallkeim kristallin erstarrt. Mit diesem Verfahren können Siliziumkristalle sehr hoher Reinheit hergestellt werden, wie sie vor allem für die Leistungselektronik benötigt werden. Der z.Zt. erreichbare Durchmesser ist mit 125 mm jedoch deutlich kleiner als beim Tiegelziehverfahren.

Silizium hat in jüngster Vergangenheit neben seiner dominierenden Stellung als Halbleitermaterial für mikroelektronische Schaltungen zusätzliche Bedeutung als Konstruktionsmaterial für mikromechanische Bauteile erlangt. Durch Integration mikromechanischer Sensoren oder Aktoren mit mikroelektronischen Schaltkreisen auf einem Chip können sehr kompakte und in der Massenherstellung kostengünstige Bauteile hergestellt werden, die immer größere Verbreitung finden. Diese sog. *Mikrosystemtechnik auf Siliziumbasis* profitiert unmittelbar von der raschen Weiterentwicklung der Fertigungstechnologien der Mikroelektronik.

2.6.3 Galliumarsenid

Galliumarsenid (GaAs) ist der derzeit wichtigste und am gründlichsten untersuchte Vertreter der III-V-Verbindungshalbleiter. Es wird bereits seit längerem zur Herstellung von Lumineszenz- und Laserdioden und für Höchstfrequenzbauelemente eingesetzt.

In der Mikroelektronik ist der entscheidende Vorteil von Galliumarsenid gegenüber Silizium vor allem die wesentlich höhere Elektronenbeweglichkeit, die zur Realisierung von integrierten Hochgeschwindigkeitsschaltkreisen genutzt werden kann. Ein weiterer materialspezifischer Vorteil von Galliumarsenid im Vergleich zu Silizium ist sein hoher spezifischer Widerstand. Diese Eigenschaft macht spezielle Isolationsmaßnahmen zwischen den einzelnen Bestandteilen einer Schaltung überflüssig und erleichtert prinzipiell den Aufbau höher integrierter Schaltungen.

Semiisolierendes Galliumarsenid ist auch ein ausgezeichnetes Substrat für Mikrowellenschaltungen. Die Möglichkeit der Integration von passiven Elementen wie Widerständen, Kondensatoren und Induktivitäten mit aktiven Elementen wie Dioden und Transistoren und den dazugehörigen Leitungsstrukturen hat zur Entwicklung von *monolithisch integrierten Mikrowellenschaltungen (MMIC)* geführt, die zunehmend an Bedeutung vor allem in der Radartechnik gewinnen.

Der im Vergleich zum Silizium größere Bandabstand beim Galliumarsenid hat zur Folge, daß Galliumarsenid-Bauelemente noch bei höheren Temperaturen (bis ca.

350°C) verwendet werden können und eine um etwa den Faktor 10^4 bessere Strahlungsfestigkeit aufweisen. Dies ermöglicht insbesondere die Verwendung von Galliumarsenid-Schaltkreisen in strahlenbelasteter Umgebung. Es resultiert daraus aber auch eine geringere Anfälligkeit gegen sogenannte Soft-Errors, die durch Alpha-Teilchen aus dem Gehäusematerial bei hochintegrierten Schaltungen verursacht werden.

Ein insbesondere für die Optoelektronik wichtiger Materialaspekt von Galliumarsenid ist, daß es als sog. direkter Halbleiter Licht im nahen Infrarot (850 nm Wellenlänge) mit einem hohen Wirkungsgrad emittieren und absorbieren kann. Daher ist bei Galliumarsenid-Bauelementen prinzipiell die Umwandlung und Weiterverarbeitung elektrischer und optischer Signale auf demselben Chip möglich. Galliumarsenid ist damit insbesondere für *integrierte optoelektronische Bauelemente* geeignet.

Galliumarsenid wird durch Direktsynthese aus den in hochreiner Form eingesetzten Elementen Gallium und Arsen hergestellt. Gallium fällt als Nebenprodukt der Bauxitverhüttung zur Aluminiumgewinnung an. Die hierbei produzierten Galliummengen liegen weit über dem Bedarf der Halbleiterfertigung. Das Hantieren mit elementarem Arsen muß mit der nötigen Vorsicht erfolgen. Das nach der Synthese entstandene Galliumarsenid ist nicht toxisch und chemisch sehr stabil.

Im Vergleich mit Silizium gestaltet sich die Kristallzüchtung schwieriger, da die im Tiegel befindliche Galliumarsenid-Schmelze zur Vermeidung von Arsenausdampfung mit einer flüssigen Boroxid-Schicht abgedichtet werden muß, die mit einigen Atmosphären Inertgasüberdruck beaufschlagt wird. Dieses sog. LEC (Liquid Encapsulated Czochralski)-Verfahren wird heute routinemäßig beherrscht.

Abweichungen von der Idealzusammensetzung des aus zwei Komponenten bestehenden Kristallmaterials führen zu Stöchiometriedefekten, so daß Galliumarsenid-Einkristalle viel schwieriger in der für hochintegrierte Schaltungen erforderlichen Reinheit und Fehlerfreiheit herzustellen sind. Mit geeigneten Folgeprozessen lassen sich diese Schwierigkeiten überwinden, so daß heute hochintegrierte Galliumarsenid-Digitalschaltungen mit über einer Million Transistoren mit guter Ausbeute herstellbar sind. Nachteilig für das Prozessieren ist die große Sprödigkeit der Galliumarsenid-Substrate.

Unterschiede im Vergleich mit Silizium sind auch eine ausgeprägte Asymmetrie der Elektronen- und Löcherleitung und ein fehlendes stabiles Oxid. Die vergleichsweise geringe Löcherbeweglichkeit ist für den Einsatz einer Galliumarsenid-Komplementärtechnologie entsprechend der CMOS-Technologie beim Silizium nachteilig. Wegen der überragenden Elektronenbeweglichkeit ist diese Komplementärtechnologie aber auch wenig attraktiv. Ein stabiles Oxid ist wegen der semiisolierenden Substrateigenschaften und des sperrenden Metall-Halbleiter-Übergangs nicht erforderlich.

Eine Möglichkeit, die photonischen Vorteile eines III-V-Verbindungshalbleiters mit den elektronischen Vorteilen von Silizium zu kombinieren, wird in der sog. *Galliumarsenide-on-Silicon-Technologie (Si-GaAs)* gesehen. Bereits dünne Galliumarsenid-Schichten auf Silizium-Substraten reichen aus, um die vorgesehenen Funktionselemente in dem für ihre Aufgabe jeweils besser geeigneten Material zu realisieren. Man erhofft sich hierdurch die Herstellbarkeit von Bausteinen, die die große Schnelligkeit und die geringe Abwärmeproduktion von Galliumarsenid mit der einfachen und preiswerten Herstellung sowie der Robustheit von Silizium kombinieren können. In der optischen Nachrichtentechnik möchte man dagegen vor allem die photonischen Vorteile einer III-V-Verbindung mit den elektronischen Vorteilen von Silizium verbinden.

Ein wesentlicher Nachteil einer solchen Technologie ist jedoch der Unterschied in der optimalen Betriebsspannung von Galliumarsenid und Silizium, so daß die Festlegung einer gemeinsamen Betriebsspannung einen einschneidenden Kompromiß darstellen wird. Problematisch bei einem solchen heterogenen Substrataufbau sind vor allem die unvermeidlichen Fehlanpassungen der Kristallstrukturen und die daraus resultierenden Fehler im Kristallaufbau. Dies hat in aller Regel Einbußen bei den Leistungsdaten und der Bauelemente-Lebensdauer zur Folge, so daß sich die Silizium/III-V-Heteroepitaxie trotz umfangreicher Bemühungen bis heute nicht durchsetzen konnte.

2.6.4 Sonstige Verbindungshalbleiter

Neben Galliumarsenid sind noch viele andere Verbindungshalbleiter seit längerem bekannt, die zwar vorrangig wegen ihrer optoelektronischen Eigenschaften untersucht werden, aber zunehmend auch wegen ihrer elektrischen Materialeigenschaften an Interesse gewinnen. Insbesondere die Kombination beider Eigenschaften eröffnet wie beim Galliumarsenid die Möglichkeit zur Integration von optischer und elektrischer Signalverarbeitung auf einem Chip.

Eine wichtige Rolle als *binärer III-V-Verbindungshalbleiter* spielt das Galliumphosphid. Es bildet die Materialbasis für LEDs, die als Anzeigeelemente in den Farben Grün bis Orange jährlich in Milliardenstückzahlen produziert werden. Die Farbe wird durch teilweisen Ersatz von Phosphor durch Arsen ($GaP_{1-x}As_x$) zum längerwelligen Teil des Spektrums verschoben. Galliumphosphid-Substrate werden aus nach dem LEC-Verfahren hergestellten Einkristallen gefertigt. Die erforderlichen p- und n-leitenden Schichten werden mittels Flüssigphasenepitaxie abgeschieden. Galliumphosphid eignet sich wegen der indirekten Bandstruktur nicht für die Herstellung von Laserdioden.

Bei den binären III-V-Verbindungshalbleitern wird in Zukunft neben Galliumarsenid, Aluminiumarsenid und Galliumphosphid auch noch Indiumphosphid eine größere Bedeutung erlangen. Es besitzt wie Galliumarsenid eine herausragende Elektronenbeweglichkeit, erfordert jedoch bei der Einkristallherstellung wegen des hohen Phosphor-Partialdrucks besonderen Aufwand. III-V-Halbleiter wie Indiumphosphid und Indiumarsenid können auch zum Nachweis magnetischer Felder eingesetzt werden. Dabei kommt vor allem die im Vergleich zum Silizium sehr hohe Elektronenbeweglichkeit zum Tragen.

Für optische Anwendungen ist neben den III-V-Verbindungshalbleitern insbesondere noch die Klasse der *II-VI-Verbindungshalbleiter* zu nennen, da sie einige wichtige Photoleiter enthält, z.B. Zinksulfid und Kadmiumsulfid. In jüngster Zeit ist es gelungen, mit Schicht- und Materialkombinationen aus Zinkselenid, Zinksulfid und Kadmiumsulfid auf Galliumarsenid-Substrat blau emittierende Laserdioden zu realisieren. Derzeit ist die Emission noch auf tiefe Temperaturen begrenzt. Die Laseremission auch bei Raumtemperatur zu stabilisieren ist das Ziel internationaler Forschungs- und Entwicklungsanstrengungen.

II-VI-Halbleiterverbindungen des Materialsystems Kadmium-Quecksilber-Zink-Mangan-Tellur haben sich als Detektormaterialien im Infraroten etabliert (vorwiegend im 3. atmosphärischen Fenster, Wellenlängenbereich 8 bis 12 µm). Am besten untersucht und bereits im Einsatz in Wärmebildgeräten ist das Quecksilber-Kadmium-Tellurid (MCT), das mittels Flüssigphasenepitaxie und seit kurzem auch mittels Gasphasenepitaxie auf Kadmiumtellurid-Substrat abgeschieden wird. Kadmiumtellurid-Substratwafer werden aus mittels Sublimationszüchtung hergestellten Einkristallen gewonnen. Wegen der Toxizität von Kadmium- und Quecksilberverbindungen gerät die MCT-Detektortechnologie zunehmend unter Druck. Als Alternativen bieten sich das Indium-Arsen-Antimon-System und spezielle GaAs/AlGaAs-Schichtstrukturen an. Ihr in einigen Jahren zu erwartender Einsatz eröffnet die attraktive Möglichkeit, die Detektoren mit einer schnellen Signalverarbeitung auf Galliumarsenid-Basis monolithisch zu integrieren.

Die wichtigsten Vertreter der Gruppe der *IV-VI-Halbleiter* sind die sog. Bleisalze Bleisulfid und Bleiselenid. Aus ihnen lassen sich Laserdioden für die Infrarot-Spektroskopie im zweiten atmosphärischen Fenster (Wellenlängenbereich 2 bis 5 µm) herstellen. Da in diesem Fenster eine wichtige Kohlenmonoxid-Bande liegt, deren Stärke ein Maß für das in einem zu überwachenden Prozeß entstehende Kohlenmonoxid darstellt, haben diese Bleisalze eine größere Bedeutung erlangt.

Wichtigster Vertreter der *ternären III-V-Verbindungshalbleiter* ist Aluminium-Gallium-Arsenid $(Al_XGa_{1-X}As)$, das aus Galliumarsenid durch Ersetzen eines bestimmten Prozentsatzes (X) der Galliumatome durch Aluminiumatome hervorgeht. Diese Legierung wird häufig in Verbindung mit Galliumarsenid verwendet. Gallium- und Aluminium-Arsenid bilden dabei eine lückenlose Mischreihe. Die Substitution von Galliumatomen durch Aluminiumatome läßt infolge gleicher Anzahl der Valenzelektronen die Konzentration der freien Elektronen unverändert.

Für das seit langem bekannte $Al_XGa_{1-X}As$-Materialsystem besteht bereits eine gut entwickelte Fertigungstechnologie. Da die Gitterkonstante des ternären Systems nur schwach vom Aluminium abhängt, ist die Gitteranpassung an das Substrat Galliumarsenid problemlos. Mit wachsendem Aluminiumgehalt verkürzt sich die Wellenlänge des emittierten Lichtes von 0,8 µm auf weniger als 0,6 µm. Dieser Bereich konnte jedoch wegen der mit wachsendem Aluminiumgehalt durch Oxidation auftretenden Probleme bei der Flüssigphasenepitaxie erst mit neuen Kristallherstellungsverfahren wie der Molekularstrahlenepitaxie und der metallorganischen Gasphasenepitaxie mit besonders sauerstoffarmen Quellen technisch erschlossen werden.

Das $Al_XGa_{1-X}As$-Materialsystem ermöglicht am einfachsten die Herstellung sog. *Heterostrukturen*, bei denen durch Anwendung insbesondere der Molekularstrahlepitaxie zwei binäre III-V-Verbindungen abwechselnd in Schichten im Abstand von Nanometern geeignet miteinander kombiniert werden. Aufgrund der Gleichheit der Gitterkonstanten behält der entstandene Kristall trotz der vorgenommenen Schichtung eine unveränderte Gitterstruktur, obwohl sich seine chemische Zusammensetzung und damit auch seine Bandabstände innerhalb von jeweils wenigen Atomlagen in regelmäßiger Periode deutlich ändern. Die so entstandenen Materialien werden als Heterostruktur-Kristalle bzw. Heterostruktur-Übergitter bezeichnet. Dieses auch mit dem Begriff Band Gap Engineering bezeichnete Verfahren ist die wichtigste und interessanteste Neuerung der Halbleitertechnologie seit Beginn der 80er Jahre. Ermöglicht wird dadurch die Realisierung von sog. Ballistischen Transistoren und anderen Quantenstrukturen.

Von den *quaternären III-V-Verbindungshalbleitern* hat Indium-Gallium-Arsenid-Phosphid $(In_XGa_{1-X}As)_{1-Y}(InP)_Y$ insbesondere als Material der leistungsfähigsten Halbleiterlaser die größte Bedeutung. Mit diesem Halbleitermaterialsystem kann auf Indiumphosphidbasis der Wellenlängenbereich von 1,0 µm bis 1,6 µm überdeckt werden, der heute nach intensiver Entwicklungsarbeit auch technisch zugänglich ist. Damit ist das Indium-Gallium-Arsenid-Phosphid-System zum Hauptmaterial für Sender und Empfänger in der faseroptischen Nachrichtentechnik geworden. Für den Einsatz bei photoelektrischen Druckern und für Compact Disk Systeme sind derzeit Halbleiterlaser im sichtbaren Spektralbereich im Indium-Gallium-Aluminium-Phosphid-Materialsystem auf Galliumarsenidbasis in Entwicklung.

Im Gegensatz zu den ternären Systemen kann bei quarternären Mischungen die Emissionswellenlänge des Lichtes und die Gitterkonstante des Mischkristalls über einen großen Bereich unabhängig voneinander durch Wahl geeigneter Mischungsverhältnisse eingestellt werden. Dies kann genutzt werden, um z.B. bei einem Mischungsverhältnis von Indium und Gallium von $X = 0{,}53$ die Gitterkonstante des Substratmaterials Indiumphosphid einzustellen. Mit der so erreichten guten Gitteranpassung können dann Einkristalle hoher Reinheit hergestellt werden, die auch die Integration elektronischer Komponenten möglich macht.

2.6.5 Siliziumkarbid

In seiner monokristallinen Form ist Siliziumkarbid (SiC) seit langem als binärer Verbindungshalbleiter vom IV-IV-Typ bekannt, wobei zunächst nur die optoelektronischen Eigenschaften genutzt wurden. Leuchtdioden (LEDs), die blaues bzw. violettes Licht emittieren, waren die ersten kommerziell erhältlichen SiC-Bauelemente. Diese LEDs wurden mit Epitaxieschichten hergestellt, die sowohl aus der Gas- als auch aus der Flüssigphase abgeschieden wurden. Durch Zumischung geeigneter Dotiersubstanzen kann auch die Farbe des Lichtes gezielt verändert werden. Blau leuchtende LEDs werden zusammen mit schon länger verfügbaren roten und grünen LEDs zum Aufbau flacher Bildschirme und Monitore benötigt.

Die Bedeutung von monokristallinem Siliziumkarbid zur Herstellung mikroelektronischer Bauelemente ist erst mit den steigenden Anforderungen an Hochtemperatur-, Hochleistungs- und Hochfrequenzbauelemente, die mit Silizium nicht mehr erfüllt werden können, in den letzten Jahren deutlich gestiegen. Oberhalb von Betriebstemperaturen von 200°C ist Silizium als Halbleitermaterial nicht mehr einsetzbar, da es aus dem halbleitenden in den leitenden, metallähnlichen Zustand übergeht. Diese Temperaturabhängigkeit schränkt somit die Verwendung dieses wichtigsten Werkstoffs der Mikroelektronik auf weit niedrigere Temperaturbereiche ein oder macht aufwendige Kühlmaßnahmen notwendig.

Bei monokristallinem Siliziumkarbid ist dagegen wegen des größeren Bandabstandes in weiten Temperaturbereichen keine zusätzliche Kühlung zur Aufrechterhaltung des halbleitenden Zustandes erforderlich. Der Umschlag zum leitenden Zustand soll nach theoretischen Abschätzungen erst oberhalb von 1200°C erfolgen. Experimentell bestätigt wurde die einwandfreie Funktion in rotglühendem Material bei über 600°C. Erforderliche temperaturfeste Unterlagen und Gehäuse konnten bereits entwickelt werden, sind jedoch noch nicht serienreif.

Ein weiterer Vorteil von monokristallinem Siliziumkarbid als Halbleitermaterial liegt in der im Vergleich zu Silizium höheren Elektronenbeweglichkeit. Hier eröffnen sich für Siliziumkarbid ähnliche Einsatzmöglichkeiten in Mikrowellenschaltkreisen wie für Galliumarsenid.

Siliziumkarbid tritt als Einkristall in einer großen Zahl von kristallographisch verschiedenen Strukturen auf, die bezüglich der Anordnung der Kohlenstoff- und Siliziumatome verschiedene Symmetrien besitzen (Polytypie). Wegen der damit verbundenen unterschiedlichen Bandstrukturen resultieren daraus auch Halbleiter mit verschiedenen elektronischen Eigenschaften. Die einzige Variante mit einer diamantartigen kubischen Kristallstruktur wie beim Silizium wird β-SiC genannt. Daneben gibt es noch sehr viele andere Varianten, von denen das hexagonale α-SiC die wichtigste ist. Beide Typen sind grundsätzlich als Hochtemperatur-Halbleitermaterial gleich gut geeignet und werden intensiv untersucht.

Die Züchtung größerer Siliziumkarbid-Kristalle erfolgt durch Transportverfahren in der Gasphase. Damit können derzeit Einkristalle eines bestimmten Kristalltyps mit Scheibendurchmessern von bis zu ca. 5 cm gezüchtet werden. Monokristalline Siliziumkarbid-Filme mit definierter Kristallmodifikation lassen sich ebenfalls aus der Gasphase sowohl auf Silizium- als auch auf Siliziumkarbid-Substraten epitaktisch herstellen.

Für die nähere Zukunft wird eine Steigerung der Größe der SiC-Substratscheiben auf Durchmesser von bis zu 10 - 15 cm erwartet. Wegen der großen Härte des Materials sind jedoch insbesondere bei größeren Kristallen für die nachfolgende Bearbeitung wie das Zersägen und Polieren geeignete Verfahren zu entwickeln. Auch die Techniken zum Abscheiden epitaktischer Schichten können noch stark verbessert werden. Stabile Kontakte für Einsatzbereiche bis zu 700°C müssen noch entwickelt werden. Zum Ende der 90er Jahre werden elektronische Bauelemente verfügbar sein, die sich bei Temperaturen von 300 bis 700°C und unter extremen chemischen und physikalischen Umgebungsbedingungen betreiben lassen.

Bedarf für solche hochtemperaturfesten Bauelemente ergibt sich in vielen Einsatzbereichen wie z.B. in der Kraftfahrzeug- oder Flugzeugelektronik oder auch bei der Steuerung von Hochtemperaturprozessen. Vorteile sind Gewichts-, Produktions- und Betriebskosteneinsparung infolge des unkomplizierteren und verschleißärmeren Betriebs der damit geregelten Systeme (Generatoren, Gasturbinen und Verbrennungsmotoren). Erwartet werden können auch positive Beeinflussungen von Radar- und Nachrichtentechnik, da in den Mikrowellen-Teilsystemen die bisher erforderlichen Vakuumröhren mit ihrer aufwendigen Kühlung wegfallen könnten.

2.6.6 Diamant

Diamant, also reiner, kristalliner Kohlenstoff, weist neben seinen herausragenden mechanischen Eigenschaften wie der großen Härte und geringen Kompressibilität auch nicht minder herausragende elektrische und thermische Eigenschaften auf, die ihn zu einem nahezu idealen Halbleiterwerkstoff machen.

Im Vergleich zu Silizium, GaAs, InP und allen anderen verwandten Stoffen hat Diamant die weitaus größte Bandlücke, so daß integrierte Schaltkreise auf der Basis monokristalliner Diamantschichten folgende Vorteile besitzen könnten:

- Temperaturresistenz bis über 700°C (und damit 500°C über den Si-Werten)
- höchste Strahlungsfestigkeit
- höchste Durchbruchspannung.

Daneben besitzt dotiertes Diamantmaterial sehr gute Elektronen- und im Gegensatz zum Galliumarsenid auch eine sehr gute Löcherbeweglichkeit, während reiner Diamant eine sehr gute Isolationsfestigkeit hat. Zusammen mit der herausragenden Wärmeleitfähigkeit sind damit schnelle, hochintegrierte Schaltungen bis zu höchsten Frequenzen realisierbar.

Die guten Eigenschaften von natürlichem Diamantmaterial lassen sich noch verbessern, wenn die im Kristallgitter eingebauten Kohlenstoffatome zum gleichen Isotop (^{12}C oder ^{13}C) gehören. Solche sog. isotopisch reinen Diamanten haben insbesondere eine noch höhere Wärmeleitfähigkeit als die auf dem in der Natur vorkommenden Isotopengemisch beruhenden Diamanten, da das seltenere Isotop ^{13}C wie eine Verunreinigung im Gitter die Wärmeübertragung bremst.

Die hervorragenden physikalischen, chemischen und mechanischen Eigenschaften von monokristallinen Diamantschichten lassen sich für die Mikroelektronik aber nur dann nutzen, wenn sie in ausreichender Größe und Reinheit verfügbar sind. Natürliche Diamanten kommen aus Kostengründen nicht in Betracht und sind ebenso wie die nach verschiedenen Verfahren hergestellten Industriediamanten zu klein. Das entscheidende Problem stellt daher die Suche nach Zuchtverfahren für synthetische Diamanten in einer für die Herstellung von mikroelektronischen Schaltkreisen geeigneten Größe dar.

Neben den zur Herstellung von Industriediamanten eingesetzten Hochdruckverfahren stehen seit einiger Zeit auch Niederdruckverfahren zur Diamantsynthese aus der Gasphase zur Verfügung. Bei diesen sog. CVD(Chemical Vapour Deposition)-Verfahren wird der Kohlenstoff aus kohlenstoffhaltigen gasförmigen Verbindungen wie Methan oder Acetylen unter Mitwirkung von atomarem Wasserstoff abgeschieden und wächst auf geeigneten heißen Unterlagen (Substraten) epitaktisch zu Diamantschichten auf. Zur Erreichung möglichst hoher Wachstumsraten und großer Beschichtungsflächen bei guter Qualität des abgeschiedenen Materials wird weltweit mit verschiedenen Ausgangsmaterialien und Aufheizverfahren experimentiert.

Monokristalline CVD-Diamantfilme auf einem einfach herstellbaren Substrat und in einer Größe, wie sie als Halbleitermaterial in der Mikroelektronik benötigt wird, sind derzeit noch nicht verfügbar, da die Diamantschicht in der Regel polykristallin abgeschieden wird. Lediglich auf Diamant selbst oder dem kristallographisch sehr ähnlichen, aber ebenfalls schwierig herstellbaren kubischen Bornitrid konnten bisher ausreichend große monokristalline Diamantfilme erzeugt werden.

Unmittelbar nutzbar ist dagegen in der Mikroelektronik bereits jetzt die gute Wärmeleitfähigkeit durch Verwendung von Industriediamanten oder CVD-Diamantfilmen als Wärmesenken in hochintegrierten Schaltkreisen, so daß die durch den Hitzestau in zu dicht gepackten Schaltungen verursachte Grenze der Miniaturisierung weiter gesenkt werden kann.

3 Neue innovative Werkstoffkonzepte

3.1 Gradientenwerkstoffe

Gradientenwerkstoffe bestehen aus verschiedenen, stufenlos ineinander überge-henden Zonen mit unterschiedlichen Eigenschaften. Im Idealfall können sie gleich-zeitig Vertreter aller konventionellen Werkstoffklassen in kontinuierlichen Dichte- oder Korngrößenverteilungen enthalten. Sie verfügen dann an jeder Stelle ihrer Oberfläche oder ihres Volumens genau über die Merkmale, die an diesem Punkt gefragt sind. Damit sind sie sehr bauteilnah und optimal an die beabsichtigte Anwendung angepaßt. Unnötiger Aufwand, der mit der durchgängigen Implementierung nicht überall benötigter Eigenschaften verbunden wäre, erübrigt sich. Die Vermeidung von abrupten Übergängen zwischen den zugrundeliegenden Basismaterialien führt gleichzeitig zur Minimierung von Schwachstellen im Bauteilvolumen.

Von der Verwirklichung dieses Idealbildes ist man allerdings noch sehr weit ent-fernt. Zunächst ist mit der Realisierung tafelförmiger Materialien zu rechnen, bei denen sich die Zusammensetzung in einer Dimension kontinuierlich ändert. In dieser Form vorliegende Keramik-Metall-Verbunde z.B. können höchsten thermi-schen und mechanischen Belastungen standhalten.

Abhängig vom konkreten Einsatz müssen technische Bauteile gleichzeitig ver-schiedenen und oft sogar widersprüchlichen Anforderungen genügen, die ein ein-ziger Werkstoff nicht allein, sondern nur in einer Art Aufgabenteilung verbunden mit anderen erfüllen kann. Bisweilen sind auch einzelne Eigenschaften erst durch das synergetische Zusammenwirken verschiedener Materialien realisierbar.

Diese Tatsache hat zur Entwicklung der Verbundwerkstoffe im weitesten Sinne geführt, zu denen auch Schichtverbunde und beschichtete Oberflächen gezählt werden können. Damit sollte es im Prinzip möglich sein, Bauteile mit den erfor-derlichen mechanischen Merkmalen zu versehen und gleichzeitig bestimmte funk-tionale Eigenschaften so über seine Struktur zu verteilen, daß an jedem Ort die an diesem Punkt gewünschte Leistung zur Verfügung steht. So ist gleichzeitig unnötiger Aufwand vermeidbar, der mit der durchgängigen Implementierung von Eigenschaften verbunden wäre, die nicht an jeder Stelle des Bauteils gebraucht werden.

Allerdings gelingt es oft nicht, ausreichend halt- und belastbare Verbindungen zwischen verschiedenen Materialien bzw. einem Basiswerkstoff und einer Oberflächenschicht herzustellen. An den abrupten Übergängen von einem Material zum anderen kann es insbesondere bei thermomechanischer Belastung zu Spannungsspitzen kommen, die zur Auflösung der Verbindung führen. Das gilt z.B. für konventionelle Schichtverbunde aus Keramiken und Metallen, bei denen die keramische Seite extrem temperaturbeständig ist, während die Metallseite die Festigkeit beisteuern soll.

Derartige Verbindungsprobleme träten nicht auf, wenn sich die Zusammensetzung des Verbundes kontinuierlich von der Vorder- zur Rückseite ändern würde. Hier lag Mitte der achtziger Jahre die Motivation für die Entwicklung sog. Gradientenwerkstoffe, d.h. *Materialien mit kontinuierlichem Eigenschaftsprofil* (Functionally Gradient Materials, FGM). Seit dieser Zeit werden sie aus übergeordneter Sicht und unter dem genannten Namen erforscht, einzelne technologische Vorläufer gibt es jedoch schon seit längerem. Diese finden sich z.B. in der Halbleitertechnik in Form von Dotierungsverteilungen oder in der Lichtleitertechnik, wo die ortsabhängige Einstellung des Brechungsindex eine optimierte Strahlführung ermöglicht. Auch die Erzeugung von Stickstoffprofilen in der Oberflächenschicht von Stählen ist hier zu nennen.

Heute ist das erklärte Fernziel der Gradiententechnologie ganz allgemein die Erzeugung von kontinuierlichen Funktionsprofilen, die über das gesamte Bauteilvolumen beliebig vorherbestimmbar sind und deren Verlauf optimal mit der beabsichtigten Anwendung korrespondiert. Denkbar ist dabei die räumliche Verteilung einer Vielzahl von Eigenschaften, zu denen z.B.

- Härte, Bruchzähigkeit, Zugfestigkeit,
- Korrosionsbeständigkeit,
- Wärme- oder elektrische Leitfähigkeit sowie
- Halbleiter-, magnetische oder sogar sensorische Eigenschaften

gehören. Auch die Vorbereitung bestimmter Punkte des Bauteils auf spätere Weiterverarbeitungsverfahren gehört zum Spektrum der Möglichkeiten. In diesem Zusammenhang wird z.B. an die Erzeugung einer Oberfläche gedacht, welche an festgelegten Stellen die Verbindung mit anderen Komponenten erleichtert.

Diese Zielvorstellungen sollen nicht nur durch Variation der chemisch/stofflichen Zusammensetzung verwirklicht werden, sondern auch durch Modulation von Merkmalen wie Korngröße oder -form in polykristallinen Gefügen, Porengröße

oder -form in porösen Systemen sowie Fasergehalt oder -ausrichtung in kurzfaserverstärkten Werkstoffen. Auf diese Weise entstehen integrierte Bauelemente, die
gleichzeitig Vertreter aller Werkstoffklassen in kontinuierlichen Dichte- oder
Korngrößenverteilungen enthalten können.

Zur Herstellung derartig komplizierter Gebilde kann auf bereits existierenden
Technologien aufgebaut werden, welche die Produktion fließend ineinander über-
gehender Strukturen mit variabler Beschaffenheit ermöglichen und sich für diese
spezielle Anwendung geeignet modifizieren lassen. Zunächst wird an den gezielten
Aufbau in einer Raumrichtung gedacht, später auch in zwei oder schließlich drei
Dimensionen. Zweckmäßig scheinen insbesondere folgende Verfahren:

- Pulvermetallurgie mit verschiedenen Pulverzuführungssystemen
- Erstarrung aus einzelnen, gezielt zugeführten Schmelzen
- PVD oder CVD (Physical bzw. Chemical Vapour Deposition)
- Plasmaspritzen
- galvanische Abscheidung unter Nutzung mehrerer Elektroden.

Speziell für Polymerwerkstoffe denkt man beispielsweise auch an mehrdimensio-
nale, laserinduzierte Polymerisationsverfahren aus der flüssigen Phase.

Zusätzliche Möglichkeiten zur gezielten Beeinflussung der Beschaffenheit sind
dann noch durch geeignete Bearbeitungsverfahren gegeben. So kann man den
Werkstoff bei der Fertigung z.B. so einstellen, daß eine nachträgliche Wärmebehandlung zur Ausbildung von Zonen hoher Härte neben solchen mit hoher Duktilität führt.

Welches Verfahren aus der Vielzahl der gegebenen Alternativen letztlich zur Fertigung konkreter Bauteile eingesetzt werden kann, wird zunächst von der weiteren
Entwicklung der Prozeßtechnologien und schließlich von wirtschaftlichen
Gesichtspunkten abhängen. Relativ kostengünstig und gut auf einen industriellen
Maßstab skalierbar scheinen insbesondere bestimmte pulvermetallurgische und
galvanische Verfahren zu sein. Mit diesen gelingt heute im Labor bereits die
reproduzierbare Herstellung vorausbestimmter eindimensionaler Konzentrations-
profile mit vorgeplanten Eigenschaften. Damit sollten die Gradientenwerkstoffe in
absehbarer Zeit das Laborstadium verlassen und in das Prototypenstadium eintre-
ten. Diese Aussage gilt allerdings nur für bestimmte, relativ einfache Modifikationen. Von einer technischen Realisierung aller oder auch nur einer Vielzahl der
angesprochenen Möglichkeiten ist man noch weit entfernt.

Trotzdem können dem Konzept der gradierten Werkstoffe ausgesprochen positive
Zukunftsaussichten bescheinigt werden. Zur Fertigung stehen im Prinzip verschie-
dene Verfahren zur Verfügung, deren Weiterentwicklung keine grundsätzlichen
Probleme bereiten sollte. Wesentliche Arbeiten gerade im Hinblick auf eine groß-

technische Anwendung sind allerdings noch bezüglich geeigneter zerstörungsfreier Prüfverfahren zu leisten. Außerdem mangelt es trotz des breitgefächerten Spektrums von denkbaren Einsatzmöglichkeiten bisher an konkreten Zielvorgaben für die Entwicklung spezieller Bauteile. Es handelt sich hier um ein Konzept, welches im wesentlichen aus dem Forschungsbereich heraus angeboten wird und nicht das Ergebnis einer fest umrissenen Nachfrage des Marktes ist.

Eine solche gezielte Nachfrage existierte Mitte der achtziger Jahre im Zusammenhang mit dem Hitzeschutz für Raumfähren, die den Anstoß für die grundlegenden Forschungen auf diesem Gebiet gab. Daher ist zunächst mit der Realisierung tafelförmiger Materialien mit kontinuierlichem Keramik-Metall-Übergang zu rechnen, die höchsten thermischen und/oder mechanischen Belastungen gewachsen sind und sich beispielsweise auch für Wandungen von Verbrennungskammern oder für Gasturbinenschaufeln anbieten.

Schließlich ist ganz allgemein an Verfahren zum dauerhaften Schutz technischer Anlagen vor äußeren Einwirkungen zu denken, z.B. vor Korrosion oder Verschleiß. Das gilt nicht nur für Oberflächen, sondern für ganze Sektoren eines Bauteils. So können Stahlzahnräder mit gradiertem Gefüge hergestellt werden, die hohe Härte und Verschleißfestigkeit in den Zähnen mit hoher Zähigkeit in der Nabe verbinden.

Darüber hinaus sind für Werkstoffe bzw. Bauteile, die an jedem Punkt ihres Volumens auf Dauer genau die für eine bestimmte Anwendung notwendigen Eigenschaften haben, natürlich viele ausgesprochen anspruchsvolle Anwendungen vorstellbar. Das kann bis zu entsprechend gefertigten intelligenten Strukturen gehen (s. 3.2), in die Sensor- und Aktor-Funktionen punktgenau eingebracht sind. Mit der Verwirklichung derart ehrgeiziger Technologien ist aber erst langfristig zu rechnen.

3.2 Intelligente Werkstoffe und Strukturen

Intelligente Strukturen sind in der Lage, während des Einsatzes auf Änderungen der Umgebungsbedingungen selbständig zu reagieren und ihre Eigenschaften sinnvoll anzupassen. Im allgemeinsten Fall wird die Basisstruktur dazu durch sensorische, aktorische und informationsverarbeitende Grundelemente ergänzt.

Bei einem intelligenten Werkstoff sollten alle diese Funktionen monolithisch in einem Material integriert sein. Allerdings werden heute bereits multifunktionale Strukturen und Werkstoffe als intelligent bezeichnet, die neben der strukturellen

mindestens eine weitere Funktion wahrnehmen können. Beispiele für Multifunktio-
nale Werkstoffe in unterschiedlichen Entwicklungsstufen sind

* *Formgedächtnismaterialien,*
* *Piezoaktive Materialien,*
* *Elektroviskose Flüssigkeiten oder*
* *Photo-, Thermo- und Elektrochrome Materialien.*

*Die Fortentwicklung des Konzeptes Intelligenter Werkstoffe bzw. Strukturen wird
wesentlich von der Realisierbarkeit einer integrativen Zusammenarbeit zwischen
den verschiedenen zugrundeliegenden Disziplinen abhängen. Wichtige Anwendungsmöglichkeiten sind die Zustandsüberwachung (Health-Monitoring), die
aktive Schadensverhütung bzw. Selbstreparatur sowie die aktive Formsteuerung.*

3.2.1 Übergeordnete Aspekte

Mit dem Oberbegriff "intelligent" charakterisiert man im deutschen Sprachgebrauch die Fähigkeit von Werkstoffen und Strukturen, Veränderungen bei den
Umgebungs- bzw. Betriebsbedingungen zu erkennen und auf diese sinnvoll zu
reagieren. Bei der im englischen Sprachgebrauch üblichen Abstufung des Intelli-
genzgrades technischer Systeme setzt der Begriff "intelligent" allerdings bereits
eine implizite Lernfähigkeit auf der Basis von Vorwissen voraus. Da diese Art
technischer Intelligenz im Werkstoffbereich auf absehbare Zeit nicht erreichbar
sein dürfte, wird für die in der obigen Definition verwendete niedrige Intelligenz-
form in der englischsprachigen Literatur der abgeschwächte Begriff "smart" (smart
materials/structures) verwendet, für den es allerdings keine gebräuchliche deutsche
Übersetzung gibt.

Weitere häufig anzutreffende Umschreibungen dieser neuartigen Werkstoffklasse
stellen jeweils eine bestimmte Eigenschaft in den Vordergrund. So betonen z.B.
die Attribute

- "adaptiv" den Aspekt der Anpassungsfähigkeit des Systems auf äußere Einflüsse,
- "multifunktional" die Fähigkeit des Werkstoffes bzw. der Struktur zur Wahrnehmung mehrerer Aufgaben,
- "sensitiv" oder "sensable" den sensorischen Aspekt, d.h. die Informationsge-
  winnung über den inneren und äußeren Zustand,
- "selbsthandelnd" bzw. "reactiv" den aktorischen Aspekt, d.h. die Fähigkeit von
  Werkstoff bzw. Struktur zur eigenständigen Reaktion auf äußere Einflüsse
  sowie
- "denkend" ihre inhärente Fähigkeit zur Informationsverarbeitung.

Alle diese Eigenschaften zählen auch zu den Grundmerkmalen biologischer Systeme. Daher wird dieses Konzept häufig als wichtiges Teilgebiet der sog. Biomimetischen Werkstoffe (s. 3.3) eingestuft. Darüber hinaus finden sich in den wesentlichen Komponenten der Intelligenten Werkstoffe und Strukturen Analogien zu lebendenden Organismen, so zwischen Basisstruktur und Skelett, Sensor und Sinnesorgan, Aktor und Muskel sowie Steuerung und Gehirn. Insbesondere die Fähigkeit zur Selbstregulierung und -steuerung, d.h. die Tendenz eines Organismus zur Erhaltung seiner inneren Stabilität, gilt als eine der Basiseigenschaften höherer biologischer Strukturen. Diese und weitere Fähigkeiten natürlicher intelligenter Systeme wie Selbstdiagnose, Selbstreparaturfähigkeit, Selbstvervielfachung und Selbstvernichtung werden für das Konzept der Intelligenten Werkstoffe und Strukturen zumindest teilweise angestrebt.

Im Prinzip ist dieses neue Technikfeld ein typisches Beispiel für die synergetische Kombination einer Vielzahl von Einzelentwicklungen in unterschiedlichen wissenschaftlichen und technologischen Disziplinen. Neben den klassischen Werkstoffbereichen der Metalle, Keramiken, Polymere und Verbundwerkstoffe sind hier insbesondere die Gebiete der Sensorik, Aktorik, Optoelektronik, Photonik sowie Informations- und Kommunikationstechnik zu nennen. Nicht zuletzt aufgrund dieser Interdisziplinarität hat sich bis heute noch keine etablierte fachliche Community herauskristallisiert, die hinsichtlich Terminologie und Klassifikation für den Bereich der Intelligenten Werkstoffe und Strukturen bestimmend wirkt. Allerdings ist in den letzten Jahren in der internationalen Forschungslandschaft eine starke Zunahme an Aktivitäten festzustellen.

Wie bei vielen Hochtechnologieentwicklungen spielten auch hier der militärische Flugzeugbau und die Raumfahrt eine Vorreiterrolle. Insbesondere in den USA werden schon seit geraumer Zeit Planungen zum Einsatz "smarter" adaptiver Werkstoffe und Strukturen für diese Anwendungsbereiche aufgestellt und bereits teilweise realisiert. Derzeit gilt dieses Gebiet als erste wirklich neue Innnovation für die Luft- und Raumfahrt seit der Einführung der Verbundwerkstoffe in den sechziger Jahren. Darüber hinaus gibt es eine Reihe von Veröffentlichungen und Tagungen zu zivilen Nutzungen von "Smart Materials/Structures", z.B. im Hoch-, Brücken- und Schiffbau sowie in der Medizin.

Ende der achtziger Jahre erarbeitete in Japan ein interdisziplinär zusammengesetztes Fachgremium ein Konzept "Intelligente Materialien". Diese werden als übergreifende Endstufe in der Werkstoffgeschichte bezeichnet, die in ihrer Anfangsphase zunächst durch die strukturellen und derzeit durch die funktionalen Aspekte bestimmt wurde bzw. wird. Das Konzept geht davon aus, daß zukünftige "hyperfunktionale" Werkstoffe und Strukturen sogar gegenüber biologischen Systemen überlegen sein werden. Interessant ist, daß für dieses Gebiet von japanischer Seite im Unterschied zu vielen anderen Technologiefeldern bereits frühzeitig ein intensiver Gedankenaustausch auf internationaler Ebene in Form von Workshops und Symposien angestrebt wurde. Insbesondere zwischen Japan und den USA gibt es heute ein umfangreiches Netz von Kontakten zwischen den verschiedenen Personen und Institutionen, die im akademischen und industriellen Bereich auf diesem Gebiet arbeiten.

Der Schwerpunkt der europäischen Forschungs- und Entwicklungsaktivitäten liegt derzeit weitgehend in Großbritannien. Hier wurde vor kurzem ein spezielles Forschungsinstitut gegründet sowie 1992 die erste europäische Fachkonferenz über "Smart Structures and Materials" durchgeführt.

In Deutschland beschränken sich die z.Zt. erkennbaren grundlagen- und anwendungsorientierten FuE-Anstrengungen auf diesem Gebiet im wesentlichen auf die Untersuchung spezieller Materialien (z.B. Formgedächtnislegierungen, Elektroviskose Flüssigkeiten) und auf die Anwendungsbereiche Luft- und Raumfahrt sowie Fahrzeugbau. Auf staatlicher Seite ist derzeit kein übergreifender konzeptioneller Rahmen für die Forschungsförderung Intelligenter Werkstoffe und Strukturen zu erkennen. Allerdings wird das gerade anlaufende BMFT-Materialforschungsprogramm MaTech diesen Bereich berücksichtigen. Ferner wird er unter dem Stichwort "Adaptronik" in die Diskussion zu den "Technologien des 21. Jahrhunderts" einbezogen.

3.2.2 Technologische Basiskomponenten

Im allgemeinsten Fall sind Intelligente Strukturen aus folgenden funktionalen Grundelementen aufgebaut:

- *Sensoren* dienen zur Wahrnehmung bzw. Intensitätsmessung der Umgebungseinflüsse oder inneren Betriebszustände, wie z.B. Druck, Temperatur, Feuchtigkeit oder elektromagnetische Felder. Sie sind entweder in die Struktur eingebettet oder auf der Oberfläche aufgebracht.

- *Aktoren* ermöglichen die aktive Beeinflussung von strukturellen oder funktionalen Eigenschaften, wie z.B. eine Veränderung von Geometrie, Steifigkeit oder Farbe.

- *Steuermechanismen* setzen die Sensorinformation in Signale zur Regelung des Aktors um. Dies geschieht entweder gemäß einem dem System eingeprägten festen funktionalen Zusammenhang oder in Form eines extern eingebrachten Steueralgorithmus.

- Zur *Kommunikation* zwischen Sensor, Aktor und Steuerung sind inhärente oder eingebaute Datenübertragungsmechanismen erforderlich.

- Das zugrundeliegende *Trägermaterial* bestimmt die strukturellen Basiseigenschaften des Systems.

Diese theoretische Definition wird allerdings in der Praxis häufig durchbrochen. Üblicherweise werden heutzutage bereits solche Strukturen als "smart" bzw. "intelligent" eingestuft, die neben der strukturellen mindestens eine weitere funktionale Komponente enthalten. Damit wird aus technologischer Sicht die *Multifunktionalität* zum eigentlichen Charakteristikum einer Intelligenten Struktur.

Fälschlicherweise werden heute auch Multifunktionale Materialien bereits als "smart" bzw. "intelligent" bezeichnet. Im strengen Sinne handelt es sich bei einem Intelligenten Werkstoff jedoch um eine höhere Form einer Intelligenten Struktur, bei der alle o.g. Funktionen möglichst monolithisch in einem Material integriert sind. Solche Systeme sind derzeit noch nicht realisiert und auch nicht absehbar. Allerdings enthalten die meisten derzeit bekannten Intelligenten Strukturen zumindest einen multifunktionalen Werkstoff als Komponente.

Die wohl bekanntesten multifunktionalen Materialien basieren auf dem sog. *Formgedächtniseffekt*. So verändern z.B. bestimmte Metallegierungen ihre Form in Abhängigkeit von der Temperatur (s. 2.1.3). Der Effekt basiert hier auf einer martensitischen Umwandlung der Kristallstruktur (Scherung), d.h. einer Änderung der Gitterstruktur und damit des Volumens.

Beim sog. Einwegeffekt wird der Werkstoff zunächst elastisch verformt und erinnert sich beim anschließenden Erwärmen oberhalb einer bestimmten Temperatur an seine ursprüngliche geometrische Form. Diese Temperatur kann durch die chemische Zusammensetzung und Gefügestruktur der Legierungen in einem weiten Bereich eingestellt werden. Beim sog. Zweiwegeffekt geschieht die Formänderung allein durch Änderung der Temperatur, d.h. die entsprechenden Formen müssen zunächst eingeprägt (eintrainiert) werden. Bei der sog. Pseudoelastizität wird die Veränderung der Gefügestruktur in Abhängigkeit von einer äußeren mechanischen Spannung erreicht (mechanisches Formgedächtnis). Generell ist der Formgedächtniseffekt mit einer beträchtlichen Rückstellkraft verknüpft, die den Einsatz solcher Materialien als Aktoren ermöglicht.

Metallische Formgedächtnislegierungen wie Ni-Ti oder Cu-Zn-Al sind seit langem bekannt. In letzter Zeit sind auch Stähle auf Fe-Ni- und Fe-Mn-Basis mit Formgedächtniseigenschaft entwickelt worden. Inzwischen sind auch Polymere mit Formgedächtnis verfügbar (s. 2.2.3).

Im Prinzip nutzen Formgedächtnismaterialien den physikalischen Effekt, daß bestimmte Werkstoffe bei Phasenübergängen sprunghaft eine Reihe von Eigenschaften verändern. Weitere Beispiele sind neben den hier genutzten Übergängen zwischen verschiedenen Kristallstrukturen die Übergänge zwischen magnetischen Ordnungszuständen (ferro-, antiferro-, para-, diamagnetisch) oder elektrischen Leitungsmechanismen (Normal-, Supraleitung). Die technische Nutzung solcher *steuerbaren Phasenübergänge* bietet zukünftig ein beträchtliches Potential für intelligente Strukturen, da sich die Möglichkeit ergibt, die grundlegenden Strukturparameter eines Bauteils, wie z.B. Festigkeit oder Steifigkeit, während des Betriebes gezielt zu verändern. Als Steuerparameter kommen neben der Temperatur z.B. elektrische oder magnetische Felder bzw. Licht in Frage.

Zu den wichtigsten multifunktionalen Werkstoffen zählen die sog. *Piezoaktiven Materialien*. Bei einer Reihe kristalliner Werkstoffe, Keramiken und Polymere werden bei mechanischer Verformung durch Zug oder Druck an der Oberfläche elektrische Ladungen erzeugt, so daß ein linearanaloges Spannungssignal entsteht. Dieser sog. piezoelektrische Effekt ist umkehrbar, d.h. bei Anlegen einer Spannung erfährt der Körper eine entsprechende Dicken- oder Längenänderung. Eine gewisse Analogie zum inversen piezoelektrischen Effekt bildet die sog. Elektrostriktion, die bei allen Dielektrika auftritt und bei der ein quadratischer Zusammenhang zwischen Steuerfeld und Dehnung besteht. Daher zeigen *Elektrostriktive Materialien* ein Ausdehnungsverhalten, das unabhängig von der Feldpolarität ist.

Der bekannteste kristalline piezoaktive Werkstoff ist Quarz, allerdings mit geringer Dehnungseffizienz. Den größten Dehnungseffekt findet man bei der piezoelektrischen Keramik Blei-Zirkonat-Titanat (PZT), die daher meist als Aktor verwendet wird. Weitere keramische Piezomaterialien sind Bariumtitanat und die elektrostriktive Keramik Blei-Magnesium-Niobat. Insbesondere für sensorische Anwendungen interessant sind piezoelektrische Polymere als Folien wie Polyvinyliden-Fluorid (PVDF). Die Piezoelektrizität basiert auf der polaren Form des Polymers, die bei der Herstellung durch ein starkes elektrisches Feld eingestellt wird.

Bei bestimmten ferromagnetischen Werkstoffen tritt bei Einwirkung eines Magnetfeldes eine mechanische Längenänderung bei konstantem Volumen ein. Dieser als *Magnetostriktion* bezeichnete Verformungseffekt ist auch bei kleinen Magnetfeldern merkbar (bis zu 0,2%) und wird als Aktor genutzt. Der derzeit bekannteste Magnetostriktive Werkstoff ist Terfenol-D, eine Tb-Dy-Fe-Legierung.

Erst in jüngerer Zeit bekannt geworden sind die sog. *Elektrorheologischen Flüssigkeiten*. Diese auch als elektroviskos bezeichneten Fluide sind kolloidale Suspensionen von nichtmetallischen hydrophilen Mikropartikeln (z.B. Polymere, Silikate, Halbleiter) in einer hydrophoben (dielektrischen) Trägerflüssigkeit (Paraffin,

Mineralöl). Beim Anlegen eines elektrischen Feldes bilden die Partikel eine Netzstruktur und erniedrigen so die Fließgeschwindigkeit der Flüssigkeit, d.h. das Medium wird zäher. Nach Ausschalten des Feldes wird die Suspension wieder dünnflüssig. Da der elektrorheologische Effekt unabhängig von der Polarität des elektrischen Feldes ist, kann die Anregung sowohl mit Gleich- als auch mit Wechselspannung erfolgen. Insbesondere durch die schnelle Reaktion beim Ein- und Ausschalten des Feldes sind die Elektrorheologischen Flüssigkeiten gut für schnellschaltende Komponenten, wie z.B. Ventile geeignet.

Auch hier gibt es verwandte magnetische Systeme, die sog. *Magnetoviskosen Flüssigkeiten*, die sich in entsprechender Weise unter der Einwirkung eines magnetischen Feldes verhalten. Diese auch als Ferrofluide bezeichneten Werkstoffe enthalten ferromagnetische Partikel mit Abmessungen im Nanometer- bis Mikrometerbereich.

Neben ihrer Funktion als Lichtwellenleiter entwickelt sich die *Glasfaser* immer mehr zu einem der vielseitigsten Sensormaterialien. Dabei reicht die Sensorfunktion von einfachen binären Aussagen (z.B. Unterbrechung des Lichtdurchganges durch Faserbruch) bis zu quantitativen Messungen einer Reihe von Größen, wie Temperatur, Druck oder Spannungen/Dehnungen, die die Transmissionsbedingungen des Lichtes (Intensität, Polarisation, Phase) beeinflussen.

Das große Potential der Glasfaser für die Nutzung in Intelligenten Strukturen liegt in der einfachen Einbaumöglichkeit in Faserverbundstrukturen. Die faseroptischen Sensoren werden während des Herstellungsprozesses in den Werkstoff implantiert und bleiben während der Nutzungsphase intakt und für Abfragen erreichbar.

Eine weitere interessante Nutzungsoption bieten Glasfasern bereits während der Fertigungsphase eines faserverstärkten Verbundwerkstoffes. Da insbesondere die genaue Kontrolle der Temperatur- und Druckverhältnisse während des Aushärtungsprozesses einen wesentlichen Einfluß auf die Struktureigenschaften haben, werden faseroptische Sensoren zunächst zur Kontrolle des Härtungsprozesse und anschließend zur Überwachung der strukturellen Integrität eingesetzt. Das Spektrum reicht hierbei von der Schadensentdeckung bei Rissen durch die Unterbrechung der Faser bis zur permanenten Messung der Belastung des Verbundmaterials.

In der Regel werden die Glasfasern in Intelligenten Strukturen zusätzlich eingebracht, d.h. sie übernehmen keine strukturellen Aufgaben. Dagegen bietet es sich an, für elektrisch leitende Verstärkungsfasern, wie z.B. *Kohlenstoffasern*, die Veränderung des elektrischen Widerstandes zur Beurteilung des Versagens oder der aktuellen Belastung der Verbundstruktur heranzuziehen.

Ebenfalls für Verbundwerkstoffe interessant sind *Mikrokapseln und Hohlfasern*. Bei diesem Prinzip werden winzige Glashohlkugeln im Mikrometerbereich oder Hohlfasern in ein Verbundsystem eingelagert oder auf eine Bauteiloberfläche aufgebracht. Bei äußerer Krafteinwirkung brechen sie auf. Die eingefüllte Indikatorsubstanz (z.B. Farbstoff) wird freigesetzt und markiert die geschädigte Stelle. Neben der rein sensorischen Funktion besteht auch die Möglichkeit einer chemischen Reaktion der austretenden Substanz (Flüssigkeit oder Gas) mit dem Grundwerkstoff oder einer zweiten ebenfalls eingebrachten Komponente. Auf diese Weise lassen sich Beschädigungen überbrücken oder sogar ausheilen.

Für aktorische Anwendungen in intelligenten Strukturen genutzt werden auch *Absorptions- und Deformationsvorgänge*, die mit beträchtlichen Volumenänderungen verbunden sind. Ein Beispiel sind die als Energiespeicher bekannten Metallhydridsysteme, bei denen es durch die Wasserstoffaufnahme zu einer Aufweitung des Metallgitters kommt.

Eine weitere vielversprechende Gruppe von multifunktionalen Werkstoffen sind die sog. *Photo-, Thermo- oder Elektrochromen Materialien*. Sie ermöglichen es, durch Einwirkung von Licht, Wärme oder elektrischem Feld die Farbgebung bzw. Lichtdurchlässigkeit zu steuern.

Bereits seit langem bekannt sind hier die Photochromen Gläser, die häufig auch als phototrop bezeichnet werden. Sie finden vor allem für Brillen und Fenster Verwendung. Der Effekt basiert auf der Einlagerung kleiner Siberhalogenid-Kristallite. Bei UV-Bestrahlung werden einige Silberionen durch Anlagerung von Elektronen neutralisiert. Es bilden sich praktisch kristalline Silbercluster, wodurch sich das Absorptionsverhalten verändert. Noch im Forschungsstadium befinden sich organische Substanzen, bei denen es durch Lichteinstrahlung zu einer Anregung der Moleküle kommt, die wiederum makroskopisch mit einer Farbänderung verbunden ist.

Thermochrome Schichten bestehen aus Flüssigkristallen (s. 3.5), die unter Temperatureinfluß ihr Absorptions- und Reflexionsverhalten und damit die Farbgebung der Oberfläche verändern. Entsprechend ändern Elektrochrome Materialien, wie z.B. Wolframoxid, ihre optischen Eigenschaften bei Anlegen eines elektrischen Feldes.

Im Prinzip zeigt die Gruppe der Photo-, Thermo- und Elektrochromen Materialien bereits die wesentlichen Merkmale zukünftiger "intelligenter" (smarter) multifunktionaler Werkstoffe. Hier sind die Funktionen Sensor, Aktor, Signalübertragung und -verarbeitung weitgehend in einem stofflichen System realisiert, wobei allerdings der strukturelle Aspekt keine Rolle spielt.

Vor allem im Bereich der Polymere gibt es derzeit intensive Forschungs- und Entwicklungsbemühungen zum Einbau aller wesentlichen Grundfunktionen intelligenter Strukturen auf molekularer Ebene. Solche *"smarten" Makromoleküle* entstehen durch den gezielten Einbau bestimmter Funktionsgruppen an den Enden oder anderen strategischen Stellen der Verbindung. Insbesondere durch die neuen theoretischen und experimentellen Techniken zum Molekulardesign (z.B. Molekulares Modellieren, Tunnel-Raster-Mikroskopie) wird zukünftig das Design derartiger Moleküle in einer bisher nicht gekannten Komplexität ermöglicht.

Hier zeigt sich bereits, daß sich das Innovationspotential der Intelligenten Strukturen zukünftig nicht nur auf die technologische Nutzung der multifunktionalen Elemente beschränken wird, sondern eine völlig neue Denkweise bei der Konzeption von Strukturen erfordern wird. Im Rahmen der klassischen Strukturentwicklung wurden bisher die Einzelelemente wie Sensor, Aktor und Steuermechanismus getrennt entwickelt und erst in einem relativ späten Entwicklungsstadium zu einer Struktur bzw. zu einem System vereinigt. Der zukünftige Weg erfordert bereits zu Beginn der Entwicklung eine integrative Vorgehensweise mit dem Ziel der Konzeption eines homogenen Verbundes, in dem möglichst viele Funktionen in einem Element integriert werden.

3.2.3 Anwendungspotential

Das neue Konzept der intelligenten Werkstoffe und Strukturen findet überall dort Anwendung, wo vorhandene konventionelle Lösungen angesichts zunehmend komplexer werdender Aufgabenstellungen an ihre Grenzen stoßen. Diese können einerseits so aufwendig werden oder so große technische Probleme aufwerfen, daß einfachere und wirtschaftlichere Alternativen unumgänglich werden. Andererseits eröffnet dieses Konzept ganz neue Nutzungsoptionen, die mit konventionellen Werkstoffen bisher nicht möglich waren.

So ermöglicht die *Zustandsüberwachung* (Health monitoring) von Bauteilen und Strukturen in Fertigung und Betrieb die Erkennung und Analyse von Schädigungen aufgrund äußerer Einwirkung, Werkstoffermüdung, Verschleiß oder Korrosion. Die Integration von Sensoren in die Struktur ermöglicht eine permanente Kontrolle besonders kritischer Systeme, wie z.B. Flugzeuge und Brücken. Insbesondere für Faserverstärkte Verbundwerkstoffe bietet sich neben der Strukturfaser die Einbettung eines Netzwerkes aus Lichtwellenleitern oder Metalldrähten an, dessen optisches bzw. elektrisches Verhalten permanent kontrolliert wird und so jederzeit abrufbare Statusberichte über den Zustand des Bauteils ermöglichen. Entsprechend läßt sich ein Netz von Piezosensoren auf einer Bauteiloberfläche (z.B. eine Flugzeugtragfläche) aufbringen.

Ein weiteres Beispiel ist die Überwachung des Korrosionszustandes von Stahlarmierungen in Beton durch eingebaute Widerstandssonden. Prinzipiell können durch solche rein passiven sensorischen Konzepte, die eine gewisse Analogie zu Nervensystemen in biologischen Systemen haben, bevorstehende Ermüdungs- oder Brucherscheinungen rechtzeitig erkannt und die betroffenen Teile ersetzt werden, bevor es zum Versagen kommt. Insbesondere für wartungsintensive Systeme ergibt sich so die Möglichkeit zur Umstellung von festen Wartungszyklen zu einer kostengünstigeren flexiblen Wartung nach Bedarf.

Ebenfalls eine gewisse Ähnlichkeit zu biologischen Vorbildern hat das Prinzip der aktiven *Schadensverhütung* oder sogar *Selbstreparatur* der Struktur, das praktisch einem Werkstoff-Immunsystem entspricht. So läßt sich z.B. die Korrosion von oberflächennahen Betonarmierungen durch den Einbau von hohlen Kunststoffasern, die mit einer korrosionhemmenden chemischen Substanz gefüllt sind, verhindern. Bei Überschreiten des zulässigen pH-Wertes wird der Kunststoff aufgelöst und die Substanz freigesetzt. Eine ähnlich "heilende" Wirkung haben Fasern, die mit einer Klebemasse gefüllt sind und bei Freisetzung die Ausbreitung eines Risses verhindern.

Ein breites Anwendungsfeld bildet die gezielte *Steuerung von Materialparametern* zur Veränderung der Eigenschaften von Bauteilen und Strukturen während ihres Einsatzes. So ermöglicht z.B. die Verwendung von elektrorheologischen Flüssigkeiten eine Variation der elastomechanischen Eigenschaften (z.B. Steifigkeit), was zur Vibrationsunterdrückung oder Schalldämpfung ausgenutzt werden kann. Hierdurch werden insbesondere im Bereich der Luft- und Raumfahrt, aber auch im allgemeinen Fahrzeugbau, aufwendige Konstruktionen vermieden. Entsprechend bietet die gezielte Veränderung von thermischen (Wärmeleitfähigkeit), elektrischen (Widerstand, Impedanz) und optischen (Absorptionsverhalten) Werkstoffparametern eine Vielzahl von Optionen für adaptive Bauteile und Strukturen, wie z.B. die Optimierung der Licht- und Wärmeversorgung in Gebäuden (Intelligentes Haus).

Große Kosteneinsparungen durch geringeren Material- und Energiebedarf dürften sich durch die gezielte Anpassung der Festigkeit tragender Strukturen während der Belastung erreichen lassen. Während herkömmliche Konstruktionen in der Regel für den Normalbetrieb überdimensioniert sind, werden diese adaptiven Systeme bewußt nicht auf die nur selten auftretende Maximalbelastung ausgelegt. An den kritischen Stellen werden zusätzliche Verstärkungsglieder z.B. aus Formgedächtnislegierungen eingebaut, die bei extremer Belastung durch Erwärmung in die frühere Form zurückgebracht werden. Auf diese Weise wird das Bauteil entgegengesetzt zur Beanspruchungsrichtung gespannt. Darüber hinaus lassen sich die auftretenden Kräfte in inhärent festere Bereiche ableiten.

Ein großes Anwendungspotential haben adaptive Materialien im medizinischen Bereich. Denkbar sind z.B. künstliche Knochen aus implantierbarem Verbundwerkstoff, die sich dynamisch an wechselnde Belastung anpassen, sowie flexible Schienen, die durch gezielte Veränderung ihrer Festigkeit den Heilungsprozeß bei Brüchen beschleunigen.

Insbesondere im Bereich der Luftfahrt, aber auch im Schiffbau, dürften zukünftig Konzepte der *aktiven Formsteuerung* Anwendung finden. Durch den Einbau geeigneter Aktoren werden Verbiegungen bzw. Oberflächendeformationen der Strukturen erreicht. Diese lassen sich optimal an die Luft- bzw. Wasserströmungsverhältnissen anpassen und ermöglichen so höhere Geschwindigkeiten bei geringerem Energieverbrauch. Während die gezielte Veränderung der aerodynamischen Profile von Flugzeugflügeln bzw. von Hubschrauber-Rotorblättern sich bereits im fortgeschrittenen Versuchsstadium befindet, sind Überlegungungen zu variablen Außenhüllen von Über- und Unterwasserschiffen derzeit noch als spekulativ einzustufen.

3.3 Natürliche und Biomimetische Werkstoffe

Vor allem aus ökologischen Gründen rücken natürliche Werkstoffe wie Holz oder Pflanzenfasern wieder stärker in den Vordergrund des Interesses. Das eigentliche technische Potential von Naturwerkstoffen liegt jedoch in ihrer indirekten Nutzung, d.h. in ihrer Funktion als Vorbild für neue Lösungen und Konzepte. An solchen natürlichen Vorbildern orientierte synthetische Materialien nennt man heute biomimetische Werkstoffe. Neben den schon länger erforschten Struktur- wächst inzwischen auch das Interesse an biomimetischen Funktionswerkstoffen.

Die Möglichkeiten zu einer direkten Übertragung der in langen Entwicklungszeiträumen optimierten Lösungen der Natur auf technische Systeme sind allerdings selten, nicht zuletzt unter wirtschaftlichen Gesichtspunkten. Daher ist das Ziel heute nicht eine möglichst genaue Kopie des Originals, sondern das Verstehen und die technisch sinnvolle Nachahmung des zugrundeliegenden Prinzips. Den wesentlichen Schwerpunkt der aktuellen Forschungsarbeiten bilden dabei die molekularen Architekturen natürlicher Werkstoffe und die biomimetischen Prozeßtechnologien.

Die Natur benötigte mindestens drei Milliarden Jahre, um die heute auf der Erde existierenden Lebensformen hervorzubringen. Der harte Ausleseprozeß im Laufe der Evolution hat dazu geführt, daß diese möglichst zweckmäßig an die zu lösenden Aufgaben und Bedingungen der Umwelt angepaßt sind. Aus diesem Grunde bietet die Natur auch für den Werkstoffbereich eine Vielzahl der unterschiedlichsten Lösungswege mit definierten Eigenschaften an. Sogar bei Verwendung der gleichen atomaren Komponenten sind jedoch synthetische Materialien in der Regel natürlichen Konzepten unterlegen.

Die Menschheit hat eine uralte Tradition in der direkten Nutzung natürlicher organischer Materialien wie Holz, Pflanzenfasern, Seide, Leder oder Horn. Diese werden ebenso wie natürliche anorganische Stoffe (z.B. Naturstein) auch weiterhin in vielfältigen Anwendungen genutzt werden. Insbesondere aus Gründen der Umweltentlastung und Ressourcenschonung rücken diese Potentiale wieder stärker in den Vordergrund des Interesses, da viele der üblichen Probleme bei Bearbeitung und Entsorgung dieser Werkstoffe entfallen.

Eine Reihe von aktuellen Entwicklungsarbeiten zur Verwendung natürlicher Materialien gibt es im Bereich der *Verbundwerkstoffe*. So haben manche pflanzliche Fasern wie Hanf, Flachs oder Sisal durchaus das Potential, in Verbundwerkstoffen mit Glasfasern und bei manchen Anwendungen sogar mit Kohlenstoff und Aramidfasern konkurrieren zu können. Solche Naturfasern sind im Prinzip wiederum selber Verbundstrukturen aus Zellulose-Mikrofasern, eingebettet in Polysacchariden und Lignin. Ein Problem besteht allerdings in ihrer Wasserreaktivität, so daß es bei Wasseraufnahme zu einer starken Quellbeanspruchung der Matrix kommt. Weitere Konzepte gehen von der Verwendung von Naturfasern aus, die in Matrices aus Biomasse gebettet werden. Hiermit werden bereits mechanische Kennwerte erreicht, die denen von Glasfaserverbundwerkstoff nahekommen.

Ein Beispiel für die mögliche Nutzung natürlicher Substanzen als *Funktionswerkstoffe* sind in den letzten Jahren gefundene biologische Makromoleküle, die evtl. als optoelektronische Informationsspeicher eingesetzt werden können. Es handelt sich hierbei um die Photosynthesepigmente bestimmter Bakterien.

Trotz solcher vielversprechenden Ansätze liegt das eigentliche technische Potential von Naturwerkstoffen jedoch nicht in ihrer direkten, sondern in ihrer indirekten Nutzung, d.h. in der Funktion als Vorbild für neue Lösungen und Konzepte im Werkstoffbereich. Dieser durch den Begriff "biomimetisch" (engl. mimetic = ähnlich) charakterisierte Weg geht davon aus, biologische Systeme auf künstlichem Wege nachzugestalten. Entsprechend werden als Biomimetische Werkstoffe solche synthetische Materialien und Strukturen bezeichnet, die in Aufbau und Funktion an natürlichen Vorbildern orientiert sind. Im Prinzip handelt es sich um ein aktuelles Teilgebiet der Bionik, dem bereits seit über 30 Jahren bestehenden interdisziplinären Forschungsgebiet an der Schnittstelle von Biologie und Technik und wird daher auch als *Werkstoffbionik* bezeichnet.

Die Bionik hat das Ziel, aus den optimalen biologischen Funktions-, Struktur- und Organisationsprinzipien Lösungsmöglichkeiten für technische Probleme abzuleiten. Es handelt sich also um die Übertragung von Erkenntnissen aus einer höheren Stufe der Evolution (Leben) auf eine niedere Ebene (unbelebte Materie).

Auf den ersten Blick gibt es unzählige Analogien zwischen Natur und Technik. Jedoch zeigt sich bei genauerer Analyse, daß die Fälle der direkten Übertragbarkeit von Lösungen der Natur auf technische Systeme selten sind. Häufig scheitert eine solche Kopie schon an der nicht möglichen direkten Skalierbarkeit in andere Dimensionen. Ein wesentlicher Grundsatz der modernen Bionik ist daher nicht der Versuch einer möglichst genauen Kopie des natürlichen Vorbilds, sondern das Verstehen des ihm zugrundeliegenden Prinzips, um zu einer technisch sinnvollen Nachahmung zu kommen.

Der älteste Zweig der Bionik befaßt sich mit der strukturellen und mechanischen Nachbildung biologischer Systeme. Dieses auch als *Biomechanik* oder *Strukturbionik* bezeichnete Gebiet umfaßt die Übertragung biologischer Formen und Strukturen auf Probleme der Architektur, des Bauwesens, des Fahrzeugbaus, der Feinwerktechnik und des Maschinenbaus. Ausgehend von der Grundhypothese, daß biologische Kraftträger optimal konstruiert sind, wird angenommen, daß die Natur durch vorteilhaftes Design unter minimalem Materialaufwand ein Höchstmaß an mechanischer Belastbarkeit erreicht. Allerdings ist ein allgemeingültiger Beweis dieses Prinzips wegen der Vielfalt der Natur sowie mangelhafter Kenntnis von Materialdaten und Belastungen kaum möglich. Entsprechend ist die erfolgreiche Umsetzung strukturbionischer und biomechanischer Prinzipien nur durch eine Fülle von Einzelbeispielen zu belegen. Ein solches häufig genanntes historisches Beispiel für die Übernahme natürlicher Konstruktionsprinzipien aus der Tier- und Pflanzenwelt ist der einer Riesenseerose nachempfundene Londoner Kristallpalast aus dem 19. Jahrhundert. Dieses Beispiel zeigt auch, daß der grundlegende Denkansatz, technische Konzepte an natürlichen Vorbildern zu orientieren, wesentlich älter ist als die Wissenschaftsdisziplin der Bionik.

Eine wichtige Rolle für die modernen biomechanischen bzw. strukturbionischen Forschungsarbeiten spielt die Analyse und Nachbildung von *Holz*. Dieser natürliche Verbundwerkstoff besteht aus spiralförmig gewundenen Zellulosefasern, die in eine Ligninmatrix eingebettet sind. Aus der rechnergestützten Analyse der Strukturmechanik von Bäumen lassen sich gut verwendbare Erkenntnisse für die möglichst optimale Herstellung von Bauteilen aus faserverstärkten Verbundwerkstoffen ableiten. So stellt z.B. der Holzfaserverlauf um einen eingewachsenen Ast eine durch die Natur festigkeits- und gewichtsoptimierte Lösung dar. Auf der Grundlage von Software, die aus der Rechnersimulation des natürlichen Baumwachstums entwickelt wurde, lassen sich diese natürlichen Konstruktionsprinzipien zum Design von Bauteilen nutzen. In Analogie zum natürlichen Wachstumsprozeß läßt man das gewünschte Bauteil im Rechner schrittweise aufwachsen. Durch dieses biomimetische Designverfahren lassen sich Spannungsüberhöhungen sofort durch Verzweigungen oder Verstärkungen abbauen. Entsprechend werden nichttragende Teile herausgeschnitten, d.h. Material gespart.

Ebenfalls auf dem Naturwerkstoff Holz basiert ein biomimetisches Fertigungsverfahren, bei dem die Feinstruktur von Holz als Trägermaterial ausgenutzt wird, um darauf eine Keramikmasse festzusintern. Durch das Erhitzen wird die Keramikmasse verfestigt, während gleichzeitig Zellulose und Lignin verbrennen. Es entsteht eine den ursprünglichen Zellwänden entsprechende kammerartig aufgebaute keramische Struktur, die bedeutend leichter als kompaktes Material ist.

Den wesentlichen Schwerpunkt der aktuellen werkstoffbionischen Forschungsarbeiten bildet die Untersuchung und Nachbildung der *molekularen Architektur* natürlicher Werkstoffe. Erst die Anwendung moderner physikalischer und chemischer Analysemethoden ermöglicht die Durchführung von systematischen Untersuchungen der komplexen biologischen Strukturen und Prozesse auf molekularer Ebene, deren Verständnis für eine erfolgreiche Nachbildung des Werkstoffes unabdingbar ist.

Hier zeigt sich z.B., daß im Gegensatz zu künstlichen Werkstoffen viele Organismen zur Herstellung natürlicher Strukturen (Gehäuse, Schalen, Panzer, Krallen, Zähne) nur auf die in ihrem Umfeld verfügbaren einfachen chemischen Verbindungen oder Minerialien zurückgreifen, wie Kalziumkarbonat, Kalziumphosphat, Siliziumoxid oder Eisenoxid. Dennoch erreichen sie ungewöhnlich gute mechanische Eigenschaften. Aus diesen einfachen mineralen Ausgangsmaterialien entstehen in einem komplexen biologischen Wachstumsprozeß weitgehend fehlerfreie Verbundwerkstoffe.

Im Unterschied zur technischen Herstellung wird das biologische Gefüge auf molekularer Ebene erzeugt, d.h. es handelt sich im Prinzip um *nanostrukturierte Werkstoffe*. Als Grundgerüst dient eine Matrix aus organischen Molekülen, die von Zellen ausgeschieden werden. Darin eingebettet sind sogenannte interaktive Eiweißstoffe, die den Kristallisationsprozeß initiieren. Die Mineralsubstanz kristallisiert innerhalb der Matrix in einer langsam voranschreitenden Front und ist sehr dicht und regelmäßig gepackt.

Solche Kristallisationsprozesse laufen nahe bei Raumtemperatur ab und sind thermisch kaum zu beschleunigen. Daher sind die Geschwindigkeiten und Abscheideraten im allgemeinen sehr gering. Hier zeigt sich ein grundlegendes Problem der künstlichen Nachbildung biologischer Systeme und damit auch eine der Grenzen für die großtechnische Nutzung biomimetischer Werkstoffe. Während die Zeit in der Natur nur eine untergeordnete Rolle spielt, ist sie für industrielle

Produktionsprozesse ein wesentlicher Kostenfaktor. Das zukünftige Potential dieses neuen Werkstoffkonzeptes dürfte entscheidend davon abhängen, inwieweit bionische Synthesepfade unter wirtschaftlichen Gesichtspunkten zu realisieren sind.

Da die Natur auf biologischem Wege praktisch kaum homogene Materialien produziert, liegt das technologische Hauptpotential der Werkstoffbionik neben den Keramiken insbesondere bei den Verbundwerkstoffen. Hier eröffnet neben der Nachbildung natürlicher Strukturprinzipien insbesondere die Anwendung *biomimetischer Prozeßtechnologien* die Möglichkeit für neuartige Werkstoffkombinationen, die auf herkömmliche Weise bisher nicht herzustellen waren. Darüber hinaus bringt des Processing im molekularen Bereich auch eine Verbesserung der Eigenschaften konventioneller Materialien. Denkbar sind auch Misch-Strategien, bei denen man biomimetische Mechanismen in den Herstellungsprozeß herkömmlicher Werkstoffe, z.B. Keramiken integriert. So ist es z.B. möglich, Bio-Moleküle als Nukleationskerne für Kristalle zu benutzen.

Für den Zusammenhang zwischen dem mikroskopischen Aufbau und den hervorragenden mechanischen Eigenschaften natürlicher Werkstoffe gibt es eine Fülle von Beispielen. So basiert die außerordentliche Härte von Rattenzähnen auf der Feinstruktur ihres Grundmaterials, einem Kollagengerüst, in das Hydroxypatit, eine Kalziumphosphat-Verbindung, mit hoher Regelmäßigkeit eingelagert ist. Durch Einbettung von länglichen Titanoxidpartikeln in eine Polymermatrix läßt sich dieses Verbundmaterial imitieren. In einem anderen Konzept, das sich ebenfalls durch große Härte auszeichnet, wird die Struktur der Abalone, einer Tiefseemuschel, nachgebildet. Die Muschel besteht aus vielen Kalkschichten, die durch ein natürliches Poylmer verklebt sind. Unter Anwendung dieses Prinzips lassen sich hochfeste keramische Schichtverbunde herstellen.

Als ein weiteres interessantes Vorbild für nanostrukturierte biomimetische Verbundwerkstoffe gilt auch die sehr leichte und außerordentlich feste Panzerung von bestimmten Insekten, z.B. Maikäfern. Sie besteht aus einer Proteinmatrix, in die Chitinfasern mit Durchmessern im Nanometerbereich eingelagert sind. Bei dem entsprechenden synthetischen Verbundmaterial mit ähnlichen Eigenschaften werden diese Komponenten z.B. durch eine Epoxypolymer-Matrix mit eingelagerten Kohlenstoffasern ersetzt.

Wie im gesamten Werkstoffbereich finden auch für die Biomimetischen Materialien die nichtmechanischen Eigenschaften von Werkstoffen immer größeres Interesse. Im Prinzip gibt es eine Fülle von physikalisch/chemischen Effekten in der Natur, die sich als Vorbilder für biomimetische Werkstoffe anbieten, wie z.B. die Elektroaktivität bei Fischen oder die Lumineszenz verschiedener Tiere und niederer Pflanzen. Häufig bevorzugt die Natur auch multifunktionale oder sogar "intelligente" Lösungen (s. 3.2), die als Vorbild für technische Systeme in Frage kommen. Obwohl es bis heute meistens gelungen ist, die den komplexen Phänomenen zugrundeliegenden physikalischen und chemischen Basisprozesse theoretisch zu verstehen, sind bis zur praktischen Umsetzung dieser Prinzipien noch umfangreiche Forschungsarbeiten zu leisten. Im Gegensatz zu den Strukturwerkstoffen gibt es daher noch wenig veröffentlichte Ergebnisse für bereits realisierte biomimetische Funktionswerkstoffe.

3.4 Nanokristalline Werkstoffe

Materialien, die aus Kristalliten und/oder entmischten amorphen Phasen mit einer Größe unter 100 nm bestehen, werden als Nanokristalline bzw. Nanostrukturierte Werkstoffe bezeichnet. Zu ihrer Herstellung existieren inzwischen verschiedene Verfahren, die besonders hohen Anforderungen hinsichtlich der Prozeßkontrolle, der Reinheit und der Kontaminationsfreiheit genügen müssen und daher bis heute sehr teuer sind.

Nanostrukturierte Werkstoffe verfügen über eine Reihe von technisch sehr interessanten Eigenschaften, deren Ursache hauptsächlich in der hohen Zahl interkristalliner Grenzschichten zu sehen ist. Untersucht werden z.B. die folgenden neuartigen Phänomene, die beim Übergang in den nm-Bereich auftreten:

- *Absenkung der Sintertemperaturen von Keramiken*
- *Erhöhung der spezifischen Wärme von Palladium*
- *Erhöhung des linearen thermischen Ausdehnungskoeffizienten von Kupfer*
- *Verringerung der Sprödigkeit intermetallischer Verbindungen*
- *Verringerung der Sprödigkeit von Keramiken bei niedrigen Temperaturen*
- *Bestimmte physikalisch interessante Effekte.*

Gegenwärtig ist eine starke Ausweitung der internationalen Aktivitäten zur Entwicklung nanostrukturierter Materialien festzustellen. Zum großen Teil befindet sich dieses Gebiet jedoch immer noch im Stadium der Grundlagenforschung.

3.4.1 Charakterisierung und Eigenschaften

In den vergangenen zwölf Jahren hat eine neue Klasse von Materialien, die nanokristallinen Werkstoffe, international erhebliche Aufmerksamkeit auf sich gezogen. Inzwischen ist ein Trend zu verzeichnen, den Begriff "nanokristalline" Materialien durch den Begriff "nanostrukturierte" oder auch "nanoskalige" Materialien zu ersetzen. Die starke Zunahme an untersuchten Materialsystemen, die inzwischen den gesamten Bereich der kristallinen, amorphen und auch kristallin/amorph entmischten Materialien umfaßt, rechtfertigt die erweiterte Bezeichnung. Die Begriffserweiterung ist gegenwärtig soweit gediehen, daß alle Materialien, die aus Kristalliten, entmischten eingefrorenen Schmelzen usw. mit einer Größe unter 100 nm bestehen, unter diesem Begriff eingeordnet werden.

Auch in der Natur kommt eine Reihe von Materialien vor, die ein vergleichbares Bauprinzip aufweisen. In diesem Punkt berühren sich zwei moderne Richtungen der Materialentwicklung, die Nanostrukturierung mit der Biomimetik, welche sich im Materialaufbau an natürlichen Vorbildern orientiert (s. 3.3). So enthalten Meteorite in der Regel sehr viele Diamant- und/oder Siliziumkarbid-Einschlüsse mit einem Durchmesser von 5 nm oder weniger. Gesteinsbildende Prozesse an der Erdoberfläche führen in einigen Fällen ebenfalls zu nanostrukturierten Materialien z.B. in Form von Opal, einer amorphen, wasserhaltigen Erscheinungsform des SiO_2. Auch in der lebenden Sphäre ist dieses Prinzip des Materialaufbaus durchaus bekannt und erfolgreich. Die Schalen von Seemuscheln bestehen aus einem nanostrukturierten Kompositwerkstoff aus Laminaten von nanometerdicken Kalkplättchen, die durch sehr dünne (10 nm) organische Schichten verbunden sind. Dieser Aufbau der Schale führt dazu, daß das Schalenmaterial einen sehr hohen Bruchwiderstand aufweist. Auch menschliche und tierische Zähne sind nanostrukturierte Verbundmaterialien. Hier sind Fasern aus Hydroxyapatit durch Kollagenschichten miteinander verbunden, woraus das sehr gute mechanische Verhalten des Zahnmaterials resultiert. Ein weiteres Beispiel, wie in der Natur die Nanostrukturierung zu deutlich verbesserten Eigenschaften führt, ist die Biomineralisation von SiO_2 in Holz. Die vergleichsweise hohe Härte und Festigkeit von Teakholz beruht auf einer sehr effektiven Einlagerung von SiO_2 in die Zellwände.

Im engeren Sinne stellen nanostrukturierte Werkstoffe eine Klasse ungeordneter Festkörper dar. Diese Unordnung wird im Unterschied zur Glasherstellung nicht nur durch die Zufuhr thermischer Energie erzeugt, sondern auch durch Bestrahlen, chemische Reaktionen oder Verdampfungs-/Kondensationsprozesse. Das Charakteristikum nanostrukturierter Materialien ist der auf diesen Wegen mögliche Einbau einer sehr hohen Defektdichte, die so gewählt wird, daß sich etwa 50% der Atome in den Defektkernen befinden. Das bedeutet, daß sich die andere Hälfte der Atome auf den Grenzflächen der einzelnen Kristallite befindet. Ein so hoher Anteil an Grenzflächenatomen führt zu einer bisher nicht bekannten Mikrostruktur der Materialien. Diese bestehen idealerweise aus Kristalliten in der Größenordnung zwischen 5 und 15 nm in unterschiedlicher kristallographischer Orientierung. Zwischen den unterschiedlich orientierten Kristalliten kommt es wegen der damit verbundenen Fehlpassung der Gitter zu einer deutlich reduzierten Dichte (etwa 70% der Gitterdichte). Die reduzierte Atomdichte und die breite interatomare Abstandsverteilung führt zu einer Reihe von technisch sehr interessanten physikalischen

Eigenschaften, die das zunehmende Interesse an dieser Materialklasse erklären. Die Ursache für diese Eigenschaften ist im wesentlichen in der sehr hohen Zahl interkristalliner Grenzschichten zu sehen. In einem Material aus einer Atomsorte besteht die Hälfte des Volumens aus Grenzschichten, deren Eigenschaften sich von den Volumeneigenschaften der Kristallite deutlich unterscheiden.

Man erhofft sich bei der technischen Anwendung der neuartigen Phänomene Lösungen für Problemstellungen, die bisher als nicht lösbar galten. Die folgende Auflistung soll einen Eindruck über die neuartigen Eigenschaften vermitteln:

- Absenkung der Sintertemperatur von Keramiken, je nach System um mehrere 100°C
- um bis zu 50% erhöhte spezifische Wärme (z.B. in nanostrukturiertem Palladium im Vergleich zum polykristallinen Material)
- bis zu 100% erhöhter linearer thermischer Ausdehnungskoeffizient (z.B. bei Kupfer)
- plastische Deformierbarkeit von nanokristallinen Metallen
- duktile Eigenschaften von nanokristallinen Keramiken bei niedrigen Temperaturen (z.B. bei TiO_2).

Aus dieser beispielhaften Zusammenstellung wird klar, daß völlig neuartige technische Lösungen realisierbar werden, wenn die Bereitstellung solcher Materialien gelöst ist. Für praktische Anwendungen ist z.B. das duktile Verhalten von *nanostrukturierten Keramiken*, die bisher als ausschließlich spröder Werkstoff bekannt waren, von besonders großem Interesse. Spröde Materialien können mechanische Spannungen, z.B. Druck oder Zug, nicht über Mechanismen wie z.B. Korngrenzengleiten abbauen. Die Folge davon ist, daß unter mechanischer Last die entstehenden Risse sehr schnell das Material durchlaufen und dadurch das Bauteil katastrophal versagt. Die große Zahl der Korngrenzenstrukturen in nanostrukturierten Materialien, die sonst weder in kristallinen noch in amorphen Materialien vorkommt, verursacht eine stark erhöhte Diffusivität von Atomen entlang dieser Korngrenzenstrukturen, womit in einem bestimmten Ausmaß auch Spannungen abgebaut werden können. Die Duktilität von Materialien wird zu einem bestimmten Anteil durch diese Diffusivität hervorgerufen. Die mögliche Verformungsrate, die durch die Korngrenzendiffusion kontrolliert wird, ist im Falle des Übergangs von einem Material, das aus etwa 10 μm großen Kristalliten besteht, zu einem nanostrukturierten Material mit 10 nm großen Kristalliten etwa um den Faktor 10^{11} höher.

Die plastische Deformation wurde an verschiedenen nanostrukturierten oxidischen Materialien nachgewiesen. Sehr eindrucksvoll konnte dies im System Titandioxid (TiO_2) demonstriert werden. So wurde gezeigt, daß bei der Härtemessung mit einem Vickers-Diamanten (der eine spezielle pyramidale Form aufweist) nur der

Abdruck des Diamanten in der Materialoberfläche einer nanostrukturierten TiO$_2$-Keramik nachzuweisen war. Im Normalfall des polykristallinen Materials gehen von den Ecken des Eindrucks Risse aus, was typisch für spröde Materialien ist. Wenn die Deformationsgeschwindigkeit höher als die Kriechgeschwindigkeit des nanostrukturierten Materials gewählt wurde, war ein Übergang vom duktilen in den spröden Zustand zu beobachten.

Für die Praxis würden sich daraus eine große Zahl an Innovationen in der keramischen Technologie ergeben. Technologisch bietet sich die Nutzung dieser Plastizität zur spanlosen Formgebung (z.B. Pressen, Walzen oder Extrudieren) von Keramiken an. Diese sehr kostengünstigen Formgebungsverfahren, die sich heute bei der industriellen Bearbeitung von Metallen weitgehend durchgesetzt haben, sind bisher bei Keramiken wegen ihrer Sprödigkeit nicht anwendbar. Es ist vorstellbar, nanostrukturierte Keramiken bei leicht erhöhten Temperaturen unter Druck umzuformen, um z.B. komplizierte Teile endkonturnah zu produzieren. Die dazu notwendigen Temperaturen und Zeiten werden allerdings deutlich höher bzw. länger als die von den Metallen bekannten sein. Nach der Umformung kann durch Temperaturbehandlungen entweder die vollständige oder die teilweise Umwandlung des Keramikgefüges in ein mikrokristallines vorgenommen werden, um z.B. die chemische Beständigkeit oder die Verschleißfestigkeit zu erhöhen. Für die Keramiktechnologien und -anwendungen ergeben sich somit neue Möglichkeiten, die bisher unbekannt waren bzw. als nicht lösbar galten. Dabei gilt dies nicht ausschließlich für Strukturwerkstoffe, sondern in ganz besonderem Maße auch für Funktionswerkstoffe.

Physikalisch interessante Effekte, wie z.B. der SIMIT-Effekt (Size Induced Metal Insulator Transition) oder das Auftreten der Quantisierung von Energiebändern zu diskreten Energieniveaus in Halbleiterpartikeln (Q-Teilchen), setzen ebenfalls eine nanoskalige Struktur der Materialien voraus. Diese neuen Effekte sind nutzbar, wenn die Einbettung von *metallischen bzw. halbleitenden Nanopartikeln* (Partikelgröße im nm-Bereich) in kolloidale Lösungen, Polymere oder poröse Matrices gelingt. So wurde in Sandwich-Kolloiden, in denen Q-Teilchen mehrerer Materialien miteinander verknüpft sind, eine starke photolytische Aktivität nachgewiesen. Wenn Q-Teilchen in die Poren von Halbleiterelektroden eingebracht werden, wird eine starke Zunahme der Photoströme beobachtet. Neben der Teilchengröße bestimmt in beiden Fällen die Oberflächenbeschaffenheit maßgeblich die physikalisch-chemischen Eigenschaften der Partikel.

Gegenwärtig weiten sich die Aktivitäten zur Entwicklung nanostrukturierter Materialien international stark aus, sind jedoch zum großen Teil immer noch im Bereich der Grundlagenforschung angesiedelt. Die Zahl der Veröffentlichungen und Konferenzen nimmt mit der Zahl neuer Systeme deutlich zu.

3.4.2 Spezifische Fertigungsverfahren

Für die Herstellung nanostrukturierter Materialien wurden mehrere Verfahren z.T. eigens entwickelt oder länger bekannte Verfahren modifiziert. Es ist leicht einsehbar, daß an Prozeßtechnologien besonders hohe Anforderungen hinsichtlich der Prozeßkontrolle, der Reinheit und der Kontaminationsfreiheit gestellt werden müssen, wenn Partikel hergestellt werden sollen, deren Durchmesser zwischen 3 und 100 nm liegt. Aus der sehr kleinen Partikelgröße resultiert eine sehr hohe Oberflächenenergie, die dazu führt, daß die Partikel das Bestreben haben, zu agglomerieren, d.h. sich zu größeren Ensembles zu formieren, und aus der Umgebung Atmosphärilien, Fremdpartikel usw. auf der aktiven Oberfläche zu sorbieren. Aus der ausgeprägten Neigung der sehr kleinen Partikel zur Bildung von größeren Ensembles (Agglomeraten) resultieren ganz erhebliche Probleme in der Weiterverarbeitung pulverförmiger Ausgangsmaterialien.

Die Herstellung von Partikeln, die wenige Nanometer groß sind, ist sowohl über physikalische wie auch chemische Prozesse möglich. Aus der Vielzahl von inzwischen entwickelten oder für die Belange der nanostrukturierten Materialien modifizierten Verfahren werden im folgenden diejenigen herausgegriffen, denen in der Vergangenheit die größte Bedeutung zukam und die für künftige Entwicklungen das größte Potential besitzen.

Physikalische Herstellungsverfahren

Zu den in der Herstellung nanostrukturierter Materialien genutzten physikalischen Techniken gehören vor allem Vakuum- und Gasphasensynthesen. Die *Synthesen im Vakuum* (Sputterverfahren, Laserablation und Flüssigmetall-Verfahren) unterscheiden sich zwar nach der Art des Energieeintrags, sind jedoch alle in der Lage, Nanopartikel (als Cluster oder Kristall) zu generieren, die in der Regel aus einer Sorte von Metallatomen bestehen. Diese Materialien sind bisher am besten untersucht, das Interesse wendet sich jedoch mehr und mehr Systemen zu, die aus zwei und mehr Komponenten bestehen.

Technisch wesentlich bedeutsamer als Vakuumverfahren sind Gasphasensynthesen, von denen auch international besonders die *Inertgas-Kondensation* forciert wurde. Wegen der besonderen technischen Bedeutung und der inzwischen gerade in Deutschland existierenden großen Anlagen, die Materialchargen in kg-Maßstab pro Tag herstellen können, soll die Methode kurz beschrieben werden. Aus einer Metallquelle werden in einer Kammer, die einen bestimmten Edelgas-Partialdruck (meist Helium) aufweist, Metallatome verdampft, die durch Kollision mit "kalten" Edelgasatomen abgekühlt werden und nach dem Zusammenstoß mit weiteren Metallatomen Kriställchen bilden. Diese Kriställchen, die Durchmesser von wenigen Nanometern aufweisen, werden dann auf einer gekühlten Fläche in Form eines losen Pulvers abgeschieden. Dieses Pulver wird abgestreift und unter sehr hohen Drücken (bis zu mehreren GPa) kompaktiert. So erhält man ein "nanostrukturiertes" Material. Das Interessante an dieser Methode ist, daß sowohl Metalle (z.B. Kupfer, Eisen, Palladium, Nickel) als auch Substanzen mit ionischer (z.B. Eisenfluorid, Kalziumfluorid, Eisenoxid, Titandioxid) oder kovalenter Bindung (z.B. Silizium) mit Nanostrukturen hergestellt werden können.

Auch die *Laserablation* erlaubt die Herstellung eines breiten Materialspektrums. So können sowohl Kriställchen von Halbleitern als auch von Übergangsmetallen und Hauptgruppenmetallen durch Verdampfung und anschließende Kondensation hergestellt werden. Eine interessante Variante ist die Verdampfung einer Komponente aus dem Target und die gleichzeitige thermische Zersetzung einer gasförmigen Vorstufe der zweiten Komponente. Dies führte u.a. zur Legierung von Metallen, die man bisher für nicht legierbar hielt. Eine neuere Variante der Verfahrensführung konnte nachweisen, daß auch nanostrukturierte Kompositmaterialien, z.B. SiO_2/Al oder SiO_2/W, auf diesem Wege herstellbar sind.

Die Pyrolyse von gasförmigen Vorstufen durch Laser konnte zur Herstellung sehr feiner Pulver von Silizium, Siliziumnitrid und Siliziumkarbid eingesetzt werden. Auch andere Verbindungen wie Zirkoniumborid, Eisendisilizid, Borkarbid und die Oxide von Titan und Aluminium sind auf ähnlichem Weg herstellbar.

Chemische Herstellungsverfahren

Ein Beispiel für die Nutzung sehr lange bekannter chemischer Syntheseprinzipien zur Herstellung von Metall- und Halbleitermaterialien mit Nanostrukturierung sind reduktive Fällungen aus wäßrigen Lösungen. Sehr gut bekannt und verstanden ist dies bei der Herstellung von Silber-, Palladium- und Gold-Solen, deren Partikel aus clusterartigen Gebilden mit Durchmessern von wenigen Nanometern bestehen. Auch Halbleiter wie Bleisulfid, Kupferchlorid und Kadmiumsulfid/-selenid sind mit Partikelgrößen von wenigen Nanometern aufwärts nach naßchemischen Prinzipien herstellbar.

Chemische Verfahren, die in der Regel in Lösungen stattfinden, um die vorzeitige und unerwünschte Agglomeration zu vermeiden, eignen sich auch insbesondere zur Herstellung sehr feiner keramischer Pulver. Dabei spielen vor allem Fällungsmethoden zur Herstellung von Pulvern, deren Bindungscharakter ionisch ist, eine große Rolle. Die gebräuchlichen technischen Verfahren führen bei der Herstellung von oxidischen Pulvern über Festkörper- oder Zersetzungsreaktionen wegen der z.T. notwendigen sehr hohen Temperaturen zu Pulvern mit Kristallitgrößen im µm-Bereich. Ein Beispiel dafür ist die Herstellung von Magnesiumoxid-Pulvern aus Magnesiumhydroxid und Magnesiumkarbonat. Durch geschickte Wahl der Ausgangskomponenten und Änderungen in der Reaktionsführung ist es jedoch auch möglich, sehr kleine Kristallite zu erzeugen. So können im wäßrigen Medium durch Hydrothermalsynthesen (d.h. Anwendung von Wasser als Reaktionsmedium oberhalb seines Siedepunktes, wobei zur Aufrechterhaltung des flüssigen Aggregatzustandes eine Druckerhöhung notwendig ist) Kristallite zwischen 5 und 200 nm hergestellt werden. Dies wurde in technisch bedeutsamen Systemen wie yttriumstabilisiertem Zirkoniumoxid, Siliziumdioxid, Aluminiumoxid und Magnesiumoxid nachgewiesen. Auch wichtige funktionskeramische Ausgangsmaterialien wie das dielektrische Bariumtitanat und der ferromagnetische Bariumhexaferrit sind auf diesem Weg mit Kristallitgrößen zwischen 10 und 150 nm herstellbar. Für funktionskeramische Materialien ist neben der erreichbaren Kristallitgröße vor allem die Einhaltung der Stöchiometrie von entscheidender Bedeutung, da diese die resultierenden Eigenschaften stark beeinflußt. Zumindest für die genannten Beispiele ist es gelungen, die gewünschte Stöchiometrie in den hergestellten Pulvern einzuhalten. Die kommerzielle Nutzung von Hydrothermalsynthesen steht noch am Anfang. Das Potential wird als sehr groß eingeschätzt, allerdings fehlt auch in diesem Fall der Durchbruch in der Einführung solcher Pulver in die Produktion von Bauteilen. Hierbei spielen vor allem Kostenaspekte eine große Rolle.

Keramische Pulver, die aus wenigen Nanometer großen Kristalliten bestehen, sind auch über naßchemische Verfahren wie z.B. dem *Sol-Gel-Verfahren* zugänglich. Die Reaktion von Metallalkoholaten mit Wasser führt über Hydrolyse- und Kondensationsreaktionen zu Solen (Solution = Lösung). Diese enthalten kolloidale Partikel, die je nach Reaktionsführung und chemischer Modifizierung der Ausgangskomponenten typischerweise Größen zwischen etwa 3 und 60 nm aufweisen. Durch weitere Kondensation erfolgt die Bildung von Gelen, dreidimensionalen anorganischen Netzwerken, die noch Lösungsmittel enthalten. Nach der Trocknung dieser Gele kommt man zu Pulvern, die aus Agglomeraten mit einem nanostrukturierten Aufbau bestehen. Je nach der gewählten chemischen Zusammensetzung können nach einer Temperaturbehandlung entweder kristalline oder amorphe Pulver erhalten werden. Die entstehenden Kristallite haben Durchmesser zwischen 5 und 20 nm.

Neben den rein oxidischen Materialien werden naßchemische Verfahren auch zur Herstellung von nichtoxidischen Pulvern, wie z.B. Siliziumkarbid, Siliziumnitrid und Aluminiumnitrid, und auch von Pulvern für Kompositmaterialien mit Nanostrukturierung erfolgreich angewendet. Das betrifft sowohl die Kombinationen Oxid/Oxid als auch Nichtoxid/Nichtoxid und Oxid/Metall.

Die zur Herstellung von nanostrukturierten Pulvern sehr geeigneten Sol-Gel-Verfahren haben sich bisher nicht durchgesetzt, da deren Preise zu hoch sind und die

Pulververarbeitung so große technische Umstellungen mit sich bringt, daß ein günstiger ökonomischer Effekt bisher kaum nachgewiesen werden konnte. Damit ist allerdings das Anwendungspotential von Sol-Gel-Verfahren bei weitem nicht ausgeschöpft. Das wesentlich bedeutendere Potential kann eher in der Anwendung bei pulverlosen Verfahren zur Herstellung von nanostrukturierten dünnen Schichten, Materialien mit sehr hoher aktiver Oberfläche (z.B. Aerogele), feindispersen heterogenen Katalysatoren und der Herstellung von polykristallinen Langfasern, jeweils in der gewünschten Stöchiometrie, gesehen werden.

Ein speziell entwickeltes Syntheseverfahren für keramische Pulver, die eine Nano-unterstruktur aufweisen und dennoch mit eher traditionellen keramischen Technologien wie Pressen, Schlickergießen usw. verarbeitbar sind, stellt das Emulsionsverfahren dar. Es ist als Sonderfall eines Sol-Gel-Verfahrens anzusehen, das in Emulsionströpfchen als "Minireaktoren" abläuft. In einer Emulsion (einer Mischung zweier nichtmischbarer Flüssigkeiten) werden in der dispersen, wäßrigen Phase, die in der kontinuierlichen Phase wegen der Nichtmischbarkeit sehr regelmäßige Tröpfchen bildet, die löslichen Ausgangsstoffe (z.B. Metallsalze) in der später verlangten stöchiometrischen Pulverzusammensetzung vorgelegt. Durch eine Verschiebung des pH-Wertes in den wäßrigen Tröpfchen werden die Metall-hydroxide bzw. -oxidhydrate gefüllt und bilden nach der thermischen Entwässerung sehr gleichmäßig geformte, sphärische Partikel mit Durchmessern, die je nach den gewählten Emulsionsbedingungen zwischen weniger als 0,1 μm und etwa 10 μm liegen. Die thermische Behandlung führt zum Entstehen von Kristalliten mit Durchmessern zwischen 5 und 20 nm. Besonders vorteilhaft ist hier die recht regelmäßige Packung der Kristallite in Form eines definiert sphärischen Agglomerates, welches potentiell ohne weitere Aufmahlung weiterverarbeitet werden kann. Dies wird auch ökonomisch interessant, wenn in der Produktion die kostenintensive Aufmahlung der Pulver entfallen kann. Weitere Vorteile sind, daß auf diesem Weg auch komplizierte Stöchiometrien eingehalten werden können, was besonders wichtig für funktionskeramische Systeme ist. Die Laborarbeiten sind recht erfolgversprechend und auf dem Weg zur Realisierung in größerem Maßstab.

Auf der Suche nach Synthesewegen für nanostrukturierte Kompositwerkstoffe mit kontrollierbarer Porosität im Bereich zwischen weniger als 1 nm und 50 nm wurde durch die gezielte Aufweitung der Schichtstruktur von Tonmineralen und die Einlagerung von Nanopartikeln nach einem Sol-Gel-Verfahren eine weitere neue Stoffgruppe entwickelt. Nach ähnlichen Interkalations-Methoden, d.h. dem Einbringen von Fremdatomen bzw. -partikeln in Schichtengitter, wurden auch die sog. Organo Ceramics entwickelt, bei denen ein Polymer (z.B. Polyvinylalkohol) zwischen anorganischen Schichten eingelagert wird. Die Schichtstrukturen werden durch die Polymere um je etwa 0,8 bis 2 nm aufgeweitet. Damit werden ganz bewußt die oben erwähnten Bauprinzipien der Natur (Schalenaufbau von

Muscheln) nachgeahmt, um die Sprödigkeit polykristalliner anorganischer Werkstoffe in Richtung eher duktiler Eigenschaften zu verschieben.

Im Übergang zwischen anorganischen und organischen Werkstoffen ist die Werkstoffgruppe der *ORMOCER®e*[*)] (ORganically MOdified CERamics) angesiedelt (s. 2.3). ORMOCER®e werden ebenfalls mit Hilfe von Sol-Gel-Verfahren in inzwischen reproduzierbaren und z.T. großen Chargen hergestellt. Sie enthalten sowohl anorganische wie auch organische Komponenten, sind also als hybrides Material anzusehen. Die anorganischen Vorstufen werden über Hydrolyse- und Kondensationsreaktionen vernetzt, bevor die organischen Modifizierungen, die polymerisierbar oder polyaddierbar sind, ihrerseits ein organisches Netzwerk bilden. Durch die anorganischen Bestandteile, die in Nanostrukturen vorliegen, werden die mechanischen Eigenschaften wie Härte, Festigkeit und Elastizitätsmodul der Materialien deutlich angehoben. Die Möglichkeit, auch auf der organischen Seite funktionale Gruppen einzuführen, läßt die Anpassung und Optimierung der ORMOCER®e für die unterschiedlichsten Anwendungen zu. Diese Werkstoffgruppe ist hinsichtlich ihrer vorteilhaften Anwendungen in ständiger Weiterentwicklung und hat ihr Potential bei weitem noch nicht ausgeschöpft.

Alternative Methoden zur Materialsynthese

Im Zusammenhang mit den Techniken zum *mechanischen Legieren* ist die Reduzierung der Korngrößen in Pulvern bis auf wenige Nanometer durch sehr hohe mechanische Kräfte, die durch Hochenergie-Mahlung eingebracht werden, für eine Reihe von metallischen (Chrom, Niob, Hafnium, Zirkonium, Kobalt, Ruthenium) und intermetallischen (Kupfer/Erbium, Nickel/Titan, Aluminium/Ruthenium) Phasen wie auch für nicht mischbare Systeme wie Eisen/Aluminium gelungen. Auch nanostrukturierte Cermets (Verbundwerkstoffe, die aus Keramik- und Metallanteilen bestehen) konnten in den Systemen Titan-Nickel-Kohlenstoff und Kobalt/ Wolframkarbid auf diesem Weg hergestellt werden. Der größte Vorteil dieser Methode gegenüber anderen erwähnten Verfahren ist die Möglichkeit, Materialchargen von einigen kg in einem Zeitraum bis etwa 100 Stunden herzustellen. Die dazu notwendigen Aggregate sind Stand der Technik und es deutet sich an, daß für die Herstellung von bestimmten Legierungen und Cermets, die technisch interessant und nur auf diesem Weg wirtschaftlich herstellbar sind, diese Technologie favorisiert werden wird.

Bei der Herstellung dünner Schichten über verschiedene *Abscheideverfahren aus der Gasphase* (z.B. Chemical Vapour Deposition (CVD) oder Physical Vapour Deposition (PVD)) entstehen nanostrukturierte Materialien, die in der Regel Kri-

---

[*)] Der Begriff ORMOCER ist als Gebrauchsmuster für die Fraunhofer-Gesellschaft geschützt.

stallitgrößen von wenigen bis einigen zehn Nanometern aufweisen. Technisch bedeutsam sind diese Verfahren schon zur Herstellung von dünnen Verschleißschutzschichten aus Titannitrid, Siliziumnitrid oder Siliziumkarbid, die auf metallische Oberflächen abgeschieden werden. Wenn dünne Schichten (<< 1 µm) in ihrer Wirkung ausreichend sind, sind solche Methoden sinnvoll und z.T. schon Stand der Technik. Um dickere Schichten oder gar Formkörper herzustellen, können diese Methoden allerdings nicht wirtschaftlich sein.

3.4.3 Verarbeitung

Problematisch ist in jedem der oben beschriebenen Beispiele die sich anschließende *Pulververarbeitung* durch Konsolidierung der Kriställchen zu Festkörpern. Die Versuche dazu sind sehr vielfältig und die Ergebnisse sehr unterschiedlich. Die Verarbeitung von Pulvern, die eine Unterstruktur aus wenigen nm-großen Kristalliten aufweisen, ist wegen der hohen spezifischen Oberflächenenergie sehr kleiner Partikel problematisch, die Verdichtung von Metallpulvern aus der Inertgaskondensation erfordert daher extrem hohe Preßdrücke im Bereich bis zu einigen GPa. Ähnliches gilt für nanostrukturierte Keramikpulver, wie etwa im Fall des yttriumstabilisierten Zirkoniumoxids, das aus einem Sol-Gel-Verfahren stammt. Die erforderlichen Drücke liegen bei 0,8 bis 1 GPa. Dennoch gelang es bisher nicht, größere Bauteile auf preßtechnischem Weg herzustellen und anschließend vollständig dicht zu sintern. Es wird von einigen Autoren sogar bezweifelt, daß dies überhaupt möglich ist.

Als Alternative zur trockenen Verarbeitung bieten sich Verfahren an, die die Pulververarbeitung aus Suspensionen (im Idealfall nicht agglomerierte Verteilung von festen Teilchen in einer Flüssigkeit) ermöglichen. Das Verhalten der Pulver bei der Grünkörperherstellung wird dann durch die Chemie der Partikeloberfläche bestimmt. Deren basische oder saure Eigenschaften können durch die Zugabe von Salzen oder organischen Additiven eingestellt werden, welche die Partikeloberfläche kontrolliert belegen. Aufgrund der geringen Größe der Partikel ist die in ihrer Umgebung entstehende Ladungswolke im Suspensionsmittel so groß, daß durch elektrostatische Stabilisierung nur relativ geringe Pulverkonzentrationen erreicht werden können. Der Ausweg ist die sterische Stabilisierung mit Komponenten, die reaktiv auf der Partikeloberfläche ankoppeln und durch einen nichtreaktiven Anhang die Agglomeration mit benachbarten Partikeln unterdrücken. Die Arbeiten zur Abscheidung von nanostrukturierten Pulvern aus Suspensionen stehen allerdings noch am Anfang. Selbst grundlegende Probleme scheinen bisher nicht gelöst.

Aus den Problemen, die bei der Verarbeitung nanostrukturierter Pulver zu fehlerarmen Kompaktkörpern resultieren, ergibt sich als Konsequenz, über *pulverlose Routen* nachzudenken. Die Idee ist, die beim Umgang mit nanostrukturierten Pulvern zwangsläufig entstehenden Fehler in den Grünkörpern zu vermeiden. Pulverlose Verfahren erfordern also die Umgehung des Pulverzustandes, indem die aus Gasphasen- oder Lösungsreaktionen entstehenden Nanopartikel direkt abgeschieden werden.

Dazu liegen inzwischen Erfahrungen vor, die für die Zukunft erfolgversprechend sind, zumindest was die Herstellung von zweidimensionalen Geometrien (z.B. Schichten) angeht. So wird die Existenz von clusterartigen Partikeln in der Gasphase auch genutzt, um durch Anlegen sehr hoher Gasströme die Cluster mit hoher Geschwindigkeit auf einem Substrat abzuscheiden. Damit gelang die entmischungsfreie Herstellung von nanostrukturierten Silber/Eisen- und Blei/Zink-Materialien. Die so hergestellten Legierungen waren bisher nicht bekannt.

Pulverlose Verfahren sind eine besondere Domäne der chemisch-synthetischen Präparationsmethode nanostrukturierter Materialien. Dies gilt insbesondere für Materialien, die über Sol-Gel- oder verwandte Verfahren hergestellt werden können. Die gelösten Vorstufen können in ihrer Reaktivität so gesteuert werden, daß auch sehr komplizierte Stöchiometrien ohne störende Nebenprodukte erzielt werden. Außerdem ist die Viskosität so einstellbar, daß die Sole durch Schleuder-, Spritz- oder Tauchverfahren auf sehr unterschiedliche Substratgeometrien in dünnen Schichten aufgebracht werden kann. Die erreichbaren Schichtdicken sind durch die mit der Trocknung einhergehende Schwindung und die ggf. nachzuschaltende thermische Verdichtung begrenzt und liegen bei rein anorganischen Materialien bei etwa 1 μm Enddicke (im kristallisierten Zustand), während mit organisch modifizierten Materialien (z.B. ORMOCER®e) bis 30 μm Dicke erreicht werden können. Gegenüber den Verfahren der Abscheidung von Schichten aus der Gasphase sind die Schichtpräparationen vor allem aus Kostengründen sehr attraktiv für die Anwendung in der Produktentwicklung und -herstellung.

Die Herstellung von dreidimensionalen Geometrien auf pulverlosem Weg ist eine Herausforderung an die Werkstofftechnologien, welche sich nicht ohne weiteres erfüllen lassen wird. Das Erreichen dieses Ziels würde voraussetzen, daß Verfahren entwickelt werden, die die vollständige, dichte Packung von Nanopartikeln erlauben. Dies ist aus Gründen der Packungsmöglichkeiten von so kleinen Partikeln aber kaum möglich. Die Abscheideraten aus der Gasphase sind so klein, daß das Wachstum in der dritten Raumrichtung sehr langsam vor sich geht. Eine wirtschaftliche Herstellung von dreidimensionalen Körpern ist gegenwärtig auf diesem Weg also nicht vorstellbar. Die Arbeiten konzentrieren sich vor allem darauf, Körper aus polymeren Vorstufen herzustellen. Dazu werden die Ausgangskomponenten chemisch vernetzt, anschließend werden die organischen Bestandteile entfernt und die entstehende Porosität wird in aufeinanderfolgenden Schritten der wiederholten Nachinfiltration und Pyrolyse schrittweise zurückgedrängt. Hier sind allerdings noch wesentliche Entwicklungsarbeiten zu leisten.

3.4.4 Anwendungspotentiale

Der in der vergangenen Dekade erreichte Stand der grundlegenden wissenschaftlichen Arbeiten zur Synthese nanostrukturierter Materialien hat zu einer derart breiten Ausweitung der Materialsysteme geführt, daß jede Materialgruppe hinsichtlich ihres Potentials in der Anwendung gesondert betrachtet werden muß. Dabei muß noch berücksichtigt werden, daß die jeweiligen Potentiale in der Literatur durchaus nicht einheitlich bewertet werden. Relativ einheitlich ist die Argumentation, auf welchen Gebieten noch offene Fragen vorliegen. Es werden in ziemlicher Übereinstimmung vor allem die technologischen Fragen zur Herstellung dichter, weitgehend fehlerfreier, nanostrukturierter Materialien angesprochen. Dies gilt insbesondere für die Metalle (als Einzelkomponente oder Legierung) und die Keramiken sowie Keramik/Metall-Verbunde. Das erhebliche physikalische Potential nanostrukturierter Materialien wird wohl zunächst nur auf solchen Gebieten technologisch umgesetzt, wo größere Volumina und Massen nachgefragt werden. Die Höhe der Herstellkosten solcher Materialien wird ihrem Einsatz hinderlich sein. Im folgenden soll das Potential von nanostrukturierten Werkstoffen an Hand von einigen Beispielen kritisch diskutiert werden.

Metalle

Die Bereitstellung von Metallen einer Atomsorte oder als Mischung bzw. Legierung mit Nanostrukturierung in größeren Chargen (> 1 kg/Tag) ist gegenwärtig offenbar kein Problem mehr. Die strukturellen Vorstellungen über den Aufbau metallischer nanostrukturierter Metalle sind inzwischen gut gesichert und die Eigenschaftsänderungen werden weitgehend verstanden. Für die Anwendung sind rein metallische Werkstoffe insbesondere auf dem Gebiet neuer Legierungen interessant, die aus Metallen bestehen, die bisher als nicht oder allenfalls nur in dünnen, aufgedampften Filmen als legierbar galten. Beispiele dafür sind die Systeme Eisen/Silber, Kupfer/Wismut, Eisen/Kupfer und Silizium/Eisen.

Aus der Reihe neuer Legierungen haben sich inzwischen ganz konkrete Anwendungspotentiale ergeben. Hochlegierte Chrom/Nickel-Stähle sind gegenüber dem chemischen Angriff von Säuren bei höheren Temperaturen durch Korrosion an den Korngrenzen nicht dauerhaft stabil. Bei der Anwesenheit von Silizium als Legierungsbestandteil wurde in der nanostrukturierten Legierung dessen Anreicherung in den Korngrenzen beobachtet. Dadurch wird das Material wegen der praktischen Unlöslichkeit des Siliziums in Säuren gegen chemische Korrosion wirkungsvoll passiviert. Dieses Konzept wird gegenwärtig intensiv untersucht und es zeichnet sich ab, daß es auch für andere Legierungen anwendbar ist.

Aus der Nutzung der Kenntnisse, wie nanostrukturierte Metalle aufzubauen und zu dotieren sind, ergaben sich auch im Bereich anderer metallischer Materialien neue Eigenschaften. Während der Kristallisation metallischer Gläser mit der Zusammensetzung Eisen-Silizium-Bor, die mit Kupfer und Niob dotiert sind, entstehen nanostrukturierte Legierungen. Deren Besonderheit ist es, daß sich zwischen den Kriställchen der ferromagnetischen Fe_3Si-Phase eine ca. 1 nm dicke, amorphe Schicht bildet, in der sich bevorzugt die Dotierungselemente ansammeln. Legierungen mit diesem Aufbau zeichnen sich durch sehr kleine magnetische Verluste und große effektive Permeabilitäten aus. Sie sind daher als magnetische Werkstoffe noch vorteilhafter als die besten heute verfügbaren metallischen Gläser.

Die strukturellen Besonderheiten von nanostrukturierten Metallen können auch zur Verbesserung der mechanischen Eigenschaften von intermetallischen Verbindungen und reinen Metallen genutzt werden. Sehr interessante Ergebnisse wurden im System Titan/Aluminium erzielt, in dem die herkömmlichen Materialien zwar sehr hohe Festigkeiten und erstaunliche Oxidationsbeständigkeiten aufweisen, durch die Nanostrukturierung des Gefüges jedoch auch die Duktilisierung des Materials erreicht wurde.

Ein weiteres Beispiel für die Entwicklungspotentiale nanostrukturierter Metalle ist die Oberflächenmodifizierung von Metallkriställchen im Nanometerbereich. Wenn Aluminium-Kriställchen oberflächlich chemisch verändert werden, d.h. ein dünner Oxidfilm gebildet wird, dann entsteht nach dem Zusammenpressen ein legiertes Material von Kristallitkernen aus reinem Aluminium und Übergangsgebieten aus Al_2O_3. Nanostrukturiertes Al/Al_2O_3 weist das geringe Gewicht von Al-Legierungen auf, ist aber in seiner Festigkeit wesentlich verbessert. Im Gegensatz zu den heute verfügbaren Al-Legierungen verringert nanostrukturiertes Al/Al_2O_3 seine Festigkeit bis zum Schmelzpunkt des Aluminiums nur unwesentlich und könnte damit neue Einsatzgebiete für Leichtmetallwerkstoffe erschließen. Die Oberflächenmodifizierung von Metallkriställchen durch chemische Reaktionen oder Ionenimplantation ist in ihrer Variantenvielfalt kaum zu überschauen. Sie bietet sehr gute Aussichten, über das nanostrukturelle Design der Materialien neuartige Eigenschaftskombinationen zu erreichen und damit auch die technische Applikation dieser Werkstoffe attraktiver zu machen.

Keramiken

Für die in der Zusammensetzung und ihrer Applikation breit gefächerten Materialsysteme der Keramik ist eine einheitliche Prognose über die Anwendungsmöglichkeiten nanostrukturierter Systeme nur schwer zu erstellen. Bestimmte Entwicklungstendenzen in der Pulverherstellung und ihrer Verarbeitung sind schon erläutert worden. Die Herstellungstechnologien für keramische Pulver, die nanostrukturiert sind, weisen gegenüber den Verarbeitungstechnologien einen erheblichen Vorsprung auf. In der Strukturkeramik ist es besonders bedeutsam, die feinen Pulver zu sehr homogenen Grünkörpern zu verarbeiten. Die Lösung dafür können nur Abscheidungen aus Suspensionen sein, da nur in diesem Fall die Pulveroberflächeneigenschaften wirkungsvoll kontrolliert werden können. Die Entwicklungsarbeiten auf diesem Gebiet sind breit angelegt, ein Durchbruch ist jedoch noch nicht erfolgt.

Die künftig bessere Beherrschung der Pulvertechnologie und die pulverlosen Wege zu nanostrukturierten Keramiken werden neue Applikationen möglich machen. Beispiel hierfür ist eine Reihe von innovativen Arbeiten, die zwar noch aus Forschungslabors stammen, für die Zukunft aber auch technisch vielversprechend sind. Der Übergang vom spröden zum duktilen Verhalten beim Absenken der Korngrößen vom μm-Bereich in den nm-Bereich ist schon erwähnt worden. Es soll an dieser Stelle noch einmal unterstrichen werden.

Die Einlagerung von Nanopartikeln anderer chemischer Zusammensetzung kann nach neueren Berichten die mechanischen Eigenschaften, insbesondere die Festigkeit, aber auch die Bruchzähigkeit von Al_2O_3-Keramiken dramatisch erhöhen. Die auf dem Gebiet der Strukturkeramik laufenden Entwicklungsarbeiten haben vor allem das Ziel, deren Sprödigkeit zu vermindern, sie also duktiler und toleranter gegenüber Gefügefehlern zu machen. Die Nanostrukturierung und die Verstärkung scheinen auf diesem Gebiet die aussichtsreichsten Entwicklungslinien zu sein.

Auf dem Gebiet der Funktionskeramik, das wirtschaftlich gesehen derzeit das weitaus größere Potential in sich birgt, sind die den Materialien innewohnenden Eigenschaften sowohl von ihrer Stöchiometrie als auch von der Korngröße abhängig. In der Regel müssen Gefüge eingestellt werden, deren Korngröße im μm-Bereich liegt. Die Anwendung von nanostrukturierten Pulvern ist dann vorteilhaft, wenn dadurch die Sintertemperaturen deutlich abgesenkt werden können (sehr bedeutsam für das sog. Cofiring, d.h. das Sintern von elektronischen Schaltungsstrukturen in einem oft sehr komplizierten gemeinsamen Prozeßschritt) und wenn die Kontrolle über die Einhaltung der Stöchiometrien in jedem Korn des Gefüges bzw. an der Korngrenze gelingt. Dies erklärt das starke Interesse weltweit, vor allem naßchemisch hergestellte funktionskeramische Pulver, die präparationsbedingt nanostrukturiert sind, in der Materialentwicklung zu nutzen. Der Schwerpunkt liegt dabei nicht so sehr darauf, völlig neue Eigenschaften zu finden, sondern eher die bekannten Eigenschaften zu verbessern und zu optimieren und die Eigenschaftsstreuung zu verringern. Die Lösung dafür ist in der Anwendung von Pulvern zu sehen, in denen jedes Korn chemisch die gleiche Zusammensetzung aufweist. Dies können nanostrukturierte Pulver tatsächlich leisten.

Gerade für Funktionskeramiken werden pulverlose Technologien immer bedeutsamer. Beispiel dafür ist die weltweit forcierte Entwicklung ferroelektrischer dünner Schichten im System Bleizirkonattitanat, die als neue nichtflüchtige Speichermedien, als optische Schalter, als Wellenverdoppler usw. eine große Anwendungsbreite erwarten lassen. Alle angewendeten Verfahren (Sol-Gel-Verfahren, Sputtertechnologie und Metal Organic Chemical Vapour Deposition (MOCVD)) arbeiten pulverlos, die Schichten sind polykristallin oder strukturiert. Obwohl sie nur in Schichtdicken zwischen 0,3 und 1 μm vorliegen, sind ihre elektrischen Eigenschaften ähnlich wie bei Materialien gleicher Zusammensetzung, die mit herkömmlichen keramischen Verfahren erreichbar sind. Außerdem sind sie in die IC-Technologie integrierbar und stöchiometrisch wesentlich homogener. Ein anderes Beispiel für eine dünne nanostrukturierte Speicherschicht besteht aus dem ferromagnetischen Bariumhexaferrit.

Eine künftig stärker an Bedeutung gewinnende Entwicklung sind gradierte Schichtsysteme, in denen von Schicht zu Schicht systematisch abgestufte Eigenschaftsprofile eingestellt werden können. Für Dünnschichtsysteme werden sich die pulverlosen Technologien auch hier durchsetzen.

Kompositmaterialien

Die Materialentwicklung löst sich zunehmend von monolithischen Bauteilen, um in modernen Materialien Eigenschaften zu kombinieren, die vorher in dieser Kombination nicht bekannt waren. Inzwischen ist auch die Zahl der Systeme, die aus zwei und mehr unterschiedlichen Phasen in Nanostrukturierung vorliegen können, kaum übersehbar.

Technisch schon weit fortgeschritten ist die Entwicklung nanostrukturierter Metall/Keramik-Verbunde (Cermets). Nanostrukturierte Hartmetallbauteile auf der Basis Wolframkarbid/Kobalt sind schon wirtschaftlich herstellbar und weisen gegenüber den derzeit verwendeten WC/Co-Hartmetallen die Vorteile einer um 40% höheren Härte, einer höheren Zähigkeit, eines stark reduzierten Verschleißes und einer besseren Konturengebung (z.B. der Gestaltung einer Schneidkante eines Bohrers) auf.

Die Gruppe der Polymer/Metall-Verbunde wird sich z.B. in der Mikroelektronik neue Anwendungen in leitfähigen Klebstoffen und bei der Strukturierung von Leiterbahnen erschließen. Die Vorteile der Nanostrukturierung von Siebdruckpasten für Leiterbahnen sind im letzteren Fall die deutlich verbesserte Konturenschärfe und die deutliche Absenkung der Sintertemperatur. Erwähnt werden soll auch der wachsende Bedarf an metallgefüllten Polymeren für die Abschirmung elektrischer Felder, die für Konsumartikel ab 1996 gesetzlich geregelt sein wird.

Keramik/Polymer-Verbunde werden in Anlehnung an biologische Vorbilder neue Anwendungen als duktilisierte Materialien mit hoher Festigkeit finden. Ein Beispiel ist das Gefüge einer Seemuschelschale.

3.5 Flüssigkristalline Werkstoffe

Flüssigkristalline Werkstoffe weisen keinen direkten Phasenübergang zwischen kristallinem und flüssigem Aggregatzustand auf. Beim Aufschmelzen des festen Zustands entsteht zunächst eine Übergangsphase, in der die Moleküle eine ausgeprägte Orientierung beibehalten, obwohl ihre räumliche Position indifferent wird. So kommt man zu Flüssigkeiten, bei denen bestimmte physikalische Eigenschaften richtungsabhängig sind.

Von besonderer technischer Bedeutung sind Anisotropien im optischen und elektrischen Verhalten, welche die Grundlage für Anwendungen in den bekannten Flüssigkristallanzeigen bzw. Liquid-Crystal-Displays (LCD) bilden. Weiterentwicklungen auf diesem Gebiet betreffen sowohl die Systemtechnik (z.B. Aktiv-Matrix-Technologie) als auch die Materialien selbst (z.B. ferroelektrische Flüssigkristalle).

Aber auch unkonventionelle Einsatzmöglichkeiten, z.B. in der integrierten Optik, werden zukünftig zu einer weiteren Verbreitung flüssigkristalliner Werkstoffe führen und den Bedarf an großtechnischen Produktionsverfahren steigern. Eine wichtige Rolle spielt dabei die Entwicklung ganz neuer Typen flüssigkristalliner Materialien.

Einige Stoffe weisen keinen direkten Phasenübergang zwischen kristallinem und flüssigem Aggregatzustand auf. In einem spezifischen Temperaturintervall verhalten sie sich einerseits wie gewöhnliche Flüssigkeiten, indem sie sich jeder beliebigen Form anpassen, und zeigen andererseits richtungsabhängige Eigenschaften wie bestimmte Festkörper. Für diesen bereits vor über 100 Jahren entdeckten Zwischenzustand verwendet man den Begriff Flüssigkristall oder Mesophase. Die Untersuchung seiner physikalisch/chemischen Eigenschaften war lange Zeit ausschließlich von akademischem Interesse. Erst seit etwas mehr als 20 Jahren gibt es erfolgreiche Bemühungen, seine außergewöhnlichen optischen, elektrischen oder mechanischen Eigenschaften in technischen Systemen gezielt zu verwerten. Dabei finden sich die bekanntesten Anwendungen bis heute im Bereich der optischen Display-Technik. Inzwischen gibt es vielfältige Anstrengungen, den Kreis derjenigen Werkstoffe, die diesen außergewöhnlichen Materiezustand einnehmen können, gezielt und auf konkrete Anwendungen hin maßgeschneidert zu erweitern. So entsteht eine besonders innovative Materialklasse, die weit über die natürlichen, in vielen biologischen Systemen vorkommenden Vertreter hinausreicht und der heute bereits einige Prozent aller organischen Verbindungen angehören.

Je nach Anordnung der Moleküle in den Mesophasen unterscheidet man zwischen nematischen, smektischen und cholesterischen Flüssigkristallen. Allen gemeinsam ist das Beibehalten einer ausgeprägten Orientierung der Moleküle, wenn deren räumliche Position, die sie im Kristallgitter haben, beim Aufschmelzen des festen Zustandes indifferent wird.

Nematische Phasen zeigen eine eindimensionale Anordnung, bei der die Längsachsen der Moleküle weitgehend parallel orientiert sind. Ansonsten bewegen sich diese nahezu ungehindert wie in einer gewöhnlichen Flüssigkeit. Bei den smektischen Phasen sind die Moleküle ebenfalls parallel zueinander geordnet. Sie fügen sich jedoch zusätzlich zu Schichten zusammen und haben damit einen noch höheren Ordnungsgrad. Die komplizierteste Struktur haben die cholesterischen Flüssigkristalle. Auch hier sind die Moleküle in Schichten angeordnet. Allerdings liegen ihre Längsachsen in der Schichtebene, und ihre Vorzugsrichtung verschiebt sich von Schicht zu Schicht um einen bestimmten Betrag. Cholesterische Phasen lagen einer der ersten kommerziellen Anwendungen von Flüssigkristallen in Thermometern zugrunde. Eine Erhöhung der Außentemperatur führt hier zu einer Verringerung des Ordnungsgrades und damit zu einer Änderung der reflektierten Farben (thermochromer Effekt).

Im allgemeinen ist eine bestimmte flüssigkristalline Substanz nicht auf eine einzige Mesophase eingeschränkt. Mit steigender Temperatur kann sie zum Beispiel aus dem festen, kristallinen Zustand zunächst in eine smektische und dann in eine nematische Phase übergehen, bevor sie am Klärpunkt schließlich isotrop und damit zu einer "richtigen" Flüssigkeit wird.

Die Ausrichtung der Moleküle hat zur Folge, daß bestimmte physikalische Eigenschaften des Flüssigkristalls richtungsabhängig sind. Die Beibehaltung eines hohen Orientierungsgrades beim Übergang in den festen Zustand z.B. führt zu Polymeren mit besonders hoher Zugfestigkeit in Vorzugsrichtung. Von besonderer Bedeutung für die technische Verwertung des flüssigkristallinen Zustandes selbst sind insbesondere die Anisotropien im optischen und elektrischen Verhalten. Diese ermöglichen ihre Anwendung in den Flüssigkristallanzeigen bzw. Liquid-Crystal-Displays (LCDs) elektronischer Systeme, wo sie sowohl in den konventionellen alphanumerischen als auch zunehmend in großflächigen Matrix-Anordnungen eingesetzt werden. Hier liegt ihr wichtigster Vorteil gegenüber herkömmlichen Elektronenröhren in der platzsparenden, flachen Form. Fast alle zur Zeit gebräuchlichen

LCDs basieren auf Materialien mit einem breiten nematischen Phasenbereich. Ihre Funktion beruht im wesentlichen auf der Fähigkeit des Flüssigkristalls zur Doppelbrechung bzw. zur Beeinflussung der Polarisationsebene elektromagnetischer Strahlung. Diese kann durch das Anlegen äußerer Felder gesteuert werden und führt im Zusammenwirken mit geeigneten Polarisatoren schließlich zur selektiven Manipulierbarkeit des einfallenden Lichtes.

Vielfältige Weiterentwicklungen z.B. bezüglich vergrößerter Ablesewinkel haben dazu geführt, daß sich LCDs für die Wiedergabe von Daten und unbewegten Bildern in letzter Zeit immer mehr durchsetzen konnten. Inzwischen gibt es besondere Anstrengungen, ihren Einsatzbereich zunehmend auch auf die möglichst hochauflösende, großflächige, schnelle und farbige Darstellung bewegter Bilder auszudehnen. Dazu sollen nicht zuletzt immer ausgeklügeltere technische Systemlösungen z.B. zur Ansteuerung der Bildpunkte dienen, wobei insbesondere an die sog. Aktiv-Matrix-Technologie zu denken ist.

Außerdem gibt es vielfältige Neuentwicklungen bei den flüssigkristallinen Werkstoffen selbst. Gerade im Hinblick auf ihre Anwendung in LCDs müssen diese nicht nur geeignete Arbeitstemperaturen sowie optische, elektrische und magnetische Anisotropien aufweisen, sondern auch über günstige elastische Konstanten und Rotationsviskositäten verfügen. Letztere haben eine wesentliche Bedeutung für Schaltgeschwindigkeit und Kontrast der Anzeigen. Durch eine gezielte Synthese bestimmter Grundstrukturen und durch Variation von funktionellen Gruppen lassen sich die physikalischen Eigenschaften flüssigkristalliner Verbindungen in weiten Grenzen beeinflussen und den Erfordernissen für Anwendungen in LCDs anpassen. Mischungen verschiedener Substanzen bieten weitere Möglichkeiten zur Optimierung. Flüssigkristalle sind damit besonders geeignet für das Konzept maßgeschneiderter Werkstoffe.

In herkömmlichen LCDs beruht der elektrooptische Effekt auf der Umorientierung der Moleküle durch ein induziertes Dipolmoment, das die elastischen (Rückstell-) Kräfte im Flüssigkristall überwinden muß. Bestimmte smektische Mesophasen besitzen in spezifischen Modifikationen ein ausgeprägtes permanentes makroskopisches Dipolmoment. Diese sog. ferroelektrischen Flüssigkristalle haben eine besonders hohe Schaltgeschwindigkeit. Außerdem bleiben die mit einem kurzen Spannungsstoß eingestellten Zustände auch ohne weitere Aufrechterhaltung der Spannung für längere Zeit stabil. Über die Display-Technik hinaus bieten sich derartige ferroelektrische Systeme für Speicher in optischen Computern und als optoelektronische Modulatoren in der Lasertechnik sowie der optischen Informationsverarbeitung an.

Bis heute bestehen Flüssigkristalle für gewöhnlich aus langgestreckten, stäbchenartigen Molekülen. Schon seit langem weiß man allerdings, daß auch andere Konturen z.B. in T-, U- oder Scheiben-Form möglich sind. Die Untersuchung solcher Zustände sollte zukünftig zur Entwicklung weiterer flüssigkristalliner Werkstoffe mit ungewöhnlichen physikalischen Eigenschaften führen. Völlig neue Perspektiven eröffnen auch Systeme mit Ringen, an denen jeweils nebeneinander zwei oder mehr Fluoratome sitzen. Mit ihnen lassen sich insbesondere dielektrische Eigenschaften einstellen. Außerdem ermöglichen derartige Moleküle wegen ihrer geringen Viskositäten relativ kurze Schaltzeiten.

Insgesamt sind heute schon einige zehntausend verschiedene Flüssigkristalle bekannt. In der Zukunft wird diese Zahl weiter wachsen. Von besonderer Bedeutung für die Verbreitung der im Labor hergestellten Typen ist nicht zuletzt auch die Entwicklung neuer Methoden zur großtechnischen Produktion. Zu einer Steigerung sowohl des Bedarfs als auch der Anforderungen wird die Erschließung neuer und die Erweiterung bekannter Anwendungsmöglichkeiten führen. Hier sind große Glasscheiben für architektonische Zwecke genauso zu nennen wie Modulatoren für die Lasertechnik oder die optische Informationsverarbeitung bzw. die integrierte Optik. Weil in ferroelektrischen Flüssigkristallen die spontane Polarisation stark von der Temperatur abhängt, kann man sie auch als thermoelektrische Detektoren einsetzen. Darüber hinaus sind Flüssigkristalle auch als Materialien für die nichtlineare Optik interessant, z.B. als optische Schalter.

3.6 Molekulare sphärische Strukturen

Bereits im Stadium der Grundlagenforschung können gezielte Arbeiten an molekularen Strukturen auf spätere Einsatzmöglichkeiten des zu entwickelnden Werkstoffs gerichtet sein. Entsprechend vorsichtig ist allerdings die tatsächliche Realisierbarkeit sowohl unter technologischen als auch wirtschaftlichen Gesichtspunkten zu beurteilen. Prägnante Beispiele kommen aus dem Bereich kugelartiger molekularer Strukturen, den

* *Fullerenen und*
* *Dendrimeren.*

Fullerene bilden neben Diamant und Graphit die dritte bekannte Modifikation des Kohlenstoffs. Es handelt sich um käfigförmige Moleküle, die erst seit 1990 in wägbaren Mengen herstellbar sind. Seitdem wurden bereits einige Phänomene und Verbindungen entdeckt, die für technische Anwendungen wichtig werden könnten. Neben der Chemie im Außenraum ist dabei die Chemie im Innenraum von besonderem Interesse (endohedrale Fullerene).

Dendrimere sind baumartig verzweigte, nicht-kettenförmige Polymere. Ihre Eigenschaften sind durch Wahl der monomeren Bausteine und durch Anbindung spezifischer Substanzen in weiten Bereichen variierbar. Wesentliches Entwicklungsziel ist zunächst die Herstellung größerer Substanzmengen zu akzeptablen Preisen.

In der letzten Zeit haben verschiedene Modifikationen kugelartiger molekularer Strukturen von sich reden gemacht, die in ihrer spezifischen Ausprägung und auch in ihrer wissenschaftlichen und technologischen Bedeutung zwar verschieden sind, in mancherlei Hinsicht aber doch eine parallele Betrachtung rechtfertigen. Zum einen handelt es sich um käfigförmige Kohlenstoffmoleküle, also die inzwischen vielbeachteten Fullerene. Zum anderen sind die sog. Dendrimere angesprochen, das sind baumartig verzweigte organische Werkstoffe. Beide scheinen in besonderer Weise geeignet, sich in spezifischen Variationen auf bestimmte Anwendungen hin maßschneidern zu lassen.

Fullerene

Als Fullerene bezeichnet man große, ausschließlich aus Kohlenstoff bestehende Moleküle mit in sich geschlossener polyedrischer Struktur. Sie bilden neben Graphit und Diamant die dritte bekannte Modifikation des Kohlenstoffs. Entdeckt wurden sie vor wenigen Jahren bei Versuchen, interstellare Kohlenstoffmoleküle im Labor nachzumachen und zu erforschen. Feste Substanzen, die vollständig oder teilweise aus Fullerenen bestehen, stellen eine neue Klasse von Festkörpern dar, die als Fullerite bezeichnet werden.

Das nicht zuletzt wegen der größten Ausbeute bei der Herstellung und seiner bemerkenswerten Stabilität am besten untersuchte und bekannteste Fulleren ist das fußballförmige C_{60}-Molekül, aber auch an kleineren und größeren Clustern besteht nach wie vor ein großes Interesse. Solche Moleküle konnten zum Teil bereits isoliert werden, sind jedoch, abgesehen vom C_{70}, noch nicht in ausreichenden Mengen verfügbar. Die Verbindung besonders vieler Atome führt zu sog. Riesenfulleren. Dabei handelt es sich z.B. um bis zu einigen Mikrometern lange zylinderförmige Gebilde, deren Mantel aus einer oder mehreren Kohlenstoffstrukturen besteht, die am Ende mit "Abschlußkappen" verschlossen sind. Solche Gefüge sollten theoretisch ungewöhnlich hohe mechanische Festigkeiten und interessante elektrische Eigenschaften aufweisen. Auch zwiebelförmige Strukturen sind inzwischen bekannt, die aus konzentrisch angeordneten, ineinander verschachtelten Graphitkugeln bestehen. Darüber hinaus gibt es Anhaltspunkte dafür, daß den Fullerenen ähnliche Clusterstrukturen auch bei anderen Elementen möglich sind. So wurden bereits Käfigmoleküle entdeckt, die aus acht Titan- und zwölf Kohlenstoffatomen bestehen. Von derartig strukturierten Kombinationen aus Metallen und Kohlenstoff erwartet man interessante elektronische Eigenschaften.

Grundvoraussetzung für die Erforschung und schließlich auch die technische Anwendung der ganzen Materialklasse der Fullerene ist die weitere Entwicklung von Syntheseverfahren für größere Substanzmengen. Das gelang erstmals mittels der Lichtbogenverdampfung von Graphit in einer Edelgasatmosphäre, dem auch heute noch am weitesten entwickelten Prozeß. Die bisher noch besonders hohen Materialpreise sollten mit der Entdeckung großtechnischer Anwendungen und der damit einhergehenden Steigerung der Produktion merklich sinken. Eine prinzipielle untere Grenze ist allerdings mindestens durch die Energiekosten für die Aufrechterhaltung des Lichtbogens gegeben.

Daneben werden alternative Verfahren erprobt, die auf der Verdampfung von Graphit oder anderen Kohlenstoffverbindungen mit Hochleistungslasern oder im Hochfrequenzofen beruhen. Es gibt auch Bestrebungen, Fullerene auf naßchemischem Weg zu synthetisieren. Besonders vielversprechend erscheint die Herstellung durch die unvollständige Verbrennung von Benzol.

In zunehmendem Maße stellt man Fullerenfilme her, die anschließend dotiert und strukturiert werden können. Dazu nutzt man Dünnschichttechniken auf der Basis von Molekularstrahlepitaxie und Laserablation.

Seitdem 1990 Fullerene in wägbaren Mengen herstellbar wurden, konnte bereits eine ganze Reihe ihrer physikalischen und chemischen Eigenschaften aufgeklärt werden. Man entdeckte dabei einige Phänomene und Verbindungen, die für mögliche technische Anwendungen wichtig werden könnten. Neben der Chemie an der Außenhaut ist bei Fullerenen, die ja innen hohl sind, die Chemie im Innenraum von besonderem Interesse. Bei solchen sog. endohedralen Fullerenen können einzelne Fremdatome im Innenraum schlicht eingeschlossen oder sogar chemisch gebunden sein. Ihre präparative Herstellung allerdings bereitet in beiden Fällen noch große technische Schwierigkeiten. Insgesamt ist eine Vielzahl neuer Verbindungen denkbar, von denen man sich auch völlig neuartige, noch nicht vorhersagbare Eigenschaften erhofft. Möglicherweise kann ähnlich der Benzol- eine ganz neue Fullerenchemie entstehen.

Durch verschiedene Maßnahmen z.B. zur Dotierung lassen sich die elektronischen Eigenschaften der Fullerene in weiten Grenzen variieren. So ist die Entwicklung ganz neuer Halbleiter- oder Leitermaterialien für die Mikroelektronik denkbar. In diesem Zusammenhang ist auch die Fertigung von Diamanten und Diamantschichten interessant, die durch den Einsatz von Fullerenen vereinfacht werden könnte.

Mit bestimmten Dotierungselementen und -konzentrationen wird für C_{60}-Fullerite bei tiefen Temperaturen (bisher unter 40 K) der Übergang in den supraleitenden Zustand beobachtet. Diese sind damit die organischen Supraleiter mit der höchsten Sprungtemperatur und haben gerade gegenüber den aus zweidimensionalen Schichten aufgebauten keramischen Hochtemperatursupraleitern einige Vorteile, zu denen nicht zuletzt die annähernde Isotropie der physikalischen Eigenschaften gehört.

Weitere Anwendungsmöglichkeiten für Fullerene sieht man in der Tribologie, der chemischen Sensorik und der Katalysatortechnik sowie aufgrund spezifischer magnetischer, elektrochemischer und nichtlinearer optischer Eigenschaften bestimmter Modifikationen.

Trotz aller auf den ersten Blick vielversprechenden Eigenschaften sind die Zukunftsaussichten der Fullerene in Bezug auf eine möglicherweise großtechnische Anwendung allerdings mit Vorsicht zu beurteilen. Das Gebiet befindet sich noch ganz am Anfang einer intensiven Erforschung und bedarf weiterer grundlegender Untersuchungen, nicht zuletzt auch unter Berücksichtigung toxikologischer Gesichtspunkte.

Dendrimere

Sphärische Strukturen auf molekularer Ebene werden auch von den sog. Dendrimeren gebildet, die ebenfalls ein relativ junges Gebiet der Chemie begründen. Dabei handelt es sich um nicht-kettenförmige Polymere, welche von einem Zentrum ausgehend in alle Raumrichtungen verzweigt sind. Mit der Anzahl der Generationenfolgen bei der Herstellung nehmen sie zunehmend eine kugelartige Gestalt an, die mit zahlreichen Nischen und Hohlräumen versehen ist. Im Gegensatz zu den Fullerenen ähnelt ihr Aufbau damit eher einem Busch als einer vollständig hohlen Kugel. Dendrimere gehören zu den größten synthetischen Verbindungen überhaupt, die mit einheitlicher Molekülmasse herstellbar sind, während klassische Polymere stets als Mischung unterschiedlich langer Ketten vorkommen.

Ihre Eigenschaften hängen v.a. von der Wahl der monomeren Bausteine ab und können in weiten Bereichen beeinflußt werden. Zusätzliche Variationsmöglichkeiten ergeben sich durch die Anbindung weiterer, womöglich besonders reaktionsfähiger Substanzen. Daraus folgt ähnlich wie bei den Fullerenen eine ganze Reihe potentieller Anwendungsmöglichkeiten. So können entsprechend optimierte Moleküle andere Stoffe in ihrem vergleichsweise leeren Innenraum oder an der relativ großflächigen Außenseite selektiv speichern. Da die "Kugeln" biologische Membranen passieren können, ist damit z.B. in einer mit den Fullerenen vergleichbaren Art und Weise der systematische Transport von Arzneimitteln im Körper denkbar.

Auch die Nutzung als Trägermaterial für Katalysatoren spezifischer chemischer Reaktionen bietet sich an. Das Konzept der Dendrimere als molekulare Absorber könnte darüber hinaus eine wichtige Rolle im Zusammenhang mit sog. supramolekularen Systemen spielen. Hier würde es dazu dienen, biologisch relevante Verbindungen mit supramolekularen Funktionseinheiten zu kombinieren. Außerdem ist mit Dendrimeren die Herstellung dünner Trennmembranen mit definierter Porengröße möglich. In Kombination mit herkömmlichen Polymeren könnten sie weiterhin zu einer Erleichterung der Verarbeitbarkeit beitragen. Auf diese Weise ist z.B. die Verringerung der Viskosität von Nylon im flüssigen Zustand möglich.

Insgesamt handelt es sich jedoch auch hier um ein junges Forschungsgebiet, dessen tatsächliches Potential noch vollkommen offen ist. Schon die Herstellung größerer Substanzmengen zu akzeptablen Preisen würde derzeit unüberwindliche Schwierigkeiten mit sich bringen. In diesem Zusammenhang scheint sich im übrigen ein Ausweg abzuzeichnen, indem man von der bisher praktizierten, besonders aufwendigen mehrstufigen zu einer einstufigen Synthese übergeht.

4 Neue Entwicklungen bei Werkstofftechnologien

4.1 Werkstoffdesign und -entwicklung

Voraussetzung für die Realisierbarkeit des Konzeptes der Maßgeschneiderten Werkstoffe ist das Wissen um die Zusammenhänge zwischen den Eigenschaften der Materialien und ihrer chemischen sowie morphologischen Struktur. Dazu wiederum bedarf es geeigneter

- *Untersuchungsmethoden zur Erschließung der inneren Struktur,*
- *Meßmethoden zur Charakterisierung der makroskopischen Eigenschaften sowie*
- *theoretischer Modelle zum Zusammenhang zwischen Struktur und Eigenschaften.*

Fortschritte auf diesen Gebieten führen zusammen mit der Beherrschung entsprechender Prozeßtechnologien zu einem theoretisch fundierten, zielgenauen Werkstoffdesign. Auf allen Ebenen spielen dabei computergestützte Verfahren eine wesentliche Rolle. Insgesamt führt die Entwicklung weg vom Vielzweck-Massenwerkstoff hin zu einer Vielzahl von Spezialmaterialien. Im Endstadium könnte schließlich jede Anwendung im Prinzip ihren eigenen Werkstoff definieren, falls dies auch unter wirtschaftlichen Gesichtspunkten realisierbar wäre.

Versuche zur Klärung des Begriffs "Neue Werkstoffe" (s. 1.1) weisen viele Unzulänglichkeiten auf und führen nicht zu einer allgemein akzeptierbaren, streng umrissenen Definition. Unstrittig ist allerdings, daß Werkstoffe heute mehr denn je mit von vornherein auf bestimmte Funktionen hin maßgeschneiderten Eigenschaften entwickelt werden. Solche Funktionen können im Idealfall alle Aspekte des Werkstofflebens betreffen, angefangen bei den benötigten Rohstoffen über die Fertigung der Bauteile bis hin zum Einsatz in konkreten Anwendungsfällen und schließlich zur Entsorgung oder Wiederverwertung.

Damit ist gerade die weitestmögliche Abkehr vom Prinzip des "Trial-and-Error" bzw. von der theoretisch nicht fundierten handwerklichen Fertigung hin zum Maßschneidern der Eigenschaften bereits in der Entwicklungsphase ein wesentliches Charakteristikum Neuer Werkstoffe. Die Voraussetzungen für die dazu benötigen Fähigkeiten können erst durch das weitgehende Verständnis der Zusammenhänge zwischen den Eigenschaften der Materialien und ihrer chemischen bzw. morphologischen Struktur geschaffen werden. In diesem Zusammenhang spielen fundierte theoretische Modellbildungen eine genauso wichtige Rolle wie geeignete analytische Verfahren zur Überprüfung derselben. Zur Theorie und Meßmethodik kommt dann als dritte Vorbedingung für ein weitgehend planmäßiges Werkstoffdesign die möglichst sichere Beherrschung der Prozeßabläufe in der Fertigung. Damit ist man insgesamt zu einer systematischen Entwicklung neuer Materialien imstande, deren Ausmaß weit über die alleinige Beeinflussung der chemischen Zusammensetzung hinausgeht.

Allerdings gibt es in der Praxis noch viele Einzelprobleme mit der Implementierung derart weitgehender Entwicklungskonzepte. Diese betreffen sowohl die Theorie als auch die Meßmethodik und die Prozeßtechnologien. Weitere Fortschritte auf allen diesen Gebieten werden angestrebt und sind zu erwarten. Auch spektakuläre Erfolge, wie sie z.B. eine zuverlässige Theorie der Hochtemperatursupraleiter darstellen würde, können nicht ausgeschlossen werden. Mittlerweile haben die hier angesprochenen Konzepte eines theoretisch fundierten, zielgenauen Werkstoffdesigns bereits zu einer fast unüberschaubaren Menge spezifizierter Entwicklungs- und Fertigungsstrategien geführt. Damit verbunden ist der zunehmende Trend weg vom Vielzweck-Massenwerkstoff hin zu einer Vielzahl von Spezialmaterialien. Im Endstadium dieser Entwicklung könnte schließlich jede Anwendung im Prinzip ihren eigenen Werkstoff definieren.

Die wichtigsten Meilensteine auf dem Weg zu den heute schon gegebenen Möglichkeiten konnten erst im 20. Jahrhundert und hier im wesentlichen in den letzten Jahrzehnten gesetzt werden. Besonders erwähnenswert sind Untersuchungsmethoden wie *Durchstrahl-Elektronenmikroskopie*, *Raster-Elektronenmikroskopie* und *Röntgenstrukturanalyse*. Spektroskopische Methoden haben in letzter Zeit durch den zunehmenden Einsatz der Synchrotronstrahlung bedeutende Fortschritte gemacht. Mit deren Röntgenanteil lassen sich zudem hochaufgelöste Beugungsbilder von Werkstoffstrukturen gewinnen, die in diesen Einzelheiten früher nicht untersucht werden konnten. Sie liefern Erkenntnisse insbesondere über Faktoren, die Charakteristika wie Festigkeit, Korrosionsbeständigkeit und katalytische oder elektronische Eigenschaften beeinflussen.

Die mit derartigen Methoden mögliche Erschließung der inneren Struktur bildet die Basis für das theoretische Verständnis der festen Zustände. Das Zusammenwirken von Theorie und Meßmethodik mit empirischem Wissen führt dann zur Verknüpfung zwischen den äußerlich meßbaren Eigenschaften eines Werkstoffes und seiner inneren Struktur sowohl auf kristalliner als auch auf molekularer Ebene.

Zusammen mit geeigneten Fertigungs- und Verarbeitungsverfahren ergibt sich damit die Möglichkeit zur Erzeugung von Strukturen mit vorgeplantem chemischem und morphologischem Aufbau.

So findet das Wissen über zur Verfügung stehende Prozeßtechnologien und deren Einfluß auf Struktur und Eigenschaften zunehmend Eingang bereits in frühe Phasen des Werkstoffdesigns. Diese Vorgehensweise findet konkrete technische Anwendungen in den folgenden drei Konzepten, welche aus kristallographischen bzw. thermodynamischen Betrachtungsweisen resultieren.

Eigenschaften wie die Festigkeit von Metallen reagieren spürbar auf Abweichungen von der idealen Kristallstruktur und -zusammensetzung. Diese Erkenntnis führt zum sog. *Fehlstellen-Konzept kristalliner Werkstoffe*. Es befaßt sich mit den Auswirkungen z.B. von Besetzungsfehlern oder von Anomalien in der Gitterperiodizität. Mittels ausgeklügelter Verarbeitungsverfahren ist man heute in der Lage, solche Fehlstellen gezielt zu erzeugen, um erwünschte Strukturen und Eigenschaften zu erhalten. Dagegen sind derartige, von spezifischen Prozeßtechnologien ausgehende Effekte bei nichtkristallinen Werkstoffen oft sehr viel schwieriger vorherzusagen. So können relativ kleine Modifikationen der Verarbeitungsbedingungen bei Gläsern und vielen Polymeren bereits zu starken und bisweilen unerwarteten Veränderungen der Gebrauchseigenschaften der Produkte führen.

Eine ganz andere Art der Gefügeänderung kann durch künstliche Modulation von Strukturen, die dem Grundkristallgitter überlagert sind, erzeugt werden. Der Schwerpunkt der Forschungen auf dem Gebiet der sog. *Werkstoffe mit Übergittern* lag ursprünglich bei den Halbleitern, die hier aus dünnen Lagen mehrerer verschiedener Werkstoffe aufgebaut werden und damit eine künstliche Periodizität aufweisen. Darüber hinaus kann die Synthese modulierter Strukturen in Zukunft aber auch zu einer ganz neuen Klasse von Festkörpern mit maßgeschneiderten Eigenschaften führen. Denkbare Entwicklungsziele sind beispielsweise korrosionsbeständige Oberflächenschichten oder nichtlineare optische Materialien.

Während die Kristallographie ein Verständnis der kristallinen Struktur ermöglicht, liefert die Thermodynamik Einsichten in den Einfluß von Umgebungsbedingungen auf den sog. Gleichgewichtszustand, also den stabilen Ruhezustand von Werkstoffen. Über die Prozeßführung ist es heute möglich, *metastabile Gefügezustände* zu erzeugen, die vom Ruhezustand abweichen und für ganz bestimmte Änderungen der makroskopischen Eigenschaften verantwortlich sind. So kann man Stahl im festen Zustand durch unterschiedliche Wärmebehandlungen ganz verschiedene Gefüge mit charakteristischen Werten z.B. für Festigkeit und Härte aufzwingen. Auch andere Metall-Legierungen sowie Keramiken, Gläser und Polymere lassen sich durch differenzierte Verarbeitungsverfahren in ihrer Struktur verändern, so daß sie spezielle Eigenschaften erhalten.

Überhaupt ist die Verarbeitung von Werkstoffen weit entfernt vom Gleichgewichtszustand eine besonders ergiebige Methode, um neue Gefügearten mit maßgeschneiderten Eigenschaften zu realisieren. Eine der einfachsten Möglichkeiten
dazu bieten Technologien, die auf der extrem raschen Abkühlung einer Schmelze
beruhen. Die Variation der Abkühlgeschwindigkeit bietet zusammen mit der
Beeinflussung der chemischen Zusammensetzung ein nahezu unerschöpfliches
Potential für neue Werkstoffeigenschaften. So lassen sich nicht nur strukturelle
Merkmale wie Festigkeit, Härte, Zähigkeit oder Verschleißfestigkeit verbessern,
sondern auch ganz spezifische funktionale Eigenschaften einstellen.

Auch zur Entwicklung Neuer Werkstoffe werden zunehmend *computergestützte
Designverfahren* genutzt, denen theoretische und methodische Erkenntnisse von
der oben geschilderten Art zugrunde liegen. Computer machen die aus diesen
resultierenden Datenmengen erst handhabbar und haben damit bereits jetzt einen
erheblichen Einfluß auf alle Phasen der Erzeugung neuer Werkstoffe. Im Grunde
genommen sind sie aufgrund ihrer zugleich immer noch beschränkten, aber mit der
Zeit rapide steigenden Rechen- und Speicherkapazitäten gleichzeitig begrenzender
Faktor für die Werkstoffentwicklung und einer ihrer wichtigsten Erfolgsgaranten
für die Zukunft. Insgesamt ist man bisher allerdings vielfach noch weit entfernt
von der praktischen Realisierung im Prinzip denkbarer rechnergestützter Entwick-
lungsverfahren.

Der potentielle Anwendungsbereich computergestützter Design- und Simulationsverfahren umfaßt eine Vielzahl von Einzelproblemen. Dabei geht es um die Simulation so unterschiedlicher Aspekte wie Korngrenzenwanderungen, Eigenspannungen beim Schweißen oder die Gefügeausbildung bei Erstarrungsprozessen. Die
Auslegung und Simulation z.B. von Verbundwerkstoffen ist genauso betroffen wie
die Technik zum Aufbau von Kristallen (Crystal-Engineering) und das Moleküldesign zur Synthese neuartiger Moleküle.

Klassisches Beispiel für maßgeschneiderte Materialien sind die *Faserverbundwerkstoffe*, bei denen wesentliche Bauteileigenschaften durch entsprechende Wahl
und Ausrichtung der Fasern erst während der Fertigung entstehen. Entwicklungs-
ingenieure und Konstrukteure sind bevorzugt in klassischen Stoffgruppen ausge-
bildet und verfügen oft nur über unzureichende Kenntnisse in der Auslegung und
Verarbeitung von Werkstoffverbunden. Deren Einsatz wird außerdem durch kost-
spielige Prototypenversuche und lange Entwicklungszeiten zumindest behindert.
Hier liegt ein ergiebiges Feld für den Einsatz von CAE-Verfahren (Computer-
Aided-Engineering), mit denen die komplette Auslegung und Simulation einer
Fertigung am Rechner durchgeführt werden kann, bevor das Bauteil hergestellt
wird. Auf diesem Gebiet ist man bereits relativ weit fortgeschritten, wobei gerade
die eigentliche Formteilauslegung weiter an Bedeutung gewinnt.

Die *Kristallbautechnik* befaßt sich mit der Züchtung neuartiger Kristalle durch gezieltes Zusammenfügen ausgewählter Moleküle. Sie eröffnet Anwendungsmöglichkeiten in einer ganzen Reihe von Bereichen. So versucht man, künstliche Zeolithe mit vorbestimmten Eigenschaften zu erzeugen, die als Molekülkristalle mit großen Poren z.B. zur größenselektiven Filterung anderer Moleküle dienen. Dazu wird in Computersimulationen die Wanderung von Molekülen durch den Zeolithen untersucht und Art sowie Ort von Wechselwirkungen analysiert. So werden Kriterien für eine Optimierung der Eigenschaften gewonnen. Der Einbau von Fremdmolekülen könnte darüber hinaus zu neuen Materialien mit besonderen strukturellen oder funktionalen Eigenschaften führen. Auf ähnliche Weise sind möglicherweise neuartige magnetische Speicher oder Lasersysteme herstellbar. Weitere Fortschritte beim Bau künstlicher Kristalle erhofft man sich durch ein verbessertes Verständnis entsprechender natürlicher Prozesse.

Von einer weitergehenden Implementierung der hier angesprochenen Technologien in den tatsächlichen Designprozeß ist man allerdings noch ein gutes Stück entfernt. Es mangelt noch an theoretischem Grundlagenwissen über die Faktoren, die bei der Organisation von Molekülen zu Kristallen eine Rolle spielen. Außerdem erfordert die große Menge der zu bearbeitenden Daten besonders leistungsfähige Computer.

Hier liegt auch das eigentliche Problem bei der *Syntheseplanung von Polymeren*, bei der es u.a. wesentlich auf die realitätsnahe Berechenbarkeit von Reaktionsgeschwindigkeiten ankommt. Die Materialeigenschaften von Kunststoffen werden wesentlich vom dynamischen Zusammenwirken ihrer Moleküle bestimmt. Bei der Werkstoffentwicklung ist man also noch viel mehr als beim "Drug-Design" pharmazeutischer Substanzen auf die gleichzeitige Betrachtung vieler Moleküle angewiesen. Da man es zudem mit sehr langen, kompliziert aufgebauten und in ihrer räumlichen Konfiguration äußerst unbeständigen Molekülketten zu tun hat, würde eine exakte Abbildung der realen Verhältnisse von vornherein zu einer nicht handhabbaren Datenmenge führen. Vergröberte Modelle z.B. auf der Basis sog. effektiver Monomere, die zudem statistische Verfahren nutzen, befinden sich im Erprobungsstadium und scheinen zur Simulation der meisten Materialeigenschaften auszureichen.

In Zukunft können hier nicht zuletzt durch den vermehrten Einsatz von Supercomputern mit paralleler Datenverarbeitung deutliche Fortschritte erwartet werden. Fernziel ist es, Polymere in der virtuellen Realität von Rechnern gezielt zu synthetisieren und unter verschiedensten Randbedingungen auf ihre Eigenschaften hin zu überprüfen, noch bevor die erste Probe des Materials überhaupt existiert. Die Realisierung dieses Idealbildes würde auch den Werkstoffwissenschaften generell ganz neue Möglichkeiten eröffnen. Davon ist man aber noch weit entfernt.

4.2 Werkstoffertigung und -bearbeitung

Die Entwicklung der Fertigungs- und Bearbeitungsverfahren verfolgt im wesentlichen die folgenden übergeordneten Ziele:

- *Verwirklichung immer ausgeklügelterer Materialeigenschaften durch zunehmende Spezialisierung der Prozeßtechnologien*
- *Erhöhung der Wirtschaftlichkeit durch zunehmende Automatisierung*
- *Verbesserung der Ökologie durch produktionsintegrierten Umweltschutz.*

Den ständig wachsenden Anforderungen an die Materialeigenschaften kann nicht allein durch die Entwicklung völlig neuer Grundwerkstoffe begegnet werden. Außerdem gelingt nur in den wenigsten Fällen eine endkonturnahe Fertigung mit bauteilnahen Abmessungen. Entsprechend steigt die Bedeutung geeigneter Verfahren zur Be- und Verarbeitung, die immer gezielter auch zur Einstellung spezifischer Werkstoffeigenschaften eingesetzt werden. Dazu gehören

- *Oberflächentechnologien (z.B. PVD, CVD, Plasmaspritzen),*
- *Technologien der lasergestützten Materialbearbeitung,*
- *Fügeverfahren (v.a. spezielle Klebe- oder Schweißverfahren) sowie*
- *Trenn- und Zerspanungsverfahren (z.B. Wasserstrahlschneiden).*

Eine industrielle Produktion bestimmter Werkstoffe im Weltraum wird auch weiterhin an den hohen Kosten scheitern. Hier steht der Forschungsaspekt im Vordergrund.

4.2.1 Übergeordnete Aspekte

Neben dem theoretischen Grundlagenwissen ist die Beherrschung geeigneter Fertigungsprozesse die wesentliche Voraussetzung für die Fähigkeit, neue Werkstoffe mit maßgeschneiderten Eigenschaften zu erzeugen. Dabei werden neue Materialeigenschaften längst nicht mehr nur über die chemische Synthese geeigneter Substanzen, sondern mehr denn je über die Einstellung ganz bestimmter Prozeßparameter in der Fertigung erreicht. Mit der Zahl der spezifischen Anforderungsprofile steigt so auch die Menge der zur Verfügung stehenden Verfahrensvarianten weiter stark an.

Man kann unterscheiden zwischen originären Fertigungsverfahren, die im wesentlichen charakteristisch von der Art der hergestellten Werkstoffklasse abhängen, und Be- bzw. Verarbeitungsverfahren mit übergreifendem Charakter. Die wichtigsten, bereits oben dargestellten Entwicklungen bei den werkstoffspezifischen Fertigungsverfahren werden hier nur kurz zusammengefaßt.

Im Bereich der *Metalle* (s. 2.1) sind insbesondere neuartige pulvermetallurgische Verfahren zu erwähnen. Damit verbunden sind moderne Methoden zur Pulverherstellung, wie das mechanische Legieren, und innovative Formgebungsverfahren, wie das Metallspritzgießen (MIM). Ein gutes Beispiel für die Wechselwirkung zwischen Werkstoffeigenschaften und Formgebungsverfahren ist die superplastische Umformbarkeit bestimmter Legierungen. In Kombination mit dem Diffusionsschweißen führt sie über die Verringerung der Einzelteile und der Verbindungselemente zu höherer Struktureffizienz, geringerem Gewicht und geringeren Herstellungskosten. Die gezielte Beeinflussung des Gefügezustandes metallischer Legierungen gelingt z.B. durch die gerichtete bzw. einkristalline Erstarrung der Schmelzen. Zunehmendes Interesse finden in diesem Zusammenhang auch Verfahren zur raschen Erstarrung, mit denen amorphe Metalle hergestellt werden können oder metastabile Phasen ansonsten nicht mischbarer Substanzen.

Die weitere Verbreitung der *Polymere* (s. 2.2) wird weniger von der Synthese völlig neuartiger Substanzen, deren toxikologische Unbedenklichkeit zudem in jedem Fall neu zu bewerten wäre, als vielmehr von der Entwicklung der Prozeßtechnologien abhängen. Besondere Bemühungen gibt es um die Verbesserung der Verarbeitbarkeit thermoplastischer Grundmaterialien, die aufgrund ihrer hohen Viskosität äußerst schwierig formbar sind. Generell werden zunehmend direkte Fertigungsverfahren eingesetzt, die Synthese, Aufbereitung und Formgebung von Polymeren möglichst in einen Schritt integrieren sollen.

Bei den *Keramiken* (s. 2.3) begründen die etablierten pulvertechnologischen Fertigungsverfahren sogar die konventionelle Definition der ganzen Werkstoffklasse. Besondere Bedeutung wird der Entwicklung von Verfahren zur Fertigung in reproduzierbarer Qualität beigemessen. Fortschrittliche Prozeßtechnologien sollen über die Optimierung der Gefüge zur Verringerung der Sprödigkeit beitragen, woraus u.a. eine Tendenz zur Fertigung unter Reinraumbedingungen resultiert. Hier nähert man sich inzwischen den besonders aufwendigen Herstellungsstandards der Halbleiterfertigung. Auch chemische Herstellungsrouten wie das sog. Sol-Gel-Verfahren sollen einen entsprechenden Beitrag leisten und darüber hinaus die Erzeugung bestimmter Werkstoffe erst ermöglichen. Die Verarbeitungstechnik keramischer Werkstoffe könnte in absehbarer Zeit durch die Verwendung sog. Nanokeramiken vereinfacht und langfristig auch verbilligt werden. Diese sind bereits bei relativ niedrigen Temperaturen formbar wie gewöhnliche Keramiken erst in der Nähe ihres besonders hohen Schmelzpunktes.

Das wichtigste Verfahren zur Herstellung von *Gläsern* (s. 2.4) ist der Schmelzprozeß, mit dem alle Massengläser und viele Spezialgläser produziert werden. Zur Veredelung von Glasoberflächen bzw. zur Erzeugung von dünnen glasigen Schichten setzt man PVD- oder CVD-Verfahren (Physical bzw. Chemical Vapour Deposition) ein. Speziell das CVD-Verfahren hat bereits bei der Produktion von

Glasfaserkabeln eine große Bedeutung erlangt. Für bestimmte Anwendungen gewinnt das Sol-Gel-Verfahren zunehmendes Interesse. Das gilt z.B. für die Erzeugung hochporöser Materialien, aber auch für die Beschichtung von thermisch empfindlichen Substraten oder für die Fertigung von Gläsern, die über den Schmelzprozeß nicht oder nur mit großem Aufwand hergestellt werden können.

Im Bereich der *Faserverbundwerkstoffe* (s. 2.5) sind bisher und auch auf absehbare Zeit vor allem Verfahren zur Fertigung verstärkter Polymere von kommerziellem Interesse. Bei den klassischen Vertretern mit duroplastischer Matrix gibt es keine gebrauchsfertigen Halbzeuge, die nur noch in eine gewünschte Form zu bringen wären. Die Werkstoffeigenschaften entstehen durch angemessene Wahl und Ausrichtung der Fasern gleichzeitig mit der Herstellung des Bauteils. Für alle Prozesse gilt, daß die Taktzeiten wesentlich vom Aushärtezyklus des in den Faservorformling eingebrachten Harzes abhängen. Speziell für die Autoklaven-Verfahren werden zahlreiche Alternativen zur rein thermischen Aushärtung der sog. Prepregs untersucht.

Von wenigen Einzellösungen abgesehen ist die Fertigung von Bauteilen aus Faserverbundwerkstoffen insbesondere für den Bereich der Luft- und Raumfahrt immer noch weitgehend von manuellen Abläufen geprägt. Für die Massenfertigung z.B. im Automobil- oder Maschinenbau allerdings werden besonders kostengünstige Verfahren mit kurzen Taktzeiten und möglichst vollautomatischem Ablauf verlangt. In diese Richtung zielen intensive Entwicklungsbemühungen, die bereits erste Erfolge zeigen. Ein hohes Potential bezüglich rationeller Fertigungsverfahren bieten auch thermoplastische Matrixsysteme, da diese reversibel aushärten und die Fertigung von Halbzeugen in Form "organischer Bleche" ermöglichen.

Für die Herstellung monokristalliner *Halbleitermaterialien* (s. 2.6) stehen hauptsächlich zwei großtechnische Prozesse zur Verfügung. Während bestimmte Modifikationen des Tiegelzieh- oder Czochralski-Verfahrens die Fertigung von Wafern mit großen Durchmessern (mittelfristig 300 mm angestrebt) ermöglichen, eignet sich das sog. Zonenziehen vor allem zur Herstellung von Kristallen sehr hoher Reinheit. Im Bereich der Verfahren zur Erzeugung dünner einkristalliner Halbleiterschichten steigt die Bedeutung von Technologien wie der Molekularstrahlepitaxie oder der metallorganischen Gasphasenepitaxie. Besondere Entwicklungsanstrengungen gibt es um die großtechnische Herstellung monokristalliner Diamantfilme in einer Größe, wie sie in der Mikroelektronik benötig wird.

Trotz aller Fortschritte ist der Einsatz neuer Werkstoffe im Vergleich zu den prognostizierten Möglichkeiten erst zu einem relativ geringen Teil in Bauteilen von kommerziellem Wert realisiert. Der Grund liegt nicht zuletzt darin, daß ihr Gebrauchsverhalten oft in besonderem Maße von der Qualität der Bearbeitung abhängig ist, welche in der Regel zusätzlich durch eine problematische Bearbeitbarkeit gerade dieser Materialien beeinträchtigt wird. So steigt neben den werkstoffspezifischen Fertigungsverfahren die Bedeutung wirtschaftlicher und technologisch angemessener Be- und Verarbeitungsprozesse beispielsweise zum Trennen bzw. Zusammenfügen oder auch zum Beschichten von Oberflächen. Außerdem führt der Zwang zum Einhalten besonders enger Bauteiltoleranzen zur Notwendigkeit ausgeklügelter Nachbearbeitungsverfahren. Die Endbearbeitung verursacht einen hohen Kostenanteil, der bis zu 90% des Bauteilwertes ausmachen kann. Dies wirkt sich um so stärker aus, da sich viele dieser Werkstoffe auf einem Substitutionsmarkt befinden.

Eine Möglichkeit zur Erhöhung der Wirtschaftlichkeit und gleichzeitigen Verbesserung der Qualität wird in der noch stärkeren Ausrichtung der Bearbeitungstechnologien auf die spezifischen Eigenschaften der Materialien gesehen, wenn diese nicht umgekehrt auf geeignete Prozesse hin optimiert werden können.

Darüber hinaus wird zunehmend versucht, *endkonturnahe Fertigungsverfahren* (Near Net Shape) mit minimalem Bedarf an Nachbearbeitung einzusetzen. Dazu gehört z.B. eine weitgehende Vorformgebung der jeweiligen Rohlinge, damit vergleichsweise teure spanabhebende Arbeitsgänge oder Fügeverfahren auf einen möglichst geringen Umfang reduziert werden können. Insgesamt bedeutet dies, daß Halbzeugformen wie Bleche, Platten und Stangen an Bedeutung verlieren und neue Technologien zur Herstellung von Fertigteilen vordringen könnten. Daraus ergäben sich spürbare Konsequenzen für die bestehenden industriellen Strukturen.

Ähnliche Tendenzen zu einer Einsparung von Arbeitsschritten gibt es auch über die äußere Formgebung hinaus bei der Einstellung beliebiger Werkstoffeigenschaften. So strebt man z.B. an, die Werkstoffanfangszustände möglichst so einzurichten, daß nach durchzuführenden Formgebungsprozessen keine weiteren Arbeitsgänge, wie Wärmebehandlungsverfahren, mehr notwendig sind.

Zu den wesentlichen, alle Werkstoffklassen übergreifenden Trends gehört an erster Stelle der zunehmende Einsatz automatisierter Fertigungsprozesse. Beispielhaft erwähnt seien hier Verfahren zum rechnergesteuerten Wickeln von integralen Faserverbundwerkstoff-Strukturen. Die Automatisierung soll insgesamt zu einer effizienteren Qualitätssicherung führen, da sie wesentlich zur Reproduzierbarkeit der Herstellungsverfahren beiträgt, und darüber hinaus vor allem die Wirtschaftlichkeit und damit die (internationale) Wettbewerbsfähigkeit erhöhen. Betroffen sind alle Ebenen von der konkreten Herstellung eines Werkstoffes bis zu übergeordneten Aspekten der Produktionstechnik, welche wiederum die Rahmenbedingungen für die werkstoffspezifischen Fertigungstechnologien festlegen.

Die moderne Produktionsautomatisierung ist gekennzeichnet durch Schlagworte wie Schnelligkeit, Flexibilität, Rohstoffeinsparung oder geringe Kapitalbindung im

Lager. Sie unterscheidet sich damit deutlich von der früheren Fließbandfertigung einheitlicher Massenprodukte. Langfristiges Ziel ist die weitestgehend rechnergestützte Steuerung des gesamten Ablaufs in einer "Fabrik der Zukunft" (Computer Integrated Manufacturing, CIM). Auf dem Weg dorthin haben sich verschiedene der sog. "C-Techniken", wie z.B. das Computer Aided Design (CAD), bereits etabliert.

Von wesentlicher Bedeutung hinsichtlich fertigungstechnischer Aspekte und der Funktionssicherheit ist die diesbezügliche Bewertung von Bauteil-Prototypen bereits in der Entwicklungsphase. In diesem Zusammenhang steigt der Stellenwert von Verfahren des sog. *Rapid Prototyping*. Hier existiert eine Reihe von Systemen, die bestimmte Kunststoffe oder Wachse zu Modellen verarbeiten, z.B. auf stereolithographischer Basis. Weitere Verbesserungen werden insbesondere durch die direkte Herstellung metallischer Prototypen und Bauteile angestrebt.

Nicht zuletzt aus wirtschaftlichen, aber auch aus technologischen Gründen werden Fertigungsprozesse in Zukunft verstärkt an der Sicherheit gemessen werden, mit der sie eine vorgegebene Qualität gewährleisten können. Störungen im Prozeß selbst müssen frühzeitiger erkannt und ggf. korrigiert werden. Zur Minimierung von Ausfallteilen und Maschinenstillstandszeiten soll außerdem eine vorausschauende Strategie bereits bei der Prozeßauslegung dienen. In diesem Zusammenhang steigt die Bedeutung von Simulationsverfahren zur Untersuchung des zeitlichen Ablaufs einer Fertigungsanlage. Außerdem werden technologische Funktionen zunehmend in die Maschinensteuerung selbst und damit unmittelbarer an den Ort und Verlauf des Prozesses verlagert. Nicht zuletzt die Entwicklungen in der Sensorik und besonders der Computertechnik führen an dieser Stelle zu bedeutenden Fortschritten. Zum bestimmenden Faktor scheint hier mehr und mehr die Software zu werden, deren Entwicklung vereinfacht und deren Qualität verbessert wird. Langfristig sollen "Intelligente Fertigungsverfahren" (Intelligent Processing of Materials, IPM) eine Echtzeit-Kontrolle und -Manipulation des Produktionsprozesses ermöglichen und damit zur Optimierung der Werkstoffeigenschaften beitragen.

Ein direkter Einfluß auf technologische Entwicklungen im Bereich der Werkstofffertigung und -bearbeitung ist in Zukunft noch stärker als heute durch das zunehmende Verständnis ökologischer Zusammenhänge und die sichtbaren Anzeichen wachsender Umweltschäden zu erwarten. So wird die Entwicklung unbedenklicher, aufarbeitbarer Werkstoffe, Produkte und Fertigungshilfsstoffe nicht nur aus Gründen der Rohstoffeinsparung oder Produktivitätssteigerung an sich, sondern vor allem präventiv vor dem Hintergrund aufwendiger und kostenintensiver Entsorgungsmaßnahmen notwendig. Insgesamt richten sich die Entwicklungsbemühungen also auf die Verwirklichung eines möglichst weitgehenden produktionsintegrierten Umweltschutzes, indem umweltschädliche Verfahren zugunsten ökologisch risikoarmer Prozesse vermieden werden. Beispielhaft erwähnt sei in diesem Zusammenhang die zunehmende Bedeutung lösungsmittelarmer oder -freier Anstrichsysteme im Bereich der Beschichtungsverfahren.

4.2.2 Oberflächentechnik/Beschichtungsverfahren

Den ständig wachsenden Ansprüchen an die Werkstoffeigenschaften kann nicht allein durch die Entwicklung völlig neuer Grundwerkstoffe begegnet werden, zumal die entscheidenden Funktionen technischer Produkte heute vielfach von nur wenigen Nanometer bis einigen Mikrometer dünnen Schichten wahrgenommen werden. Die Oberflächentechnik bietet hier die Möglichkeit der Aufgabentrennung zwischen einem gegebenenfalls preiswert herstellbaren konventionellen Grundwerkstoff, der Festigkeits- und Steifigkeitsaufgaben übernimmt, und der Beschichtung bzw. der entsprechend modifizierten Oberfläche, die über zusätzliche und möglicherweise gleichzeitig verschiedene Funktionseigenschaften verfügt. Eindrucksvolle Beispiele für eine solche Funktionstrennung sind bestimmte Laserspiegel. Deren Glaskörper dienen im wesentlichen nur zur mechanischen Stabilisierung und zur Wärmeabfuhr. Für die eigentliche optische Funktion sind die aufgebrachten Dünnschichtfolgen verantwortlich.

Viele der sog. Schlüsseltechnologien werden in Zukunft verstärkt durch Entwicklungen der Oberflächentechnik beeinflußt. Das gilt insbesondere in den Bereichen

- Elektronik (z.B. Datenspeicher, Displays, mikroelektronische Bauteile, Sensoren),
- Optik (z.B. Laser, Filter),
- Werkzeuge (z.B. verschleißfeste Schichten),
- Chemie (z.B. Korrosionsschutz, Katalysatoren, korrosionsbeständige dekorative Oberflächen),
- Mikromechanik (z.B. Sensorik),
- Medizin (z.B. Implantate, biologisch verträgliche Oberflächen),
- Maschinenbau und Kraftfahrzeug-Technik (z.B. verschleiß- und reibungsempfindliche Bauteile, Lager, Wellen, Steuerketten usw.) sowie
- Energietechnik (z.B. Solartechnik, Architekturglas, Nukleartechnik).

Damit zählen die verschiedenen Oberflächentechnologien mit ihren Möglichkeiten zur Veredelung von Werkstücken zu den zukunftsträchtigsten Prozeßtechniken im Werkstoffbereich. Nutzte man bislang vorwiegend chemische bzw. elektrochemische, mechanische und thermische Verfahren, so verlangen heute gesteigerte oder auch ganz neue Anforderungen vielfach den Übergang zu vakuum-, plasma- und ionentechnischen Prinzipien. Diese sind darüber hinaus vielfach umweltfreundlicher als die konventionellen Methoden.

Aus prozeßtechnologischer Sicht kann die Veredelung von Oberflächen also mittels verschiedener Verfahren erfolgen. Je nach der Dicke der Schicht unterscheidet man zwischen der Randschichtveredelung und den eigentlichen Beschichtungsverfahren in Dünnschicht- oder Dickschichttechnik.

Bei der *Randschichtveredelung* verändert man das Gefüge des Grundwerkstoffs in der Randschicht durch spezielle Wärmebehandlungsverfahren oder durch Einwirkung z.B. von mechanischer Energie, Laser- oder Elektronenstrahlung. So wird beim sog. Randschichtumschmelzen an metallischen Bauteilen eine dünne Schicht über den Schmelzpunkt erhitzt und durch die Kühlwirkung des großen, nicht erwärmten Bauteilvolumens abgeschreckt. Die hohe Abkühlgeschwindigkeit führt zu feinen, seigerungsarmen Gefügen an der Bauteiloberfläche (Seigerungen sind Entmischungsvorgänge bei der Erstarrung mehrkomponentiger Schmelzen). Zur räumlich genau einstellbaren Nutzung dieses Herstellungsprinzips eignen sich Laserverfahren mit ihren Möglichkeiten zum lokal begrenzten Erhitzen.

Von *Beschichtungen* spricht man, wenn die Oberflächenzone sich nicht nur durch andere mechanische Eigenschaften (z.B. durch thermische Verfahren erhöhte Härte), sondern auch durch ihre chemische Zusammensetzung vom Grundwerkstoff unterscheidet. Dabei werden die chemischen Elemente, die bei der Beschichtung in die Bauteiloberfläche eingebaut werden sollen, über die Gasphase oder über Diffusionstransport in fester bzw. flüssiger Phase an die Oberfläche herangebracht, wo sie gegebenenfalls mit dem Bauteilwerkstoff unter Bildung stabilerer Verbindungen reagieren (z.B. Aufkohlen, Nitrieren, Borieren). Aufgrund der größeren Umweltfreundlichkeit nimmt die technische und wirtschaftliche Bedeutung der Gasphasen-Verfahren stark zu.

Durch die Beschichtung entsteht ein Verbundwerkstoff mit neuen

- verschleiß- bzw. reibungstechnischen,
- korrosionstechnischen,
- chemischen,
- thermischen,
- elektrischen,
- magnetischen oder
- optischen

Eigenschaften. Insbesondere neue Verfahren des Abscheidens dünner Hartstoffschichten aus der Dampfphase sowie Laser- und Plasmatechnologien ermöglichen so eine deutliche Verbesserung der Werkstoffeigenschaften. Sie leisten einen zunehmenden Beitrag speziell zum Verschleiß- und Korrosionsschutz und damit zu größerer Lebensdauer, zur Einsparung von Ressourcen und Energie und insgesamt zur Produktivitätsverbesserung industrieller Fertigungsprozesse. Bereits heute ist die Vielfalt der eingesetzten Beschichtungsverfahren, von denen jedes auf bestimmte Anwendungsfälle zugeschnitten ist, groß. Sie wird zukünftig eher noch zu- als abnehmen.

Ein übergeordneter Trend ist die zunehmende Automatisierung des Beschichtungsvorganges, mit der Reproduzierbarkeit und Qualität der Schichtsysteme weiter erhöht werden sollen. Daher beschäftigen sich zahlreiche Forschungs- und Entwicklungsarbeiten mit der Verbesserung von Prozeßkontroll- und Diagnosesystemen, denen allgemein ein hohes Innovationspotential zugeschrieben wird. Auch die Verbesserung der theoretischen Grundlagen für die Verfahren soll zur Erfüllung weiter steigender Anforderungen beitragen.

Außerdem wird die Palette der zu verarbeitenden Werkstoffe ständig erweitert, wodurch neue Anwendungsgebiete erschlossen werden können. Erwähnenswert sind in diesem Zusammenhang sog. "Tailor-made"-Pulver als maßgeschneiderte Ausgangssubstanzen für Beschichtungssysteme. Weitere Fortschritte lassen sich darüber hinaus durch die Entwicklung neuartiger sowie die Kombination verschiedener Verfahren erwarten. Das kann bis zur gezielten Veränderung molekularer Strukturen an der Randschicht unter Nutzung von so ausgeklügelten Technologien gehen, wie sie der Raster-Tunnel-Elektronenmikroskopie zugrunde liegen.

Dünnschichttechnik

Von dünnen Schichten spricht man, wenn diese in etwa eine Dicke von weniger als 10 μm aufweisen. Im Bereich der Elektronik ist die Dünnschichttechnik inzwischen zu einem wichtigen Werkzeug auch zur Herstellung von Bauelementen verschiedenster Spezifikationen und Anwendungen geworden. Darüber hinaus findet sie in zunehmendem Maße eine Vielfalt weitergehender Verwendungen, die von tribologischen Schichten über optische Vergütungen bis hin zu chemisch inerten Beschichtungen reichen können.

Zur Herstellung dünner Schichten spielen physikalische (PVD, Physical Vapour Deposition) und chemische (CVD, Chemical Vapour Deposition) Verfahren eine besondere Rolle. Gerade bei diesen Technologien zur Abscheidung aus der Gas- oder Dampfphase hat man eine praktisch uneingeschränkte Kombinationsfreiheit zwischen Grund- und Beschichtungswerkstoff.

Bei den PVD-Technologien wird der abzuscheidende Stoff in einem Vakuumgefäß mit einer geeigneten Wärmequelle verdampft und aus dem Dampfzustand, gegebenenfalls von speziellen physikalischen Hilfsmaßnahmen wie elektrischer Vorspannung des Substrats oder Ionisierung des Dampfes unterstützt, abgeschieden. Im Fall einer chemischen Abscheidung entsteht die Beschichtungssubstanz erst infolge einer chemischen Umsetzung an der Substratoberfläche. Diese scharfe

Unterscheidung geht jedoch mit weiterer Verfeinerung und Fortentwicklung der beiden Verfahrensweisen zu immer neuen Varianten zunehmend verloren. So trägt das sog. reaktive Aufdampfen Merkmale der CVD-Verfahren, während die Unterstützung des CVD-Abscheidens mit einem Plasma eine Annäherung an die PVD-Verfahrenstechnik bedeutet.

Da beide mit Ausnahme des einfachen Vakuumaufdampfens generell mit einem recht hohen apparativen Aufwand verknüpft sind, liegen ihre Anwendungen zumeist in besonders anspruchsvollen Bereichen, wo hohe Preise gerechtfertigt sind. Seit einiger Zeit werden sie zunehmend für die Abscheidung nichtmetallischer Hartstoffschichten (z.B. TiC, TiN) auf Schneidstoffen herangezogen. Solche Hartstoffschichten können außerdem die Lebensdauer von Umform- oder Spritzgießwerkzeugen erheblich erhöhen, zumal letztere gerade durch die zunehmende Beimischung von Verstärkungs- oder auch flammhemmenden Stoffen beim Kunststoff-Spritzen starken Belastungen ausgesetzt sind. Weiterhin garantieren Hartstoffschichten als Festschmierstoff in der Lagertechnik die Notlaufeigenschaften und senken durch ihr günstiges Reibungsverhalten die Lagertemperatur. Die Entwicklung von neuen, genau auf ein spezielles Einsatzgebiet hin maßgeschneiderten Schichtsubstanzen führt zu einer weiteren deutlichen Erhöhung der Werkzeuglebensdauern. Sog. Multilayerschichten haben eine relativ hohe Eigentragfähigkeit und führen damit zu einem weiter verbesserten Verschleißschutz. Daher ist für die Zukunft ein Trend zur verstärkten Anwendung derartiger Viellagenschichten zu erkennen.

Bei den *klassischen PVD-Verfahren* unterscheidet man nach Art der Quelle für das Beschichtungsmaterial und nach der Substratbefestigung zwischen Technologien zum Aufdampfen, Sputtern oder Ionenplattieren. Interessante Entwicklungen gibt es insbesondere bei ionengestützten Verfahren und beim sog. Plasmapolymerisieren. Die bei den PVD-Verfahren auftretenden relativ geringen Substrattemperaturen (< 500°C) erlauben neben der Beschichtung von Metallen auch die Beschichtung von Kunststoffen.

Das gezielte Heranziehen von Ionen für Beschichtungszwecke ist eine verhältnismäßig neue Technik. Trotzdem sind *Ioneneinbettung und -beschichtung* bereits bewährte Verfahren, das erste v.a. in der Chip-Herstellung. Ihre Bedeutung wird in Zukunft weiter wachsen. Der Schwerpunkt der Verfahrensentwicklung liegt zum einen in der Steigerung der Haftfestigkeit und zum anderen in der Verbesserung der Morphologie, und damit des Verschleißwiderstandes, durch Intensivierung des Ionenbeschusses. Das Haftfestigkeitsproblem ist eng mit Aspekten der Substratvorbehandlung verbunden, für die z.B. ein Beschuß mit Edelgasionen sehr hoher Energie aussichtsreich erscheint. Ein intensiverer Ionenbeschuß kann entweder durch die Wahl des Verdampfungsprozesses oder durch eine Nachionisation der in die Gasphase überführten Stoffe erreicht werden. Neuentwicklungen befassen sich mit der Nutzung von Ionenquellen, die für einen genau dosierbaren Ionenbeschuß der Substrate mit definierter Energie sorgen.

Beim *Ionenplattieren* haben die Ionen einen viel geringeren Energiegehalt als beim Ioneneinbetten und dringen nicht tief in die Oberfläche ein. So werden im Vakuum beispielsweise dünne Hartstoffschichten (z.B. Nitride, Karbide oder Oxide hochschmelzender Metalle wie Titan, Wolfram oder Zirkonium) auf metallische Oberflächen aufgedampft. Ausgesprochen günstig für Schichtaufbau und -haftung ist der Einsatz von Lichtbogenverfahren zur Verdampfung. Diese erlauben für Verschleißschutzschichten ungewöhnlich niedrige Prozeßtemperaturen bis herab zu ca. 200°C, wodurch sich eine erhebliche Erweiterung der Palette beschichtbarer Substratwerkstoffe ergibt.

Die *Ionenimplantation* wird in der Chipfertigung fast ausschließlich zur Veränderung elektrischer Eigenschaften einsetzt. Bei der Bearbeitung von Metallen z.B. stehen Veränderungen mechanischer und chemischer Merkmale an erster Stelle. So wird mit dem Einschießen von Stickstoffionen in die Oberfläche von Stahlteilen eine deutliche Steigerung der Härte erreicht. Solche Modifikationen gehen nicht auf Kosten veränderter Volumeneigenschaften oder der Dimension. Außerdem gibt es keine Adhäsionsprobleme, wie sie bei klassischen Beschichtungsverfahren häufig auftreten. Mit dieser Technik läßt sich in einer beinahe frei wählbaren Konzentration jedes Element mit jedem beliebigen Wirtsmaterial vermischen. So ist auch die Herstellung metastabiler Phasen ansonsten nicht mischbarer Materialien oder die Oberflächenmodifikation von Keramiken und Polymeren möglich. Gerade Kunststoffe eignen sich besonders gut für die Implantationstechnik, weil sie sich schon unter einem kurzen Ionenstrahl zu relativ geringen Kosten grundlegend verändern lassen. Bei Metallen dagegen führen lange Behandlungsdauern zu relativ hohen Herstellungskosten.

Beim *Plasmapolymerisieren*, das man bisweilen auch den CVD-Verfahren zuordnet, werden organische Gase in einem Grobvakuumplasma zersetzt und schlagen sich auf der Oberfläche des Werkstücks bei Temperaturen bis zu 200°C nieder. Eine relativ junge Technik mit guten Zukunftsaussichten ist die Niederdruck-Plasmapolymerisation, bei der der Plasmazustand durch ein von außen angelegtes Mikrowellenfeld erreicht wird. Dieses Verfahren erlaubt besonders niedrige Oberflächentemperaturen von deutlich unter 100°C und führt zu relativ hohen Beschichtungsraten. Durch elektrische Wechselfelder erzeugte Niedertemperatur-Plasmen spielen auch für Ätzverfahren in der Mikroelektronik und zur Reinigung von Kunststoffoberflächen eine wichtige Rolle.

Zu den speziellen Vorteilen der CVD-Verfahren gehören die gute Streukraft, wodurch komplizierte Formen oder viele Teile gleichzeitig beschichtbar sind, und die in weiten Grenzen einstellbare Struktur der Schicht. Nachteilig ist bei *konven-*

tionellen CVD-Verfahren v.a. die meist um 1000°C liegende Substrattemperatur, die zur Erreichung akzeptabler Beschichtungsraten bzw. zur Ermöglichung der chemischen Reaktion erforderlich ist. Das schränkt ihre Anwendbarkeit stark ein. Stahlsubstrate z.B. können sich bei derartigen Temperaturen verziehen oder an Festigkeit verlieren. Aus diesem Grund bemüht man sich einerseits um die Vervollkommnung der PVD-Verfahren, insbesondere des Ionenplattierens. Da diese aber andererseits ebenfalls spezifische Nachteile haben (oft relativ ungleichmäßige Schichten), ist gerade die Absenkung der Beschichtungstemperaturen von CVD-Prozessen Ziel besonders intensiver Entwicklungsbemühungen.

Wesentliche Fortschritte bringen hier *plasmagestützte CVD-Verfahren* (plasma enhanced, PECVD, oder plasma assisted, PACVD) mit sich, denen besonders gute Zukunftsaussichten bescheinigt werden. Dabei wird dem Beschichtungssystem ein Plasma überlagert, das die Spendergase dissoziiert bzw. in angeregte Zustände versetzt, so daß Reaktionen bereits um 400°C ablaufen können. Es ist damit zu rechnen, daß mit diesem Verfahren in Zukunft auch Zerspanungswerkzeuge zu beschichten sind, die heute noch im PVD-Verfahren behandelt werden. Besonders wertvoll für die Zukunft könnten mit PECVD hergestellte dünne diamantähnliche Kohlenstoffschichten werden. Sie sind äußerst abriebfest und haben sehr niedrige Reibungskoeffizienten. Auch an der Vervollkommnung von Verfahren zum Abscheiden von reinen Diamantkristallen auf einem Substrat wird weltweit gearbeitet, weil man sich von solchen Schichten breite Anwendungsmöglichkeiten über die Werkzeugtechnik hinaus auch in Optik und Elektronik erwartet.

Auch die thermische Zersetzung metallorganischer Verbindungen im sog. *MOCVD-Verfahren* erfordert nur niedrige Temperaturen. Auf diese Weise wird z.B. Aluminium zur Metallisierung auf Halbleiterbauelementen abgeschieden. Weitere Modifikationen für CVD-Prozesse befinden sich in der Entwicklung. Besonders *foto- oder elektronenstrahlgestützte Verfahren*, bei denen eine Aktivierung der Reaktionspartner am Substrat durch Laserquellen, inkohärentes Licht (aus Halogen- oder Quecksilberdampflampen) oder durch einen Elektronenstrahl erfolgt, erlauben möglicherweise eine weitere Senkung der Substrattemperatur. Laser-CVD-Verfahren können zur Herstellung lokaler Beschichtungen dienen. Die Hauptanwendungsmöglichkeiten für diese Prozesse werden insbesondere im Bereich der Mikroelektronik gesehen, um Schaltungen durch direktes Schreiben von Leiternetzwerken und Isolierschichten aufzubauen.

Dickschichttechnik

Größere Schichtdicken von mehr als 10 µm werden vor allem durch elektrochemische Verfahren (chemische oder galvanische Abscheidungen), Lackierungen, unterschiedliche thermische Spritzverfahren (Flammspritzen, Plasmaspritzen) und

Auftragschweißen erzeugt. Zur Realisierung von Leiterbahnen oder passiven Bauelementen sind im Bereich der Mikroelektronik-Fertigung bestimmte Siebdruckverfahren auf der Basis geeigneter Pasten etabliert.

Das *galvanische Abscheiden* ist sicher die am weitesten verbreitete und bekannteste Technik zur Erzeugung großflächiger Schichten. Es wird v.a. zur Verhinderung der durch Korrosion und Reibung verursachten Schäden, die große volkswirtschaftliche Einbußen verursachen, eingesetzt. Auch auf diesem schon klassischen Gebiet gibt es interessante technologische Weiterentwicklungen. Bemerkenswert ist in diesem Zusammenhang, daß über das Galvanisieren hinaus die Reinigung der Oberflächen und die Abscheidung des Beschichtungsmaterials auch bei anderen Verfahren in zunehmendem Maße durch elektrische Kraftwirkungen begünstigt oder erst ermöglicht wird.

Besonders innovative Verfahrensvarianten im Bereich der Dickschichttechniken gibt es beim *Thermischen Spritzen*. Dabei wird ein draht- oder pulverförmiges Beschichtungsmaterial in einer Gasflamme, einem Lichtbogen oder im Plasma aufgeschmolzen, von einem Luft- oder Gasstrahl zerstäubt und mit hoher Geschwindigkeit teigig oder flüssig auf das Substrat geschleudert. Die Oberflächentemperatur liegt meist unter 150°C, die Haftfestigkeit der Beschichtung ist dabei stark von der Werkstoffkombination, der Vorbehandlung und vom speziellen Verfahren abhängig. Die Palette der nach dem zugrunde liegenden Schmelzvorgang benannten Verfahren reicht von den niederenergetischen Flammspritz- und Lichtbogenspritzprozessen bis zu den hochenergetischen Plasmaspritzvarianten.

Anwendung finden diese Verfahren in einer Vielzahl von Produkten, die von Bratpfannen über Verschleißschutzschichten für die Glas- und Maschinenbauindustrie bis hin zu den hochentwickelten Beschichtungssystemen in der Luft- und Raumfahrt sowie der Medizintechnik reicht. Nach wie vor weist das Beschichten von kohlenstofffaserverstärkten Kunststoffen (CFK) ein besonderes Anwendungspotential auf, wobei insbesondere die Haftverbesserung der Schichten sowie eine kontrollierte Prozeßführung im Vordergrund derzeitiger Untersuchungen stehen.

Das *Flammspritzen* ist das älteste und auch heute noch am weitesten verbreitete Verfahren. Stetige Weiterentwicklungen sind insbesondere gerätetechnischer Art. Eine erwähnenswerte Neuentwicklung ist das Hochgeschwindigkeits-Flammspritzen, bei dem hohe Partikelgeschwindigkeiten zu porenarmen Schichten mit hoher Festigkeit führen. Verschiedene Varianten dieses Verfahrens sollen z.B. eine effektivere Kühlung der sehr heiß werdenden Substrate ermöglichen. Zunehmendes Interesse findet auch das Verspritzen von Kunststoffen durch das Flammspritzen.

Das universellste Verfahren ist das *Plasmaspritzen*. Es zeichnet sich durch hohe Prozeßenergien aus, wodurch auch höchstschmelzende Materialien wie Keramiken verarbeitet werden können. Im Prinzip sind alle Stoffe geeignet, die schmelzbar sind, ohne sich zu verändern. Sie müssen zudem nicht elektrisch leitend sein, wie es z.B. beim galvanischen Abscheiden erforderlich ist. Gerade diese Vielseitigkeit hat inzwischen zur Realisierung der verschiedensten Prozeßvarianten geführt, die weit über die konventionellen atmosphärischen oder Inertgasplasmaspritzverfahren hinausgehen.

Gegenüber den PVD- und CVD-Verfahren sind die Beschichtungsraten beim Plasmaspritzen wesentlich höher. Durch das Aufspritzen auf ein später entfernbares Substrat können auch selbsttragende Bauteile hergestellt werden, z.B. kompliziert geformte Teile für Flugzeugturbinen. Ein weiteres Anwendungsbeispiel ist das Verspritzen von Schichten der keramischen Hochtemperatursupraleiter.

Zu den modernsten Spritztechnologien gehört das *Vakuum-Plasmaspritzen* (VPS), das sich zur Erzeugung außergewöhnlich vorteilhafter, auch relativ dicker Schutzschichten gegen Verschleiß, Oxidation und Korrosion anbietet. In einer Vakuumkammer kann die Oxidation des Spritzpulvers im Flug weitgehend verhindert werden. Daraus resultiert eine sehr hohe Reinheit und Porenfreiheit der Spritzschicht und eine sehr gute Haftung zwischen Spritzschicht und Grundwerkstoff. So findet das VPS-Verfahren zunehmende Anerkennung auch über die Luftfahrtindustrie hinaus, z.B. im Bereich des Maschinenbaus. Dabei ist mit der Erschließung neuer Einsatzmöglichkeiten zu rechnen, die weit über die konventionellen Anwendungen hinausgehen. So sind mit der Technologie des Formspritzens auch komplexe Bauteile herstellbar, womöglich sogar mit kontinuierlichem Eigenschaftsprofil in gradierten Strukturen.

Besonderes Interesse richtet sich auf die Verarbeitung nanokristalliner Pulver, die z.B. durch mechanisches Legieren herstellbar sind. Diese lassen sich durch das VPS unter weitgehender Beibehaltung ihrer inneren Struktur z.B. zu besonders leistungsfähigen Schutzschichten verdichten, von denen man sich eine weiter erhöhte Verschleißbeständigkeit verspricht. Außerdem kann der Plasmastrahl zur Materialsynthese genutzt werden und aus gasförmigen Kohlenstoffträgern reine Diamantschichten abscheiden. Deren technologisches Potential wiederum umfaßt aufgrund ihrer spezifischen Eigenschaften ein weites tribologisches und elektronisches Anwendungsfeld.

Ein weiteres innovatives Plasmaspritzverfahren ist das *Unterwasser-Plasmaspritzen* (UPS), das ebenfalls neue Möglichkeiten für den Korrosions- und Verschleißschutz bietet. Dabei ist sowohl an das Instandsetzen bzw. Beschichten vorgefertigter Neuteile im Off-Shore-Bereich als auch an das Plasmaspritzen konventioneller Bauteile zu denken. Hier steht neben der guten Schichtqualität insbesondere die

Humanisierung des Arbeitsplatzes durch reduzierte Staub-, Geräusch- und Strahlungsbelastung im Vordergrund.

4.2.3 Lasergestützte Materialbearbeitung

Die Materialbearbeitung mit Laserstrahlen ist inzwischen weit verbreitet und fest etabliert. Das gilt vor allem für eine Vielzahl von Schneid- und Bohranwendungen, aber auch zum Schweißen, Löten und zur Oberflächenbehandlung werden zunehmend Laser eingesetzt. So ist ihre Verwendung zum punktgenauen Löten von Chips in der Elektronikindustrie inzwischen bereits unverzichtbar geworden. Die Regelbarkeit der Laserleistung und die Möglichkeit zur kontinuierlichen oder gepulsten Betriebsform erlauben eine kontrollierte und reproduzierbare Energieeinwirkung auf ein Werkstück. Hauptanteil an den weiterhin hohen Zuwachsraten haben Metallverarbeitungssysteme, darüber hinaus findet jedoch auch die Bearbeitung von anderen Werkstoffklassen wachsende Aufmerksamkeit. Das gilt insbesondere für die Formgebung keramischer Bauteile, für die es bisher nicht zuletzt an wirtschaftlichen Prozeßtechniken mangelt. Auch in der industriellen Produktion im molekularen Bereich werden Laser zum Einsatz kommen, z.B. zur selektiven Stoffumwandlung und -synthese.

Gerade die Tatsache, daß Laser zumindest prinzipiell zur Bearbeitung aller Werkstoffe unabhängig von deren Härte einsetzbar sind, gehört zu ihren wesentlichen Vorteilen gegenüber konkurrierenden Werkzeugen. So ist das schon seit längerem zum Stand der Technik gehörende Elektronenstrahl-Schweißen beispielsweise zwar zu wesentlich höheren Leistungen fähig, bleibt aber vorzugsweise auf die Metallbearbeitung beschränkt.

Die Punktgenauigkeit des Strahls auf Brennfleck-Durchmesser, die theoretisch bis hinab in den Bereich der Wellenlänge des Laserlichtes reichen können, ermöglicht einen präzise lokalisierbaren Energieeintrag in den Werkstoff. So läßt sich die Wärmebelastung in der Umgebung der Bearbeitungsstelle und damit ein Verziehen des Werkstückes erheblich reduzieren. Weitere Vorteile von Laserwerkzeugen sind die berührungslose und damit abnutzungsfreie Bearbeitung und Messung sowie das Fehlen von Schneid- oder Rückwirkungskräften, wie sie bei der mechanischen Bearbeitung auftreten. Dazu kommt eine ganze Reihe produktionstechnischer Vorzüge wie

- relativ problemlose Bearbeitbarkeit komplizierter und unregelmäßiger oder schwer zugänglicher Konturen,
- hohe Prozeßgeschwindigkeiten,
- hohe Flexibilität ohne Werkzeugwechsel,
- relativ einfache Integration in die Fertigung,

- Unabhängigkeit des Schweißvorganges von einem Vakuum oder einer bestimmten-Gasatmosphäre,
- besonders gute Eignung für die Automatisierung sowie die
- Fähigkeit zur Makro- und Mikrobearbeitung in einem Arbeitsgang, wodurch wiederum die Notwendigkeit zur Nachbearbeitung minimiert wird.

Innovative Produktionstechnologien unter Nutzung von Laserwerkzeugen sind z.B. die sog. "Time-Sharing"-Anlagen, welche eine bessere Auslastung leistungsstarker Laser bewirken sollen. Dabei führt ein durch Strahlweichen geschalteter Laser auf mehreren Stationen nacheinander den gleichen Bearbeitungsvorgang durch. Flexible Fertigungszellen ermöglichen zudem den wechselweisen Einsatz eines Lasers zum Schneiden, Bohren, Schweißen oder Oberflächenveredeln.

Hauptnachteil des Einsatzes von Laserwerkzeugen in der Materialbearbeitung ist der damit verbundene große Energieaufwand, welcher aus den relativ geringen Wirkungsgraden der Laser resultiert. Das ist auch der eigentliche Grund dafür, daß sie ihre herkömmlichen, mechanisch arbeitenden Konkurrenten bisher nicht stärker verdrängen konnten. Während bei einer konventionellen Drehmaschine z.B. mehr als 90% der eingesetzten elektrischen Energie auf dem Werkstück zur Wirkung kommen können, sind es selbst bei den leistungsfähigsten Lasern nicht mehr als 20%. Zusammen mit der vermehrten Einführung soweit wie möglich lasergerechter Konstruktionen und Werkstoffauswahlen soll somit gerade die Verbesserung des Wirkungsgrades zu einer Verringerung des finanziellen Aufwandes beim Einsatz von Laserwerkzeugen führen.

Trendhemmend für die weitere Verbreitung von Laserbearbeitungssystemen in einzelnen Anwendungsbereichen ist auch eine durchaus vorhandene Konkurrenz durch andere innovative Verfahren, die technologische oder wirtschaftliche Vorteile haben. So bietet sich z.B. mit dem Einsatz von sog. Langbogenlampen zur Oberflächenhärtung eine vielversprechende Alternative an, da diese gegenüber dem Laserstrahlhärten eine größere Flächenleistung aufweisen. Zu einem Schlüsselproblem kann außerdem die in letzter Zeit zunehmend beachtete Tatsache werden, daß beim Laserbearbeiten insbesondere von Polymeren gas- und partikelförmige Schadstoffe emittiert werden, deren Gefährlichkeit bereits nachgewiesen wurde. Gerade bei der Bearbeitung von Polymeren gibt es außerdem Probleme mit der Verkohlung der Oberfläche am Ort des Bearbeitungsvorganges, was eine weitere Nachbearbeitung erfordert. Trotzdem kann der Laser auch bei der Verarbeitung von Kunststoffen zunehmende Bedeutung erlangen. So ist die genau lokalisierbare Erwärmung des Werkstoffes z.B. zur gezielten Erweichung von Thermoplasten oder auch zur sanften Entlackung von Polymeren nutzbar.

Die gebräuchlichsten Laser-Systeme für den industriellen Einsatz sind CO_2- und Festkörper-Laser. Zahlreiche Anwendungen von Excimer-Lasern werden zwar derzeit im Labor- und im Vorserienstadium getestet, Einsatzfälle in der industriellen Serienproduktion finden sich bisher jedoch nur vereinzelt.

CO$_2$-Laser haben heute den größten Wirkungsgrad (bis zu 20%) und die größte mittlere Ausgangsleistung von bis zu 45 kW im kontinuierlichen Betrieb. Der kommerziell am weitesten verbreitete Festkörper-Laser, der *Nd:YAG-Laser* (mit Neodym dotierter Yttrium-Aluminium-Granat-Kristall), bringt es dagegen nur auf Wirkungsgrade von um die 5% und mittlere Ausgangsleistungen von unter 1 kW. Die mittleren Lichtleistungen von *Excimer-Lasern* liegen noch einmal deutlich darunter.

Während CO$_2$- und Festkörper-Laser im fernen (10,6 μm) bzw. im nahen (Nd:YAG 1,06 μm) infraroten Strahlungsbereich emittieren, arbeiten Excimer-Laser im ultravioletten Bereich bei einer Wellenlänge von typischerweise 0,25 μm. Grundsätzlich bieten kürzere Wellenlängen die Möglichkeit, kleinere Fokusdurchmesser zu erreichen. Die theoretische Grenze für den minimalen Brennfleck liegt im Bereich der Wellenlänge. Insofern sind die Lasersysteme kürzerer Wellenlänge im besonderen Maße zum Einsatz in der Mikrobearbeitung kleinster Strukturen geeignet. Derzeit werden jedoch die theoretischen Grenzen für die Fokussierbarkeit gerade bei Festkörper- und Excimer-Lasern wegen mangelnder Strahlqualitäten noch nicht erreicht.

Die beiden Eigenschaften Wellenlänge und damit Fokusradius sowie mittlere Leistung bestimmen die Haupteinsatzbereiche der drei Lasertypen. Thermische Prozesse mit einem hohen Bedarf an mittlerer Leistung werden vorwiegend mit CO$_2$-Lasern durchgeführt. Dazu gehören z.B. großflächiges Oberflächenbehandeln oder Schweißen und Schneiden von Metallen größerer Dicke. Gerade die Kombination des Laserprinzips mit technisch ausgereiften Prozessen der Beschichtungstechnologie bietet im übrigen große Chancen für eine raschere industrielle Einführung der Lasertechnik in Teilbereiche der Bauteilveredelung. Der Haupteinsatzbereich von Festkörper-Lasern liegt ebenfalls im Bereich thermischer Prozesse, aufgrund der kleineren Fokusgeometrien und geringeren mittleren Leistungen jedoch mit Schwerpunkt auf der Bearbeitung kleinerer Strukturen. Aufgrund der kurzen Wellenlängen und der damit verbundenen hohen Quantenenergie ist ein zukünftiges Haupteinsatzfeld von Excimer-Lasern im Bereich der chemischen Prozeßtechnik zu sehen. Allgemein bieten ihre sehr kurzen Pulsdauern (Excimer-Laser können nur im Pulsbetrieb arbeiten) bei hoher Intensität den Vorteil, daß die thermische Belastung eines bearbeiteten Werkstücks minimiert wird (Randzonenschädigung).

Besondere Entwicklungsbemühungen gibt es um das dreidimensionale räumliche Bearbeiten von Bauteilen. So soll beispielsweise das kontinuierliche Schweißen von Karosserieteilen in der Automobilindustrie die Steifigkeit der Karosserien verbessern und den Korrosionsschutz erleichtern. In diesem Zusammenhang gewinnen

Festkörper-Laser zunehmendes Interesse, da die von ihnen emittierte Wellenlänge relativ verlustfrei durch Glasfasern übertragen werden kann, also z.B. an die Spitze eines Roboterarmes, dessen Bewegungen um viele Achsen erfolgen. Eine ähnlich flexible Übertragung der Leistung von CO_2-Lasern ist auch mit aufwendigen Spiegelsystemen nur schwierig zu verwirklichen. Dazu bedarf es alternativer Kabelmaterialien, deren Entwicklung ebenfalls betrieben wird.

Darüber hinaus sind neben dem Trend zur Herstellung kompakterer Systeme und zur Senkung der Herstellungskosten im wesentlichen die folgenden drei übergeordneten Entwicklungslinien hervorzuheben, die bei allen drei relevanten Lasertypen beobachtet werden können:

- Erhöhung der Ausgangsleistungen bzw. Wirkungsgrade
- Erhöhung von Standzeit und Zuverlässigkeit
- Erhöhung der Flexibilität im Einsatz durch verbesserte Strahlqualität und Modulationsmöglichkeiten.

Gesteigerte Ausgangsleistungen sollen höhere Prozeßgeschwindigkeiten oder größere Geometrien der zu bearbeitenden Werkstücke ermöglichen, also z.B. großflächiges Oberflächenbehandeln oder Schweißen von Dickblechen mit CO_2-Lasern. Intensive Bemühungen gibt es gerade um die Steigerung der mittleren Leistung von Festkörper-Lasern, da diese nur dadurch für den angestrebten Einsatz in flexiblen Systemen im Automobilbau zweckmäßig werden. Ein ergänzendes Konzept zur Erhöhung der Strahlleistung ist die Kopplung mehrerer Nd:YAG-Laserkavitäten. Unter Beachtung der hohen Strahlabsorptionen in metallischen Werkstoffen sowie der flexiblen Strahlführbarkeit mittels Lichtleitfaser sollten Festkörper-Laser damit auch für das Makrofügen und das Oberflächenbehandeln interessant werden.

Um die notwendigen hohen Leistungen ohne anderweitige Nachteile erreichen zu können, müssen für Industrielaser konventionelle Designs und Komponenten modifiziert bzw. neue entwickelt werden. So gibt es z.B. bei konventionellen transmittierenden Festkörperfenstern Probleme aufgrund der nicht zu vermeidenden Wechselwirkung mit dem Laserstrahl, die zu einer Zerstörung des Fensters oder zu einer Verringerung der Strahlqualität führen könnte. In diesem Zusammenhang sollen sog. gasdynamische Auskoppelfenster eine Rolle spielen, die das Lasergas gegenüber der äußeren Atmosphäre mittels eines überschallschnellen Gasstrahls abdichten.

Wichtige Beispiele für die vielfältigen Entwicklungen zur Erhöhung von Standzeit und Zuverlässigkeit sowie zur Verbesserung von Strahlqualität und Modulationseigenschaften sind neue Anregungstechniken. Zu diesen gehört die sog. Hochfrequenzanregung, die bei CO_2-Lasern bereits eingeführt ist.

4.2.4 Fügeverfahren

Technologien zum Zusammenfügen und Verbinden sind für die Fertigungsindustrie von grundlegender Bedeutung. Sie haben nach Zahl, Wert und in ihren Auswirkungen auf Leistung, Zuverlässigkeit und Sicherheit industrieller Erzeugnisse die größte Bedeutung vor allen anderen Fertigungsverfahren. Neben der zunehmenden Einbeziehung konventioneller Prozesse in rechnerintegrierte Fertigungssysteme gibt es hier eine steigende Nachfrage nach neuen Technologien, die bei absolut verbesserten Leistungskennwerten auch die Behandlung und den Einsatz neuartiger Werkstoffe ermöglichen. Über die Erfüllung gesteigerter technischer Anforderungen hinaus ist insbesondere die Senkung der Fertigungskosten ein vorrangiges, übergeordnetes Entwicklungsziel. So bietet beispielsweise das manuelle Lichtbogenschweißen zwar eine erhebliche Flexibilität und Gebrauchstoleranz, hat aber eine geringe Produktivität und wird nach und nach in vielen Anwendungen durch alternative, vor allem höher automatisierte Verfahren abgelöst.

Die Herstellung einer für den jeweiligen Anwendungszweck hinsichtlich Kraftschlüssigkeit, Spannungsverteilung, Festigkeit usw. optimierten Verbindung erfordert eine den verwendeten Materialien angepaßte Fügetechnik, verbunden mit der entsprechend optimierten Gestaltung der Bauteile. Zu den bekannten Verfahren zählt neben dem Nieten und Schrauben auch das *Löten*, das nicht zuletzt aufgrund seiner Vielseitigkeit ein wichtiges Fügeverfahren auf dem Gebiet der Neuen Werkstoffe bleibt, in bestimmten Modifikationen z.B. zum Verbinden von Keramiken. Schwerpunkte der Forschungsaktivitäten liegen bei der Lotentwicklung und der Verfahrensoptimierung.

Allerdings ist das Löten, wie in der Mikroelektronik, einer zunehmenden Konkurrenz z.B. durch Klebetechnologien ausgesetzt. Gerade das Kleben ist eine besonders innovative Verbindungstechnik, aber auch im Bereich der konventionellen Fügeprozesse und hier v.a. bei den Schweißverfahren gibt es eine Reihe bemerkenswerter Neuentwicklungen.

Kleben

Aufgrund ihrer Vielseitigkeit haben sich Klebeverfahren bereits ein ausgedehntes Anwendungsfeld in den unterschiedlichsten Bereichen der Industrie geschaffen. Das gilt vor allem für die Herstellung von Massengütern wie Haushaltswaren, Sportartikel oder Möbel. Vorreiter für ihren Einsatz in anspruchsvolleren Technologien ist der Flugzeugbau, wo die Forderung nach Gewichtseinsparung schon relativ früh zu neuen Bauweisen und Konstruktionswegen führte und Klebeverfahren heute ebenfalls zum Stand der Technik gehören. Zukünftig werden sie hier sogar verstärkt zur Fertigung tragender Primärstrukturen verwendet.

Zunehmenden Einsatz finden innovative Klebetechnologien inzwischen auch in der Fertigung von Kraftfahrzeugen, künftig ebenfalls in tragenden Teilen. Dort führen sie zur Verringerung des Gewichtes und der Korrosionsanfälligkeit und ermöglichen ein verbessertes Crashverhalten. Gerade im möglichst weitgehenden Ersatz des Schweißens im Automobilbau liegt gleichzeitig eine der größten Herausforderungen und eine besondere Chance für die weitere Verbreitung der Klebetechnologie. Hier sind die Anforderungen besonders hoch, weil die übliche Vorbehandlung der Bleche bei der Montage von Großserien nicht praktikabel ist und die Teile während des Fertigungsprozesses zudem noch mit Korrosionsschutzölen überzogen sind. Weitere Anwendungsbereiche dieses innovativen Fügeverfahrens kommen beispielsweise aus der Elektronik, der Raumfahrt oder der Chirurgie, wo die Verwendung des körpereigenen Haftstoffs Fibrin den Durchbruch der Klebetechnik ermöglichte.

Gerade das Konzept des Maßschneiderns bestmöglich angepaßter Eigenschaften hat schon heute zur Entwicklung einer Vielzahl verschiedenster Spezialwerkstoffe aus allen Materialklassen geführt. Von besonderer Bedeutung für die Zukunft sind Verbundsysteme von verschiedenartigen Werkstoffen, aus denen Bauteile mit ortsabhängig optimierten Eigenschaften gebildet werden. Hier liegt ein spezifischer Vorteil der Klebetechnik, sie eignet sich nämlich in besonderem Maße für das Zusammenfügen und Verbinden ungleicher Materialien. Dabei ermöglicht sie teilweise extreme Wertschöpfungen, weil mit geringem Klebstoffverbrauch eine hohe Produktveredelung erreicht wird. Außerdem vermeiden Klebeverfahren bestimmte Nachteile traditioneller Verbindungstechniken, die z.B. als thermische Prozesse zu Veränderungen des Werkstoffs in der Wärmeeinflußzone führen oder wie das Nieten oder Schrauben auf Löcher und damit Verletzungen in der Werkstoffstruktur angewiesen sind. Weitere Vorteile gegenüber rein mechanischen Befestigungen und auch dem Punkt-Schweißen liegen unter gegebenen Umständen in der viel größeren, gleichmäßig belastbaren Haftfläche, was zusätzlich zur Unterdrückung von Vibrationen beitragen kann. Darüber hinaus sind insbesondere die Verbundkunststoffe für klebende Verbindungen geeignet, da die Matrixharze mit potentiellen Klebstoffen chemisch verwandt sind. Andererseits kann gerade das Verkleben von CFK aufgrund auftretender Spannungen problematisch sein, so daß hier ganz andere Technologien zum Tragen kommen könnten. Dazu gehört das sog. TTT-Bonding (Through The Thickness), eine Nähtechnik zur Verbindung von Faserverbundwerkstoffen, die das Nieten ersetzen soll.

Die Entwicklung moderner Konstruktionskleber und entsprechender Anwendungstechniken erfordert die Anpassung der Verarbeitungs- und Montageverfahren. Solche klebstoffgerechten Verfahren können die Fertigung deutlich verändern, aber die nötigen Umstellungen sind aufwendig und teuer. Nachteile hat die Klebetechnologie auch in Bezug auf Eigenschaften, die im praktischen Einsatz relevant sind. So sind Klebstoffe nicht besonders zugfest und außerdem sehr empfindlich gegen abschälende Kraftwirkungen. Diese müssen durch eine entsprechende konstruktive Gestaltung, also eine klebgerechte Konstruktion, weitgehend vermieden werden. Beim Einsatz ist außerdem zu beachten, daß Klebungen meist nur in einem bestimmten, dabei relativ niedrigen Temperaturbereich optimal wirken. Besonders nachteilig ist die Tatsache, daß gerade bei geklebten Verbindungen die Langzeitfestigkeit entscheidend von umgebungsbedingten Alterungserscheinungen beeinflußt wird. So spricht man z.B. von der "Bond Line Corrosion", wenn Wasser in die Klebeschicht eindringt. Zur Vorhersage derartiger Effekte fehlen u.a. Zeitrafferversuche, die ihr Wechselspiel mit dem mechanischen Verhalten simulieren können.

Das weitere Vordringen der Klebetechnologie wird nicht zuletzt von einer Verringerung dieser Nachteile abhängen, im Einzelfall evtl. durch Kombinationen mit anderen Fügeverfahren. Voraussetzung für eine breite industrielle Anwendung ist auch die Möglichkeit, sie verfahrensgerecht in produktionstechnische Abläufe einer automatischen Großserienfertigung zu integrieren. Wesentliche Schwerpunkte gegenwärtiger Entwicklungsbemühungen sind daher auch

- Verbesserungen bei Geschwindigkeit und Steuerbarkeit der Trocknung,
- automatisierungsfähige Klebstoffe und Auftrageverfahren,
- automatische zerstörungsfreie Prüf- und Überwachungsverfahren,
- Minimierung der bei der Herstellung (und dem Einsatz) von Klebstoffen entstehenden schädlichen Nebenprodukte sowie
- geeignete Hard- und Software-Systeme für eine rechnerintegrierte klebtechnische Fertigung.

Oft ist zum Verkleben eine Vorbehandlung der Oberflächen unabdingbar. In der Luft- und Raumfahrt beispielsweise werden Aluminium- und Titanlegierungen sog. naßchemischen Verfahren ausgesetzt, bei denen schädliches Abwasser anfällt. Hier geht die Entwicklung ähnlich wie bei den Klebstoffen selbst eindeutig in Richtung Erhöhung der Umweltfreundlichkeit durch Einsatz trockenchemischer oder hochenergetischer Verfahren. Generelles Ziel bleibt es allerdings, insbesondere im Hinblick auf die Großserienfertigung, Oberflächenbehandlungen vollständig überflüssig zu machen.

Maßgeblich für Festigkeit und Langzeitbeständigkeit einer Klebung sind die Adhäsion, also die durch molekulare Kräfte verursachte Haftung zwischen Substratoberfläche und Kleber, und die Kohäsion, d.h. die innere Festigkeit des Klebstoffs selbst. Moderne Klebstoffe sind ausnahmslos vollsynthetische Produkte, von denen es inzwischen tausende von Spezifikationen für die verschiedensten Anwendungen gibt. Dieser Trend zur Entwicklung von Spezialklebstoffen für bestimmte Anwendungen wird sich auch in Zukunft fortsetzen. Nach dem jeweiligen Verfestigungsprozeß können sie in physikalisch abbindende und chemisch

härtende oder nach Anzahl der Komponenten in Ein- und Zweikomponentenkleb-
stoffe unterschieden werden, wobei letztere vom Prinzip her immer chemisch aushärten.

Bei physikalisch abbindenden Klebstoffen wird der für die Adhäsion notwendige
flüssige Zustand durch physikalische Prozesse wie Schmelzen, Lösen oder Dis-
pergieren erzeugt. Der Klebstoff bindet ab, indem die Schmelze erstarrt oder das
Lösungs- bzw. Dispersionsmittel entweicht. Vor allem aus Gründen des Umweltschutzes nimmt hier die Bedeutung lösungsmittelhaltiger Systeme zugunsten der
anderen Typen, insbesondere der Schmelzklebstoffe, stark ab.

Eine ganze Reihe besonders interessanter Neuentwicklungen gibt es auf dem
Gebiet der mittels chemischer Reaktionen härtenden Kleber, die sich in besonde-
rem Maße für die Herstellung fester und beständiger Konstruktionen eignen. Bei
Zweikomponenten-Systemen, zu denen z.B. Methacrylate und kalthärtende
Epoxidharze gehören, findet die chemische Vernetzungsreaktion erst nach dem
Zusammentreffen der entsprechenden Partner statt und kann so in ihrem zeitlichen
Ablauf gesteuert werden. Bei Einkomponentenklebern wird die Reaktion durch

- Erhöhung der Temperatur (warmhärtend),
- Bestrahlung (z.B. licht-, UV- oder auch elektronenstrahlhärtend),
- zugeführte bzw. in der Substratoberfläche vorhandene Feuchtigkeit
  (feuchtigkeitshärtend) oder
- Metallkontakt bei gleichzeitigem Sauerstoffausschluß (anaerob)

ausgelöst.

Hier kommen die wichtigsten Vertreter heute aus der Klasse der warmhärtenden
Epoxidharze. In bestimmten Modifikationen gehören diese auch zu den Systemen,
die für die strukturelle Verbindung selbst verölter Stahlbleche unter Großserien-
bedingungen des Karosseriebaus in Frage kommen. In diesem Zusammenhang sind
außerdem neue Acrylatsysteme zu erwähnen, bei denen zwei Komponenten jeweils
einzeln auf eine der beiden zu klebenden Flächen aufgetragen werden.

Für viele Anwendungen werden besondere Anforderungen an die Hochtemperatur-
beständigkeit auch der verwendeten Klebstoffe gestellt. Hier sind neuere Systeme,
wie z.B. Polyimide, interessant, die auf Dauer Einsatztemperaturen von ca. 260°C
standhalten. Erwähnenswert sind auch bestimmte Polycyanurate, denen ein hohes
Entwicklungspotential zugeschrieben wird.

Schweißen

Der wesentliche übergeordnete Trend auf dem Gebiet der Schweißtechnik ist die weiter zunehmende Automatisierung, eng verbunden mit der entsprechenden Sensor- sowie der zugehörigen Computertechnik. Vor allem die Weiterentwicklung von Sensoren z.B. zur Schweißnahterkennung und -verfolgung wird immer wichtiger, insbesondere für adaptive Systeme. Dabei konzentriert man sich neben der Untersuchung einer zunehmenden Zahl physikalisch/technischer Wirkprinzipien nicht zuletzt auf die Suche nach einfachen, robusten Lösungen mit geringem konstruktivem Aufwand. Bezogen auf das abgeschmolzene Schweißgut lag der Automatisierungsgrad vor gut 20 Jahren noch bei 25%, während er 1989 bereits 75% erreichte. Maßgeblichen Anteil daran hat v.a. die Entwicklung der Schweißroboter. Bei diesen verläuft die Entwicklung vom On-line- zum Off-line-Programmieren mit computerunterstützter Generierung der Positionsdaten. Dies verkürzt die Stillstandzeiten des Roboters, so daß dessen Wirtschaftlichkeit auch bei geringeren Stückzahlen gesichert wird.

Bei den Prozeßtechnologien selbst unterscheidet man nach dem physikalischen Ablauf zwischen den Schmelzschweißverfahren, bei denen die Teile durch lokales Aufschmelzen ohne zusätzliche Druckeinwirkung miteinander verbunden werden, und den Preßschweißverfahren, bei denen das Werkstück unter Druck und in der Regel ohne Schweißzusatz zusammengefügt wird. In beiden Teilbereichen gibt es wiederum eine Vielzahl spezialisierter Einzeltechnologien, die stetig weiterentwickelt und geänderten Anforderungen angepaßt werden.

Die größte Bedeutung im Bereich der *Schmelzschweißverfahren* hat das Lichtbogenschmelzschweißen, zu dem u.a. verschiedene Schutzgasverfahren gehören. Diesen ist auch das *Metall-Aktivgasschweißen* (MAG) zuzurechnen, das in der Bundesrepublik inzwischen bereits einen Großteil der Schweißanwendungen abdeckt und dessen Bedeutung noch weiter steigen wird. Es ist gekennzeichnet durch verfahrenstechnische Vielseitigkeit in Verbindung mit hoher Schweißleistung und hat damit wesentliche Vorteile vor anderen wichtigen Lichtbogenschweißverfahren wie dem Wolfram-Inertgas(WIG)- und dem Unterpulverschweißen, die jedoch trotzdem wichtig bleiben. Besonders geeignet ist das MAG auch zum Schweißen der zunehmend bedeutsamen hochfesten Feinkornstähle und zum Einsatz der innovativen Impulsschweißtechnik, bei der mit einem pulsierenden Gleichstrom gearbeitet wird.

Als Drahtelektroden sind beim MAG-Schweißen ganz überwiegend Massivdrähte üblich. Daneben gibt es inzwischen verschiedene Typen von Fülldrähten, deren Bedeutung weiter wächst. Gerade das breite Angebot an Fülldrähten wird es zukünftig bei vielen Anwendungen ermöglichen, das MAG-Verfahren einzusetzen. Eine wichtige Neuentwicklung ist die MAG-Hochstromtechnik unter Mischgasen.

Diese Verfahrensvariante hat besonders hohe Abschmelzleistungen und kann damit in einen Bereich vordringen, der bislang dem Unterpulverschweißen vorbehalten war.

Verfahrensbedingt entstehen beim MAG-Schweißen verschiedene luftverunreinigende Stoffe, hier vor allem feste Partikel. Diese schädlichen Schweißrauch-Emissionen können womöglich durch Verwendung neuer Schutzgasdrähte mit minimiertem Kupferanteil weiter verringert werden, welche darüber hinaus zu einer robotergerechteren Verarbeitung beitragen sollen.

Neben den konventionellen Schmelzschweißverfahren gewinnen Strahlverfahren wie Laser- und Elektronenstrahlschweißtechnologien immer mehr an Bedeutung, da sie neuartige konstruktive Lösungen erlauben. Zusammen mit dem Mikroplasmaschweißen mit seiner extremen Bündelung des Lichtbogens gehören diese zu den Prozeßvarianten, die dem zunehmenden Trend zur Miniaturisierung auch in der Schweißtechnik Rechnung tragen.

Elektronenstrahl-Schweißanlagen sind mittlerweile fast schon gängige Werkzeugmaschinen. Trotz aller Fortschritte in der Lasertechnik sind sie nach wie vor dominierend, wenn es um tiefe Nähte geht. Wichtige Bemühungen gelten sowohl der Ausdehnung des Anwendungsbereichs auf noch dickere Werkstücke als auch dem Arbeiten mit ortsunabhängigen Anlagen. Mobile Elektronenstrahl-Kanonen ermöglichen in Vakuum-Schweißanlagen die Bearbeitung auch relativ großer Werkstücke in einer Kammer.

Ein neuartiges *Laserschweißverfahren* ist das Polarisationsschweißen. Dabei dringt der Laserstrahl nicht wie sonst üblich senkrecht zur Oberfläche mittels Tiefschweißeffekt auf die durch die Materialstärke vorgegebene Tiefe ein, sondern wird unter Nutzung der polarisationsabhängigen Reflexionseigenschaften des Werkstoffs direkt zur Fügestelle geleitet, wo das Material lokal aufschmilzt. So erübrigt sich die sonst notwendige Materialverdampfung und Ionisation, was über die Reduzierung des lokalen Energiebedarfs zu drastischen Steigerungen der Schweißgeschwindigkeit führt.

Zu den erwähnenswerten *Preßschweißverfahren* gehören Reib-, Diffusions-, Explosiv- und Widerstandspreßschweißen. Letzteres nutzt den in einer Fügegrenzfläche bestehenden elektrischen Widerstand zur Erwärmung der Fügezone und wird seinen Platz in der Mikrobearbeitung auch weiterhin behaupten.

Beim *Reibschweißen*, das in seiner nichtlinearen Form als Vibrationsschweißen insbesondere zum Verbinden von Polymeren geeignet ist, wird die Schweißwärme aus der Reibung zwischen einem fest eingespannten und einem rotierenden Teil, die gegeneinandergedrückt werden, bezogen. Es wurde bisher industriell v.a. für

Verbindungen von Metall mit Metall verwendet, eine neue Entwicklung erlaubt seinen Einsatz auch zum Fügen von Keramiken mit Metallen. Dies ist eine offensichtlich besonders vielversprechende Materialverbindung, die einen breiteren Einsatz der modernen keramischen Werkstoffe im Motoren- und Maschinenbau ermöglichen könnte. Gesucht wird nach weiteren zur Verbindbarkeit benötigten Mittlermaterialien, die eine höhere Temperaturbeständigkeit haben als das zunächst verwendete Aluminium. Die bisher für die Verbindung von Keramiken mit Metallen entwickelten Methoden wie Aktivlöten und Diffusionsschweißen sind für die industrielle Fertigung nur bedingt geeignet, weil die benötigten Fügezeiten zu lang sind.

Beim *Diffusionsschweißen* werden Fügeteile mit relativ niedrigen Drücken zusammengepreßt und durch thermisch aktivierte Festphasenreaktionen miteinander verschweißt. In Kombination mit der superplastischen Umformung (SPF/DB) hat diese Fügetechnik ein bedeutendes Entwicklungspotential, wenn bestehende Schwierigkeiten z.B. bei der Diffusionsschweißbarkeit von Aluminium gelöst sind. Dies gilt insbesondere für die Luftfahrtindustrie, wo die Verringerung des Gewichtes über die Verringerung der Anzahl der Einzelteile und der Verbindungselemente besonders geschätzt wird.

Ein bereits seit langem industriell genutztes Verfahren, metallische Werkstoffe zu verbinden, ist das *Explosivschweißen*, bei dem die dynamischen Kräfte und Temperaturen einer Explosion gezielt eingesetzt werden. Größter Anwendungsbereich ist das großflächige Plattieren von Blechen. Die weitere Entwicklung für anderweitige Aufgaben wird skeptisch beurteilt, obwohl das Verfahren für eine Reihe von Werkstoffen und deren Kombinationen geeignet ist, die durch Schmelzschweißprozesse nur schwer oder unwirtschaftlich verbunden werden können.

4.2.5 Trenn- und Zerspanungsverfahren

Die Ansprüche an die industriellen Schneidprozesse sind in den letzten Jahren enorm gestiegen. Gefordert sind nicht nur höhere Produktionsraten und bessere Schnittleistungen, sondern auch die Möglichkeit, sehr komplizierte Formen mit höchster Genauigkeit und sauberen Schnittkanten bearbeiten zu können. Bei den hohen Preisen der modernen Werkstoffe ist zudem ein möglichst kleiner Materialverlust ein wichtiges Kriterium. Neue Schneidtechnologien müssen außerdem nicht nur umweltfreundlich sein, immer stärker werden auch ein vollautomatisierbarer Ablauf sowie die Erfüllung der Erfordernisse der Just-in-time-Fertigungsphilosophie verlangt.

Mit zunehmender Spezifizierung der Werkstoffe sind natürlich auch immer speziellere Eigenschaften der Prozeßtechnologien gefordert. So dürfen Polymere nur relativ kleinen thermischen Belastungen ausgesetzt werden. Für viele Faserverbundwerkstoffe, die spanend zu bearbeiten sind, gibt es nur wenige passende Schneidstoffe mit einer geeigneten Härte. In manchen Fällen bietet sich die Kombination verschiedener Verfahren an. So gibt es zur Bearbeitung schwer zerspanbarer Materialien Bemühungen um sog. Warmzerspanungsprozesse, in denen externe Wärmequellen eine lokale Erhitzung bewirken und damit die Zerspanung erleichtern.

Thermische Trennverfahren

Die reinen thermischen Trennverfahren nutzen hohe Temperaturen zur Abtrennung von Stoffteilchen. An die Brennschneidbarkeit mit einer Brenngasflamme sind einige Bedingungen geknüpft, die fast nur von niedriglegiertem Stahl erfüllt werden. Trotz dieser Einschränkungen behält das autogene Brennschneiden eine große technische Bedeutung, da es das wirtschaftlichste aller Trennverfahren ist, wenn die erzielbare Schneidkantenqualität ausreicht. Die seit einigen Jahren zunehmende Nutzung moderner Legierungen, wie z.B. von Chromnickelstahl und höherlegierten Metallen, zwingt zur Anwendung alternativer Trenntechnologien. Hier wird z.B. das Plasmaschneiden eingesetzt, das die hohen Temperaturen eines gebündelten Plasmastrahls nutzt. Es gehört inzwischen auch schon zu den konventionellen Trenntechnologien, die bereits seit vielen Jahren produktionstechnische Verwendung finden.

Eine relativ neue Entwicklung auf dem Gebiet der thermischen Verfahren ist das *Laserschneiden*, obwohl auch dieses mittlerweile bereits seit längerem praktisch angewendet wird. Zu den besonderen Vorteilen des Lasers als Trennwerkzeug zählen die geringe thermische Schädigung der Schnittflanken des Werkstoffs und seine hohe Flexibilität. So werden gerade dem Laser gute Chancen bei der Automatisierung des Brennschneidens eingeräumt. Man unterscheidet

- das Schmelzschneiden, bei dem der Werkstoff geschmolzen wird,
- das Brennschneiden, bei dem das zu schneidende Material auf Zündtemperatur erhitzt und mit zugeführtem Sauerstoff verbrannt wird sowie
- das Sublimierschneiden, bei dem der Werkstoff direkt verdampft und mit einem inerten Gasstrahl ausgeblasen wird.

Gerade das Sublimierschneiden ermöglicht hohe Schnittiefen z.B. auch in Stahlblechen. Es benötigt dabei jedoch besonders große Laserleistungen, die bisher für viele Anwendungen nur mit unverhältnismäßig hohen Kosten erzeugt werden können.

Wasserstrahlschneiden

Überall dort, wo thermisches Schneiden nicht möglich ist bzw. zu nicht akzeptablen Veränderungen der Werkstoffeigenschaften an der Schnittfläche führt und wo mechanische Verfahren mit geometrisch bestimmten Schneiden nicht praktikabel sind bzw. eine aufwendige und teure Nacharbeit erfordern, ist das Wasserstrahlschneiden eine technische und wirtschaftliche Alternative zu den konventionellen Schneidverfahren. Je nach Anwendung ergänzt es die lasergestützten Prozesse in sinnvoller Weise.

Die ersten derartigen Systeme wurden Anfang der siebziger Jahre gebaut. Inzwischen befinden sich weltweit bereits rund 1500 Anlagen in Betrieb, wobei die ständig verbesserte Leistungsfähigkeit immer neue Anwendungsgebiete eröffnet. Heute arbeitet man mit Schneidwasserdrücken von bis zu 4000 bar und kann bei Zusatz geeigneter Abrasivstoffe im Prinzip jeden beliebigen Werkstoff schneiden. Das gilt insbesondere für schwer zerspanbare neue Materialien wie z.B. hochharte Keramiken oder Verbundwerkstoffe. Dabei können wie beim Laserschneiden beliebige Konturen geschnitten und aufwendige Weiterverarbeitungsverfahren weitgehend vermieden werden. So findet das Wasserstrahlschneiden vor allem dort zunehmendes Interesse, wo niedrige Schneidstrahltemperaturen gefordert sind und komplizierte Formen vorliegen. Das gilt auch für dickere Materialien, deren Bearbeitung bisher dem Fräsen vorbehalten war. Als besonderer Vorteil erweist sich die vergleichsweise hohe Umweltfreundlichkeit des Verfahrens. Wasserstrahlschneiden erzeugt weder Späne noch giftige Gase oder Dämpfe. Außerdem gibt es keinen Schleif- oder Schneidstaub und nur eine relativ geringe Lärmbelästigung für das beschäftigte Personal.

Nachteilig sind bisher allerdings u.a. die relativ geringe Schnittgeschwindigkeit, die Konizität der Schnittstelle und, nicht zuletzt beim Schneiden von Faserverbundwerkstoffen, die seitliche Schädigung des Werkstoffes. Daher wird weiterhin an der Optimierung der Schnittleistung gearbeitet. Diese ist in besonderem Maße von der Bündelung des Strahles abhängig. Verbesserungen sind hier durch Beimengung von Gasen, Lösungsmitteln oder gelösten Polymeren möglich, die allerdings aufwendige Mischsysteme voraussetzen und je nach Toxizität der Zusätze eine Aufbereitung des Wassers nach dem Schneidprozeß nötig machen. Diese Nachteile sind vermeidbar, wenn eine ähnliche Steigerung der Schnittleistung durch die weitere Optimierung der Düsenform erreicht werden kann.

Zerspanende Verfahren

Bei den zerspanenden Verfahren, zu denen neben entsprechenden Trenntechnologien auch formgebende Prozesse wie das Fräsen gehören, werden mit Hilfe einer

Schneide Späne vom zu bearbeitenden Werkstoff mechanisch abgetrennt. Neue Anforderungen ergeben sich hier speziell aus den immer engeren Toleranzen bei Maß- und Formgenauigkeiten der zu fertigenden Bauteile. Zerspanende Verfahren mit geometrisch definierten Schneiden werden in Zukunft immer weiter in Bereiche der Endbearbeitung vordringen, so daß sich nachträgliches Schleifen zunehmend erübrigt. So sollen Bauteile in einer Aufspannung mit flexibler Geometrie komplett, d.h. nicht zuletzt endkonturnah, bearbeitet werden. Daraus ergeben sich extrem hohe Anforderungen an die Schärfe, Schartenfreiheit und Kantenstabilität der Werkzeuge, insbesondere für die Stahlbearbeitung.

Gefordert sind hier in erster Linie die verwendeten *Schneidstoffe*. Diese müssen einerseits möglichst hart und verschleißfest sein und andererseit über eine hohe Zähigkeit verfügen, um nicht zu zerbrechen. Den Idealfall eines gleichzeitig außergewöhnlich zähen und harten Schneidstoffs gibt es allerdings bisher nicht. Bestmögliche Kompromisse bieten insbesondere die Cermets (keramikpartikelverstärkte Metalle), Ultrafeinkornhartmetalle, Oxid- oder Siliziumnitridkeramiken sowie synthetische polykristalline Schneidstoffe aus kubischem Bornitrid (CBN) und Diamant (PKD). Gerade PKD ist ein besonders harter Werkstoff und damit eigens für die Bearbeitung von keramikfaserverstärkten Materialien geeignet. Die zähesten Schneidstoffe finden sich in der Gruppe der sog. Hochleistungs-Schnellarbeitsstähle, deren Verschleißfestigkeit durch moderne Beschichtungsverfahren weiter gesteigert werden kann.

Die zielgerichtete Weiterentwicklung der Schneidstoffe zur Erhöhung der Zerspanungsleistung und der Werkzeugstandzeiten bedarf allerdings in jedem Falle einer Ergänzung durch entsprechende Fortschritte im Bau der Werkzeugmaschinen selbst. Nur dann sind die geforderten Präzisionssteigerungen technisch und wirtschaftlich realisierbar. So ist ein ökonomischer Einsatz häufig nur durch deutlich höhere Schnittgeschwindigkeiten zu gewährleisten. Hier finden heute aber noch viele Werkzeugmaschinen ihre Grenze, da sie nicht die notwendigen hohen Drehzahlen zur Verfügung stellen.

Gerade extreme Schnittgeschwindigkeiten sind das charakteristische Merkmal der neuen Technologie des *Hochgeschwindigkeitsfräsens*. Diese weist neben einer erheblichen Verkürzung der Bearbeitungszeit auch entscheidende technologische Vorteile auf, zu denen hohe Oberflächenqualitäten gehören und die ihr eine Reihe völlig neuer Einsatzgebiete eröffnen. Voraussetzung für einen weitverbreiteten großtechnischen Einsatz ist jedoch eine konsequente Weiterentwicklung der Maschinen zur Optimierung der technischen Eigenschaften und die Einbindung des Verfahrens in moderne CIM-Systeme.

4.2.6 Weltraumforschung/-fertigung

Die kommerzielle Nutzung des Weltraums ist im Bereich der Kommunikation oder der Erdbeobachung seit Jahren selbstverständlich. Eine weitere industriell nutzbare Möglichkeit ist die Erforschung und Herstellung von Werkstoffen im All. Neben anderen Bedingungen wie beispielsweise dem unbegrenzten Hochvakuum bietet hier insbesondere die Schwerelosigkeit spezifische Vorteile, die auf der Erde nicht oder nur unter erheblichem experimentellem Aufwand, z.B. in Falltürmen, gegeben sind. Allerdings sind Experimente im All ebenfalls extrem aufwendig, so daß die Erforschung und vor allem die Fertigung von Werkstoffen im Weltraum aus technologischer Sicht zwar besonders interessant, aus dem übergeordneten Blickwinkel eines akzeptablen Kosten/Nutzen-Verhältnisses aber sehr umstritten ist.

Untersuchungen zum Verhalten von Materialien unter den Bedingungen der *Mikrogravitation*, d.h. der annähernden Schwerelosigkeit (μg, Größenordnung 10^{-3} bis 10^{-6} g), sind zunächst einmal in Systemen interessant, bei denen eine oder mehrere Komponenten in flüssiger oder gasförmiger Phase vorliegen. Auf der Erde verursacht die stets vorhandene Schwerkraft die Trennung von Bestandteilen unterschiedlicher Dichte (Auftrieb, Sedimentation), sorgt für beschleunigte Durchmischung infolge der natürlichen Konvektion und begrenzt die Stabilität freier Flüssigkeitsoberflächen als Folge des hydrostatischen Drucks. Diese Einschränkungen gelten unter Schwerelosigkeit nicht.

Es ist offensichtlich, daß sich diese Verhältnisse vorteilhaft zum Studium solcher Prozesse nutzen lassen, bei denen es um Transportvorgänge in Schmelzen und Lösungen sowie um Phasenumwandlungen zwischen gasförmigen, flüssigen und festen Aggregatzuständen geht und die Schwerkraft die Qualität der hergestellten Materialien bzw. die Meßergebnisse entscheidend beeinflussen kann. Die so zustandekommenden wissenschaftlichen Erkenntnisse können dazu genutzt werden, auf der Erde Werkstoffe mit verbesserten Eigenschaften herzustellen. Eine weitere Option wäre die direkte Herstellung im All, wenn sich die Produkte unter terrestrischen Bedingungen nur in schlechterer Qualität gewinnen lassen.

Für die *Kristallzüchtung* elektronischer und optischer Werkstoffe sind die besonderen Vorteile im Weltraum das Fehlen bzw. die Reduzierung unkontrolliert ablaufender Auftriebskonvektionen und der Wegfall des Gewichts von freien Schmelzzonen. Im Hinblick auf eine reproduzierbare Einkristallherstellung auf der Erde werden wichtige Erkenntnisse über die komplexen, oft schwer entkoppelbaren Wachstumsvorgänge erwartet. Dies wird durch die bisherigen Züchtungsexperimente unter reduzierter Schwerkraft bestätigt. Damit sollte es möglich sein, Impulse für die Qualitätsverbesserung technischer Werkstoffe (z.B. GaAs) zu geben.

Bei den Metallen und Verbundwerkstoffen läßt sich als weiterer, besonderer Vorteil die Vermeidung von unerwünschten Seigerungen (Entmischungsvorgänge) aufgrund bestehender Dichteunterschiede anführen. Das Entwicklungsziel lag bisher bei der Produktion von neuen, auf der Erde nicht herstellbaren Werkstoffen. Dieses hat heute nicht an Bedeutung verloren, allerdings haben die ersten Mikrogravitations-Experimente gezeigt, daß die Herstellung der gewünschten Werkstoffe schwieriger ist als erwartet. So müssen z.B. die Aussichten, neue Lagermetalle mit guten Verschleiß- und Notlaufeigenschaften herstellen zu können, inzwischen als gering eingestuft werden. Bei den hierfür erforderlichen Materialsystemen treten meistens Entmischungen im flüssigen Zustand auf, die offenbar auch im Weltraum zu makroskopischen Separationen führen. Verantwortlich für diese Tatsache ist die sog. Marangoni-Konvektion, die unabhängig von der Schwerkraft zur Entmischung von mehrphasigen Flüssigkeiten führt, da diese eine kleinste gemeinsame Grenzfläche anstreben. Die weiteren Aussichten sind deshalb hier sehr unsicher. Möglicherweise wird es gelingen, die unerwünschten Einflüsse von Grenzflächenspannungen durch geeignete Zusätze zu unterdrücken.

Nicht ganz so problematisch ist die Fertigung *oxiddispersionsgehärteter Einkristall-Legierungen*, da feste Teilchen keiner Marangoni-Konvektion unterliegen. Die Erzeugung solcher Verbundwerkstoffe mit homogener Teilchenverteilung ist über einen Gießprozeß auf der Erde nicht oder nur unter besonderen Einschränkungen möglich, da die schwerere Komponente sich rasch am Boden ansammelt, bevor die Schmelze endgültig erstarrt ist. Bei der Herstellung entsprechender Bauteile mit komplexen Geometrien würde im Weltraum die Stützhauttechnologie zum Einsatz kommen, die auf der Überlegung beruht, daß zur Formgebung unter Schwerelosigkeit eine dünne inerte Schicht auf der freien Schmelzoberfläche zur Formerhaltung ausreichend ist. Die Voraussetzung zur Anwendbarkeit einer solchen Formgebungstechnik im Weltraum wurde bereits in mehreren Experimenten in Höhenforschungsraketen und Spacelab-Missionen erarbeitet.

Mit der Möglichkeit zu *behälterlosen Prozesstechniken* bietet die Schwerelosigkeit eine interessante Experimentiertechnik, die sich immer deutlicher zu einem Schwerpunkt der Materialforschung im Weltraum entwickelt. Infolge der Abwesenheit des Eigengewichts und des hydrostatischen Drucks wird hier für das Hantieren mit Schmelzen kein Tiegel benötigt, mit dessen Wandmaterial die Schmelze reagieren könnte. Durch solche behälterlosen Verfahrenstechniken erhofft man sich beispielsweise die Optimierung von Hochtemperatursupraleitern und ultrahochreinen Gläsern (z.B. für Glasfasern). Auch die Entstehung metastabiler Phasen bei gemäßigten Abkühlraten von Metallschmelzen (langsames "Schnelles Erstarren") kann so nahezu ungestört von der Umgebung verfolgt werden, da wegen fehlender Störstellen eine frühzeitige heterogene Keimbildung entfällt.

Von industriellem Interesse für eine Fertigung im All sind insbesondere solche Materialien, deren Märkte noch nicht unmittelbar abzusehen sind und die noch einer Entwicklungszeit bedürfen, welche mit der relativ zeitaufwendigen Experimentabfolge im Weltraum einigermaßen verträglich ist. Beispiele kommen nicht zuletzt aus dem Bereich der Polymere, der organischen Molekülkristalle sowie der Katalysatoren (Herstellung bestimmter Zeolithe). So sind Experimente zur Züchtung von Proteinkristallen unter Schwerelosigkeit bereits mehrfach erfolgreich durchgeführt worden. Solche Kristalle werden für das Computerdesign von Pharmazeutika benötigt und müssen groß genug und perfekt sein, um bei der Röntgen- oder Neutronenstrukturanalyse eine genügend hohe Auflösung zur Bestimmung der Atomlagen zu ermöglichen.

Insgesamt gesehen befindet sich das Gebiet der Materialwirtschaft im All jedoch immer noch im Stadium wissenschaftlicher Voruntersuchungen, welches erst im Laufe der nächsten Jahrzehnte in eine anwendungsorientierte Phase münden kann. Einige Ergebnisse bei verschiedenen Missionen geben jedoch Anlaß zu der Feststellung, daß sich der Weltraum als Forschungs- und zumindest prinzipiell auch als Produktionsstätte nutzen läßt. Dabei steht sicherlich zunächst der Forschungsaspekt im Vordergrund, um Möglichkeiten der Qualitätssteigerung von Materialien durch Prozeßoptimierung auf der Erde abzuschätzen. Die Erweiterung des Grundlagenwissens kann darüber hinaus zur Entwicklung neuer Werkstoffe führen. Die Herstellung solcher Materialien muß dann nicht notwendigerweise und in jedem Fall auch im Weltraum durchgeführt werden.

Ob eine industrielle Produktion z.B. einkristalliner Werkstoffe im Weltraum überhaupt Vorteile bringen könnte, kann aus heutiger Sicht nicht endgültig geklärt werden. Dem scheint vor allem die Notwendigkeit eines akzeptablen Kosten/Nutzen-Verhältnisses entgegenzustehen. Wegen der hohen zusätzlichen Kosten kämen überhaupt nur Materialien in Frage, deren Entwicklung und Herstellung bereits auf der Erde sehr teuer ist. Zunächst ist sicherlich die Fertigung von Standardmaterialien in höchstmöglicher Qualität interessant, die als Referenzen (Normale) für auf der Erde hergestellte Materialien dienen können. Vorstellbar wäre auch eine Kleinproduktion von Werkstoffen mit auf der Erde nicht oder nur schwer erreichbaren Eigenschaften und einem hohen Preis/Gewichts-Verhältnis. Hierzu könnten leistungsfähige Infrarotdetektoren auf der Basis von CdTe zählen.

4.3 Werkstoffprüfung und Qualitätssicherung

Technologien zur Materialprüfung dienen der werkstoffgebundenen Qualitäts-sicherung und haben damit eine wachsende Bedeutung für die Funktionssicherung technischer Produkte. Außerdem spielen sie eine wichtige Rolle in der Entwicklungsphase neuer Werkstoffe. Zwei Bereichen kommt eine besondere Bedeutung zu. Dabei handelt es sich um die

- *Bruchmechanische Werkstoffprüfung und Schadensdiagnostik sowie die*
- *Zerstörungsfreie Werkstoffprüfung.*

Auf neue Werkstoffe sind konventionelle Untersuchungsmethoden in vielen Fällen nicht anwendbar. Daher müssen die Entwicklungen in den Bereichen der Prüfverfahren und der Materialien parallel verlaufen. Das gilt vor allem für zerstörungsfreie Prüfverfahren, die ein tiefgreifendes Verständnis physikalischer Wirkmechanismen im Werkstoff voraussetzen. Neben den klassischen makroskopischen Eigenschaften erlangen hier zunehmend auch mikroskopische physikalische Effekte Bedeutung (z.B. Neutronenbeugung oder Positronenannihilation). Außerdem sind folgende übergreifende Trends festzustellen:

- *Wachsender Einfluß rechnergestützter Verfahren*
- *Steigende Bedeutung der Prüfung unter Einsatzbedingungen*
- *Zunehmende Integration der Prüfverfahren in den Fertigungsprozeß.*

Der vermehrte Einsatz der Prüfverfahren bereits im Entwicklungslabor soll eine bestimmte Basissicherheit bei der Produktion sicherstellen und die Zahl aufwendiger Prüfungen im Herstellungsprozeß oder am Fertigprodukt minimieren.

4.3.1 Übergeordnete Aspekte

Die durch neue Werkstoffe und Bearbeitungstechnologien erzielbaren volkswirtschaftlichen Effekte vor allem hinsichtlich der Einsparung von Material und Energie werden maßgeblich von der umfassenden Anwendung moderner Verfahren zur Werkstoffprüfung und Technischen Diagnostik beeinflußt. Diese ermöglichen beispielsweise erst das Ausreizen der Werkstoffeigenschaften und die damit einhergehende Minimierung von Sicherheitszuschlägen bei der Auslegung von Bauteilen. Darüber hinaus leistet die Werkstoffprüftechnik einen wichtigen Beitrag zur Durchsetzung übergreifender Sicherheits-, Zuverlässigkeits- und Instandhaltungsstrategien von Produktionsanlagen oder auch Verkehrsmitteln. Sie deckt alle Aspekte der werkstoffgebundenen Qualitätssicherung ab und hat damit neben den vielfältigen Verfahren der geometrischen Qualitätsprüfung eine wachsende Bedeutung für die Funktionssicherung technischer Produkte. Außerdem steigt ihr Einfluß auf die gezielte Entwicklung von Werkstoffen mit neuartigen Eigenschaften. Dabei bildet die Erforschung der Zusammenhänge zwischen Materialstruktur bzw. -gefüge und den makroskopischen Eigenschaften die Grundlage sowohl für die Entwicklung geeigneter Prüfverfahren als auch von neuen Werkstoffen.

Insgesamt hat die Werkstoffprüftechnik folgende Aufgaben zu erfüllen:

- Bereitstellung aussagefähiger Werkstoffkennwerte als Grundlage für die Konstruktion und die optimale Gestaltung technologischer Prozesse sowie als Zielgrößen für die Werkstoffentwicklung

- Überwachung und Steuerung der Qualitätsparameter für Gefüge- und Behandlungszustände, Oberflächeneigenschaften, geometrische Parameter oder fertigungsbedingte Defekte

- Funktionsüberwachung von Werkstoffen und Bauteilen unter Betriebsbedingungen mit dem Ziel einer Schadensfrüherkennung und Restlebensdauerprognose.

Der Vielfalt der Aufgaben und der zugrundeliegenden Mechanismen entsprechend haben Werkstoffprüfung und Qualitätssicherung einen ausgeprägten Querschnittscharakter. Gerade Neue Werkstoffe haben zumeist eine unübliche Zusammensetzung oder Mikrostruktur, entstammen neuartigen Entwicklungs- und Herstellungsverfahren oder bieten verbesserte bzw. bisher in dieser Ausprägung sogar unbekannte Eigenschaften. Entsprechend vielgestaltige Meß-, Prüf- und Analysetechniken sind erforderlich. Konventionelle Verfahren sind in vielen Fällen nicht übertragbar, daher muß die Entwicklung geeigneter Prüfverfahren parallel zur Entwicklung neuer Werkstoffe erfolgen. Das gilt vor allem für zerstörungsfreie Prüfverfahren, die ein tiefgreifendes Verständnis physikalischer Wirkmechanismen im Werkstoff voraussetzen.

Unabhängig von konkreten Einzelmethoden sind insbesondere die folgenden allgemeinen Entwicklungstendenzen für den Bereich der Werkstoffprüfung und Qualitätssicherung von Bedeutung:

- Erweiterung in Grenzbereiche physikalischer bzw. chemischer Bedingungen, z.B. bezüglich Temperatur oder Stoffanalytik

- Ausbau experimenteller Techniken zur Erschließung des atomaren Maßstabes

- Ausbau theoretischer und experimenteller Modellansätze zur Analyse von Problemen grundsätzlicher Natur, z.B. im Bereich der sog. "risk analysis"

- Zunehmende Leistungsfähigkeit theoretischer Hilfsmittel, wie z.B. Rechenmethoden oder Expertensysteme

- Verbesserung des Verständnisses der Zusammenhänge zwischen dem mikrostrukturellen Aufbau der Werkstoffe und ihren makroskopischen Eigenschaften als Grundlage der Entwicklung von Sensoren, Geräten und Prüfverfahren; dabei besondere Berücksichtigung von Qualitätsabweichungen bei der Fertigung und im Betrieb

- Weitergehende Erforschung der Schädigungsmechanismen und ihres komplexen Zusammenwirkens bei Betriebsbeanspruchung sowie Entwicklung von rechnergestützten Methoden und Kriterien zur Schadensfrüherkennung und -bewertung

- Zunehmender Einsatz "intelligenter Hilfsmittel", z.B. integrierte Rechner oder verbesserte Verfahren der Bildverarbeitung.

Von wachsender Wichtigkeit sind nicht zuletzt die weitere Rationalisierung und Automatisierung der Prüfverfahren und ihre Integration in den Fertigungsprozeß. In diesem Zusammenhang haben ständig wachsende Prüfanforderungen bereits zum Einsatz von Prüfmanipulatoren zur Prüfung der Druckbehälter und Dampferzeugerrohre von Kernkraftwerken oder zur Entwicklung von bestimmten Prüfroboterstationen geführt.

Aus der Vielzahl der unterschiedlichen Einzelmethoden kommt zwei Bereichen eine besondere Bedeutung zu. Dabei handelt es sich zu einen um die Messung und Prüfung mechanischer oder thermischer Eigenschaften durch das Gebiet der *Werkstoffmechanik*. Daneben haben die *zerstörungsfreien Prüfverfahren* einen herausragenden Stellenwert, und zwar in allen Phasen von der Entwicklung über die Fertigung bis hin zur Wartung neuer Werkstoffe bzw. Bauteile.

Zerstörungsfreie Prüfverfahren basieren auf der Tatsache, daß es gewisse Zusammenhänge und Abhängigkeiten zwischen bestimmten meßbaren physikalischen Eigenschaften eines Werkstoffes und seiner makro- oder mikroskopischen Beschaffenheit gibt. Diese wiederum steht z.B. im Zusammenhang mit mechanisch-technologischen Charakteristika wie der Härte oder der Festigkeit, die damit mittelbar auf zerstörungsfreiem Wege meßbar werden. Die zugrundeliegenden physikalischen Meßgrößen beruhen beispielsweise auf thermischen, elektrischen und magnetischen Eigenschaften (wie der Koerzitivfeldstärke) oder auf elastischen Eigenschaften, welche sich im Ausbreitungsverhalten von Ultraschallwellen äußern. Außerdem steigt die Bedeutung kernphysikalischer Methoden.

Gerade bei neuen Werkstoffen können unerwartete bzw. kaum vorausplanbare Beziehungen zwischen den zu messenden physikalischen und den zu erschließenden strukturellen Eigenschaften bestehen. Da derartige Schwierigkeiten bei zerstörenden Prozessen naturgemäß längst nicht in dem gleichen Maße gegeben sind, bedürfen speziell die zerstörungsfreien Prüfverfahren einer besonderen Betrachtung im Zusammenhang mit dem Bereich der Neuen Werkstoffe.

4.3.2 Bruchmechanische Werkstoffprüfung und Schadensdiagnostik

Mit der Einführung der Bruchmechanik wurde eine wesentliche Ergänzung und Weiterentwicklung vorliegender Regelwerke zur Bewertung der Bruchsicherheit von Werkstoffen und Bauteilen einschließlich der dazu erforderlichen Prüfverfahren erreicht. In der Grundkonzeption aller bruchmechanischen Sicherheitskriterien wird davon ausgegangen, daß der Bruch das Ergebnis einer Rißausbreitung ist, wobei die Risse entweder bereits bei der Fertigung oder während der Betriebsphase entstehen können. Diese Risse werden sowohl bei der Spannungsanalyse des Bauteils als auch bei der prüftechnischen Kennwertermittlung berücksichtigt. Damit ist es möglich, einen quantitativen Zusammenhang zwischen der Bauteilbeanspruchung, der Rißgröße und dem Werkstoffwiderstand gegen Rißausbreitung herzustellen.

Anwendung findet die Bruchmechanik bei der Werkstoffauswahl, der Bewertung der Sicherheit rißbehafteter Bauteile und der Schadensfallanalyse. Bemerkenswert für die Neuen Werkstoffe ist, daß die Bruchzähigkeit den Widerstand eines Werkstoffes gegen Ausbreitung vorhandener Risse angibt. Gerade bei den Neuen Werkstoffen gibt es Versuche, einen Werkstoff so zu konstruieren, daß er in der Lage ist, Risse an ihrer Ausbreitung zu hindern.

Die Bruchmechanik hat zu einer neuen Generation von Werkstoffkenngrößen geführt und die Verbindung zwischen der zerstörenden und zerstörungsfreien Werkstoffprüfung auf eine qualitativ höhere Stufe gestellt. Unter Berücksichtigung der werkstoffmechanischen Schädigungsmechanismen, vor allem der Rißentstehung und -ausbreitung, und der Anwendung moderner festkörpermechanischer Methoden zur Analyse der Spannungs- bzw. Dehnungsverteilung in der Umgebung von Rissen konnte die Lücke zwischen dem Verhalten einfacher Werkstoffproben und dem Versagensrisiko großer Bauteile im wesentlichen geschlossen werden. Außerdem sind die bruchmechanischen Werkstoffkenngrößen wegen der besseren Differenzierbarkeit unterschiedlicher Gefüge- und Behandlungszustände zu einer unentbehrlichen Grundlage für die Werkstoffentwicklung und -auswahl geworden. So spielt z.B. der sog. K_{IC}-Wert als Maß für die Bruchzähigkeit eine wichtige Rolle bei der Entwicklung von Strukturkeramiken (s. 2.3).

Von besonderer Bedeutung ist die Anwendung bruchmechanischer Prüf- und Bewertungsmethoden bei Neuen Werkstoffen für die Hochdruckchemie und Energietechnik. Die Bewertung solcher Werkstoffe basiert auf Kennwerten bzw. Kriterien der Zähbruchmechanik. Entscheidend ist dabei die Frage, ob bzw. unter welchen Voraussetzungen eine Übertragbarkeit der an relativ kleinen und einfachen Proben ermittelten Kennwerte auf das Betriebsverhalten von Großbehältern möglich ist.

Die bruchmechanischen Kennwerte bieten auch neuartige Lösungen für Auswahl- und Einsatzvorschriften von Werkstoffen. Auf der Grundlage der sog. Referenz-bruchzähigkeit (untere Begrenzung des Streubandes der statischen und dynamischen Bruchzähigkeitswerte in Abhängigkeit von der Temperatur) lassen sich Temperaturgrenzen für den Einsatz von Werkstoffen sowie ein Bruchkontrollplan für hochbeanspruchte Bauteile ableiten. Ein derartiger Bruchkontrollplan umfaßt die zur Verhütung eines katastrophalen Schadensfalls erforderlichen Elemente und Einflußgrößen von der Projektierung bis zum Betrieb.

Grundlegende werkstoffwissenschaftliche Arbeiten sind bei der Entwicklung neuer Konstruktionswerkstoffe auf die Herstellung des Zusammenhangs zwischen dem Gefüge der Werkstoffe und den in der Prozeßzone vor dem Riß ablaufenden Schädigungsprozessen zu richten. Ein wichtiges Bindeglied stellt dabei der als Stretchzone bezeichnete Bereich starker plastischer Verformung an der Rißspitze dar, in dem es durch lokale Dekohäsion zur Einleitung und weiteren Ausbreitung von Mikrorissen kommt. Durch Untersuchungen mit dem Rasterelektronenmikroskop läßt sich dabei der Einfluß der Mikrostruktur, speziell von Einschlüssen, Fasern und anderen heterogenen Phasen auf die Vorgänge der Rißeinleitung nachweisen.

Da sich für die Bruchzähigkeit eine ähnliche Temperaturabhängigkeit wie für die Kerbschlagzähigkeit einstellt, ist es insbesondere bei neuen Werkstoffen wichtig, eine werkstoffphysikalisch definierte Übergangstemperatur (Übergang vom zähen in den spröden Zustand) als Kriterium für die Werkstoffentwicklung vorzugeben.

Als Schwerpunkte für eine langfristige Grundlagenforschung zur Bruchmechanik und Schadensforschung sind zu nennen:

- Aufklärung der mikrostrukturellen Schädigungsprozesse, vor allem der Rißbildung und -ausbreitung, in technischen Werkstoffen unter betriebsnahen Beanspruchungen

- Entwicklung effektiver numerischer Methoden zur Berechnung des Spannungs- und Dehnungszustandes in der Umgebung ruhender bzw. sich ausbreitender Risse

- Erkundung von Möglichkeiten zur zerstörungsfreien Ermittlung bruchmechanischer Werkstoffkennwerte, d.h. Nutzung der Bruchmechanik zur Bewertung der mit zerstörungsfreien Prüfverfahren gefundenen und ausgemessenen Fehler

- Entwicklung von Methoden zur Früherkennung von Werkstoffschädigungen, z.B. durch eine auf der automatischen Bildverarbeitung beruhenden quantitativen Mikrofraktographie.

4.3.3 Zerstörungsfreie Prüfung und Qualitätssicherung

Während sich die Zerstörungsfreie Werkstoffprüfung (ZFP) noch in den 30er Jahren außerhalb der Fertigung auf stichprobenartige Durchstrahlungsprüfungen mittels Röntgenstrahlen oder Oberflächenrißprüfungen mittels Magnetpulver oder Eindringmittel beschränkte, begann vor etwa 50 Jahren ihre zunehmende Integration in den Fertigungsprozeß. Der Begriff "Zerstörungsfreie Werkstoffprüfung" wurde in den 40er Jahren geprägt. Er ist so eindeutig, daß er eigentlich keiner weiteren Erläuterung bedarf. Der Werkstoff wird geprüft, ohne daß er zerstört wird. Im weiteren Sinne werden dazu auch Verfahren wie die Prüfung mit einem Aufsatzhärteprüfgerät gezählt, die durchaus zu einer gewissen, allerdings nicht einsatzrelevanten Verformung oder gar Beschädigung führen können.

Zerstörungsfreie Prüfverfahren und die ihnen zugrunde liegenden Erkenntnisse spielen in allen Phasen des "Werkstofflebens" eine besondere Rolle, von der Erforschung der Grundlagen bis hin zum Betrieb und zur Instandhaltung der fertigen Bauteile:

- Forschung
    + Aufdeckung der Struktur-Eigenschafts-Beziehungen

- Projektierung
    + Festlegung der Prüfkonzeption und Prüftechnologie

- Konstruktion
    + Festlegung des Prüfumfanges und unzulässiger Fehlergrößen
    + Abschätzung der Lebensdauer aufgrund bruchmechanischer Analysen
    + Festlegung der Inspektionszeiträume
    + Gewährleistung einer prüfgerechten Konstruktion

- Fertigung
    + Auswahl geeigneter Fertigungstechnologien
    + Ermittlung von Art, Größe und Lage der Fehler durch eine kontinuierliche ZFP als integrierter Bestandteil des Prozesses

+ Optimierung von Technologien auf der Grundlage ständiger Qualitätsüberwachung und Rückkoppelung auf den Fertigungsprozeß
+ Kontrolle der Verarbeitungseigenschaften und des Werkzeugzustandes
+ Ein- und Ausgangskontrolle
+ Einschätzung der Zuverlässigkeit zerstörungsfreier Prüfergebnisse mittels
  statistischer Methoden

- Betrieb und Instandhaltung
  + Kontinuierliche bzw. intervallmäßige Kontrolle bei Revisionsstillständen
    und Überwachung bei Reparaturmaßnahmen
  + Risikoabschätzung bei nachgewiesenen oder vermuteten Werkstoffschädigungen
  + Schadensanalyse.

Eine besondere Herausforderung stellt die Prüfung der Neuen Werkstoffe dar, die
z.B. aufgrund ihrer Anisotropie (Faserverbunde) oder Sprödbruchempfindlichkeit
bei Vorhandensein kleinster Fehler (Keramik) neue Maßstäbe für die ZFP setzen
bzw. die Aufklärung ganz neuer Größen, wie z.B. Delaminationen, erfordern. Bei
neuen Werkstoffen steht bei der Entwicklung zerstörungsfreier Prüfverfahren zunächst immer die Aufklärung der Struktur-Eigenschafts-Beziehungen im Mittelpunkt des Interesses. In jedem Falle wird zuerst untersucht, wie sich makroskopische oder mikroskopische physikalische Eigenschaften gegenüber einer Qualitätsabweichung z.B. im Gefüge verhalten. Hat sich dabei eine Eigenschaft als besonders geeignet für die Charakterisierung dieser Abweichung erwiesen, wird im
zweiten Schritt die Umsetzung in ein zerstörungsfreies Prüfverfahren realisiert.
Auf diese Weise entstehen neue Prüfverfahren für neue Werkstoffe.

Hier ist man gerade bei der Prüfung von Konstruktionskeramiken noch am Anfang
einer weitreichenden Entwicklung. Einige physikalische Eigenschaften bieten sich
zur Entwicklung qualifizierter zerstörungsfreier Prüfverfahren an, ihre Ausnutzung
ist aber nicht unproblematisch und erfordert gegenüber klassischen Materialien das
Beschreiten ganz neuer Wege.

Die Hauptaufgaben der zerstörungsfreien Werkstoffprüfung sind

- die Defektoskopie, d.h. die Suche nach Fehlern im Werkstoff oder an seiner
  Oberfläche,
- die Dicken- und Schichtdickenmessung,
- die Gefüge- und Legierungskontrolle,
- die Messung mechanischer Spannungen und
- die Ermittlung von mechanischen und anderen physikalischen Werkstoffkennwerten,

wobei die Reihenfolge auch die Häufigkeit der auftretenden Prüfprobleme widerspiegelt. Neben der reinen Werkstoffprüfung gehört auch die Messung und gegebenenfalls Abbildung physikalischer Felder wie Temperatur- und Magnetfelder zu den Aufgaben der ZFP.

Grundlage für die Entwicklung von zerstörungsfreien Prüfverfahren und von Werkstoffeigenschaftssensoren sind physikalische Charakteristika der Werkstoffe. Neben den klassischen makroskopischen (mechanischen, magnetischen, elektrischen, thermischen und thermoelektrischen) Eigenschaften erlangen hier mehr und mehr auch mikroskopische physikalische Effekte Bedeutung. Dabei handelt es sich z.B. um

- Elektronenbeugung,
- Röntgenbeugung,
- Neutronenbeugung,
- atomspektroskopische Methoden im optischen und nichtoptischen Bereich,
- Schallemission,
- Barkhausen-Rauschen,
- Mößbauer-Effekt,
- Schallrückstreuung,
- Exoelektronenemission,
- Kernresonanz und
- Positronenannihilation.

Weiter- oder Neuentwicklungen von zerstörungsfreien Prüfverfahren gibt es gerade im Hinblick auf den Einsatz neuer Werkstoffe für die Aufklärung in allen Strukturdimensionen, von der Grob- bis hinab zur Kristallstruktur.

Im Bereich der *Grobstrukturprüfung* zur Aufklärung von Rissen oder Einschlüssen gehören insbesondere die Ultraschallprüfung, die Wirbelstromprüfung, die Radiographie sowie die Magnetpulver- und Farbeindringprüfung zu den inzwischen etablierten Verfahren. Geeignet sind auch thermographische und computertomographische Verfahren. Unter Beanspruchungsbedingungen lassen sich Änderungen in der Grobstruktur von Bauteilen u.U. mit Verfahren der Schallemissionsprüfung oder der Leckprüfung detektieren.

Weiterentwicklungen gibt es vor allem bei der Ultraschallbildgebung und der Radioskopie, d.h. der Durchstrahlung mit Bildverstärkertechnik. Radioskopische Prüfsysteme eignen sich in besonderem Maße für eine Automatisierung. Ihre weitere Verbreitung wird aber nicht zuletzt davon abhängen, ob die derzeitigen Anstrengungen im Hinblick auf eine Standardisierung erfolgreich sind. Wesentliche Fortschritte wurden bereits bei der leistungsfähigen Datenverarbeitung beispielsweise im Zusammenhang mit zweidimensionalen tomographischen Rekonstruktionen oder quantitativen Fehlerbewertungen gemacht.

Zur Identifizierung von Phasen oder Mikrorissen, also der *Mikrostukturprüfung*, gibt es eingeführte mikroskopische Verfahren wie die Elektronenmikroskopie, die allerdings an realen Komponenten nicht oder nur mit erheblichem Aufwand angewendet werden können. Daher wird in der Praxis häufig eine zerstörende Prüfung an einer statistischen Auswahl von Prüflingen vorgenommen. Nicht nur im Bereich konventioneller metallischer Werkstoffe zeichnet sich jedoch die Entwicklung von Verfahren ab, die eine Mikrostrukturcharakterisierung und damit Aussagen über das zu erwartende mechanische Verhalten mittels zerstörungsfreier Methoden erlauben sollen.

Ein neues Arbeitsfeld der ZFP liegt hier auf dem Gebiet der Rastermikroskopieverfahren, die mit immer neuen Wirkprinzipien konzipiert und erprobt werden. Über die klassische Mikroskopie hinaus ermöglichen diese die Bestimmung thermischer, magnetischer oder auch elastischer Eigenschaften mit sehr hoher Ortsauflösung. Entsprechende, im Scan-Verfahren über den Prüfling geführte Anordnungen bieten das Potential, Informationen aus unterschiedlichen Schichttiefen zu erhalten. Diese Tatsache könnte in Zukunft verstärkt für die Prüfung von Beschichtungen und Oberflächen ausgenutzt werden.

Zur zerstörungsfreien Festlegung mechanischer Eigenschaften sind sowohl die Ausbreitung von Ultraschallwellen als auch magnetische Eigenschaften nutzbar, die von mikrostrukturellen Eigenarten der Werkstoffe beeinflußt werden. Derartige Verfahren werden auch zur Ermittlung von Eigenspannungen und Texturen entwickelt, welche einen entscheidenden Einfluß auf Formabweichungen bei der Weiterverarbeitung von Blechen haben können.

Veränderungen der Mikrostruktur z.B. infolge von Materialbeanspruchungen haben ihren Ursprung in Mechanismen der sog. *Realstruktur*, also Kristallbaufehlern wie Versetzungen, Korngrenzen oder Fehlstellen. Die in der Festkörperphysik bekannten Methoden zur Messung derartiger Effekte spielen in der ZFP bisher eine geringe Rolle. Hier gehen entsprechende Ansätze zunächst von in der ZFP bereits bekannten Meßprinzipien aus. So steigt neuerdings das Interesse daran, die bei der Magnetisierung in der Elementarbereichsstruktur ferromagnetischer Materialien ablaufenden mikroskopischen Wandverschiebungs- und Umklapp-Prozesse über das sog. Barkhausen-Rauschen für die zerstörungsfreie Prüfung der Versetzungsdichte auszunutzen. Auch die Absorption von Ultraschall bietet eine Möglichkeit zur Charakterisisierung der Realstruktur, da sie im Gegensatz zur Ultraschallstreuung auf Strukturinhomogenitäten weit unterhalb der Wellenlänge zurückzuführen ist.

Eine festkörperphysikalische Methode mit potentiellen Anwendungsmöglichkeiten in der ZFP ist die Positronenannihilation. Entsprechende Verfahren sind in besonderem Maße zur selektiven Anzeige solcher Kristallbaufehler in der Lage, die eine ausgeprägte Fähigkeit zum Einfangen von Positronen haben. Dabei kann es sich um Agglomerate von 2 bis zu 100 Leerstellen im Kristall handeln, die auch in kleinen Konzentrationen nachweisbar sind.

Zur Aufklärung der *Kristallstruktur* selbst, also z.B. des Gittertyps oder von Bindungszuständen, eignen sich insbesondere aus der Festkörperphysik bekannte Verfahren. Diese beruhen z.B auf der Röntgenbeugung oder nutzen Methoden der Kernresonanzspektroskopie. Chemische Eigenschaften z.B. bezüglich der Korrosionsfestigkeit auf der Ebene der Atome selbst sind noch gar nicht direkt zerstörungsfrei meßbar.

Bereits heute haben Verfahren der *rechnergestützten ZFP* eine große Bedeutung, die in Zukunft mit zunehmenden Möglichkeiten der Computertechnik weiter steigen wird. Erst die rechnergestützte Signalverarbeitung ermöglicht z.B. Mehrparameterprüfungen, die Anwendung einer schnellen Fourieranalyse sowie Verfahren der Mustererkennung und der modernen statistischen Meßwertverarbeitung.

Zunehmend hält die Bildverarbeitung zur Visualisierung, Bildverbesserung, automatischen Klassifizierung und Bewertung a priori unsichtbarer Prüfergebnisse Einzug. Sie spielt eine besondere Rolle bei der Entwicklung neuer Materialien wie Hochleistungskeramiken und Faserverbundwerkstoffen. Hier ist eine örtlich hochauflösende ZFP gefordert, da sich die gebrauchseigenschaftsmindernden Größen der Fertigungsfehler in der Dimension von nur einigen µm bewegen. Es gibt bereits die ersten Expertensysteme zur Fehlerbewertung. Die moderne Computertechnik ermöglicht auch die Modellierung und Simulierung der zerstörungsfreien Werkstoffprüfung. Insgesamt geht der Trend in Richtung einer ganzheitlichen *Computer Aided Quality Assurance (CAQ)*, das heißt zu einem integrierten Rechnergesamtsystem, in dem alle qualitätsrelevanten Daten verwaltet werden.

Normalerweise werden zerstörungsfreie Prüfverfahren bis heute unter Laborbedingungen bei Raumtemperaturen und normalen Druckverhältnissen durchgeführt. Auf der Basis des Wissens um die Zusammenhänge zwischen Struktur und Eigenschaften wird daraus auf das Verhalten des Werkstoffs unter Einsatzbedingungen extrapoliert. Dieses Vorgehen ist bei neuen Materialien, die für besonders anspruchsvolle Anwendungen z.B. bei Temperaturen von mehr als 1800°C gedacht sind, oft noch nicht praktikabel. Daher steigt die Bedeutung von Prüfverfahren unter realen oder simulierten Einsatzbedingungen. Ein vielversprechendes Entwicklungspotential in diesem Zusammenhang bieten z.B. thermographische Verfahren oder bestimmte Modifikationen der berührungslosen Ultraschallprüfung.

Mit der gestiegenen Bedeutung der Qualitätssicherung sind auch die Anforderungen an die ZFP gewachsen, zumal die Eigenschaften gerade neuer Werkstoffe oft empfindlich von der richtigen Einstellung der Fertigungsparameter abhängen. Dabei hat sich der Schwerpunkt eindeutig auf die Integration der Verfahren in den Fertigungsprozeß verlagert. Zunehmend ist der Trend erkennbar, technologische Prozesse durch zerstörungsfreie Prüfverfahren zu steuern (process control) und den Zustand von Maschinen und Anlagen zu überwachen (condition monitoring). Hier reicht die einfache Beschreibung eines vorliegenden Materialzustandes allerdings nicht aus, sondern es muß aus Meßgrößen während des Prozesses mittels eines Modells auf den Endzustand extrapoliert werden. Dies ist die Voraussetzung für das regelnde Eingreifen in den Prozeß. Entwicklungspotentiale bieten hier z.B. thermographische Verfahren, die Schallemissionsanalyse oder auch das magnetische Barkhausenrauschen. Damit wird es sich in Zukunft mehr und mehr erübrigen, die ZFP ausschließlich als Verfahren der Ausgangskontrolle anzuhängen.

Zunehmend wird die ZFP sogar bereits im Entwicklungslabor zur Analyse von Fehlern und Schwachstellen eingesetzt. Diese sollen so früh wie nur möglich erkannt und unterbunden werden, um damit eine bestimmte Basissicherheit für die Produktqualität sicherzustellen und kostenträchtige Prüfungen im Herstellungsprozeß oder am Fertigprodukt zu minimieren. Ganz besonders wichtig ist dieses Vorgehen für die Qualitätssicherung solcher hochbelasteter Werkstoffe, die im Prozeß oder im Endprodukt kaum noch prüfbar sind.

4.4 Werkstoffrecycling und Entsorgung

Die Verbesserung der Umweltverträglichkeit gehört heute zu den wichtigsten Zielen der Forschung und Entwicklung im Werkstoffbereich. Dabei orientiert sich die Bewertung ökologischer Auswirkungen zunehmend an dem übergeordneten Leitbild ganzheitlicher Ökobilanzen. Diese sollen, soweit das überhaupt möglich ist, alle Phasen des Werkstofflebens in die Beurteilung einbeziehen. So ist beispielsweise eine einseitige Betonung der Weiterverwertbarkeit zu vermeiden, da sie möglicherweise mit überproportionalen ökologischen Schäden bei der Herstellung oder während der Nutzung erkauft werden müßte.

Trotzdem sind Recycling-Aspekte in diesem Zusammenhang von besonderer Bedeutung. So gibt es im Bereich der klassischen Materialien vor allem bei Metallen und Gläsern bereits gut funktionierende Stoffkreisläufe. Keramiken spielen hier, nicht zuletzt aufgrund ihrer günstigen chemischen Eigenschaften, praktisch keine Rolle.

Von wesentlichem Interesse sind solche Werkstoffklassen, bei denen das stoffliche Recycling noch deutliche Verbesserungspotentiale aufweist, also insbesondere Polymere und Verbundwerkstoffe. Bei diesen mangelt es bisher speziell an praktikablen Trennverfahren zur Erzielung der in den meisten Fällen notwendigen Sortenreinheit. Hier sind in Zukunft spürbare Fortschritte zu erwarten.

4.4.1 Übergeordnete Aspekte

Neue Werkstoffe werden immer stärker an ihrer Fähigkeit gemessen, zur Energie- und Rohstoffeinsparung beizutragen und Entlastungen im Abfallbereich herbeizuführen, entweder durch Abfallvermeidung oder durch Abfallverwertung. Nach einer Periode der Suche nach kurzfristigen, aber zumeist einseitigen Problemlösungen setzt sich zunehmend die Erkenntnis durch, daß ein wirklicher Fortschritt nur auf der Basis ganzheitlicher Produktlinienanalysen erzielt werden kann, die von der Aufbereitung der Rohstoffe über die Herstellungsverfahren, den Nutzen des Produktes bzw. des Werkstoffes bis hin zur umweltgerechten Entsorgung reichen.

Die erzielbaren Verbesserungen werden bewertet vor dem Hintergrund der Verknappung von Ressourcen und Endlagerungskapazitäten von nichtverwertbaren Reststoffen sowie der Minimierung von Schadstoffeinträgen (Emissionen) in die Biosphäre. Vermeidungs- und Recyclingstrategien zielen darauf ab, den angestrebten Produktnutzen mit einem geringerem Stoffstrom bzw. mit einer Verlängerung der Nutzungsdauer zu erreichen.

Die intensive fachliche und öffentliche Auseinandersetzung zur Entsorgungsproblematik hat in vielen Fällen zu einer begrifflichen Verwirrung geführt, insbesondere rund um den Begriff "Recycling". Staatliche Vorschriften, technische Regeln, Fachpublikationen und Beiträge in den allgemeinen Medien verwenden Begriffe in erweiterndem oder verengendem Sinn, teilweise sogar konträr. Erschwerend kommt hinzu, daß sich in internationalen Vereinbarungen die unterschiedlichen nationalen Werte- und Begriffswelten widerspiegeln. Deutlich zum Ausdruck kommt dies bei den Begriffen "Recovery" (engl. Rückgewinnen) und "Valorisation" (franz. Verwerten), die in EU-Texten jedoch gleichsinnig übersetzt werden. Recovery und Valorisation sind breiter gefaßt als das international gebräuchliche Recycling (engl., im Kreise herumführen), das zumindest im deutschen Sprachgebrauch häufig nur auf das stoffliche Rückführen bzw. Verwerten angewandt wird. Zwar wird auch in Deutschland das Recycling verknüpft mit Begriffen wie Produkt-Recycling, Bauteil-Recycling, Energie-Recycling, thermisches Recycling oder chemisches Recycling. Die Anerkennung dieser Verwertungsoperationen als Recycling-Prozesse ist jedoch nicht unumstritten und wird teilweise in Frage gestellt. In der deutschen politischen Terminologie wird das stoffliche vom thermischen Verwerten klar unterschieden, wobei ersterem ein Primat eingeräumt wird.

Weil insbesondere bei Chemiewerkstoffen verschiedene Formen des stofflichen Verwertens möglich sind, wie zum Beispiel physikalisches Umformen bei Erhalt der Molekularstruktur oder chemisches Umwandeln bei Veränderung der Molekularstruktur, herrschen auch hier unterschiedliche Auffassungen über die Zulässigkeit der Verwendung des Recycling-Begriffs. Wird durch chemische Umwandlung aus Kunststoffen ein rohölähnlicher Grundstoff hergestellt, kann dies als stoffliches Recycling bewertet werden. Ein anschließender Einsatz dieses Grundstoffs als Brennstoff muß nicht zwangsläufig zur Entwertung des ersten Prozeßschritts als Recycling-Prozeß führen und ist dennoch vergleichbar mit einer direkten thermischen Verwertung der ursprünglich eingesetzten Altkunststoffe.

Statt den zwar gebräuchlichen, aber wie gezeigt unpräzisen Recycling-Begriff weiter zu strapazieren, soll dafür der Grundgedanke des *Verwertens* in den Mittelpunkt gestellt werden. Verwerten ist der Oberbegriff, der sowohl das Wieder- wie auch das Weiterverwerten umfaßt. Analog hierzu definiert die VDI-Richtlinie für das recyclinggerechte Konstruieren auch die Begriffe "Wiederverwenden" bzw. "Weiterverwenden", je nachdem ob ein Produkt oder Werkstoff für denselben Anwendungsfall oder für eine andere Anwendung verwendet wird. Im Verpackungsbereich ist der Begriff der Mehrweg-Verpackung der Wiederverwendung zugedacht. Gemeinsames Merkmal dieser Begriffe ist der Wert oder der Nutzen, den der Einsatz eines Produktes oder eines Werkstoffes nach Ablauf einer Primärnutzung für Folgenutzungen bietet.

Wie solche Folgenutzungen unter ökologischen Gesichtspunkten sinnvollerweise aussehen sollten, kann nur durch ganzheitliche Bilanzierungen im Sinne von *Ökobilanzen* festgestellt werden, die alle mit der Nutzung eines Werkstoffes verbunden Umweltauswirkungen bewerten und mit konkurrierenden Produkten vergleichen. Ökobilanzen werden daher immer so komplex sein, daß sie nicht als Grundlage für eine einfache "gut/schlecht"-Beurteilung dienen können. Alle anderen Bewertungen, die wie beispielsweise die Entsorgbarkeit nur einen Teilaspekt betrachten, müssen jedoch äußerst kritisch beurteilt werden.

Vor diesem Hintergrund sind auch die Problemfelder des Werkstoffrecyclings und der Werkstoffentsorgung zu sehen. Leichte Entsorgbarkeit eines Werkstoffes kann u.U. damit erkauft worden sein, daß seine Herstellung ressourcenintensiv ist oder daß in seiner Nutzungsphase durch einen schlechten Wirkungsgrad ein hoher Materialaufwand erforderlich wird. Recycling ist deshalb kein abfalltechnischer Selbstzweck, sondern soll vielmehr zusammen mit anderen Strategien der Ressourcenschonung, zum Beispiel der Produktlebensdauerverlängerung, die Nutzungszeit eines Materials maximieren. Nur auf der Basis ökologischer Gesamtbilanzierungen kann im Einzelfall also das Primat einer stofflichen Verwertung aufrecht erhalten werden.

Allerdings werden auch die Möglichkeiten der Ökobilanzen beschränkt bleiben, da sie gerade wegen ihrer enormen Komplexität der Wirklichkeit immer nur möglichst nahe kommen können, sie aber nie erreichen. Trotzdem steht zu erwarten, daß sich die Bewertung des Recyclings in Zukunft verändern kann und daß dies auch Rückwirkungen auf die ökologische Beurteilung von Werkstoffen haben wird. Komplexe Wechselbeziehungen zwischen Rohstoffaufbereitung, Werkstoffherstellung, Teile- und Produktfertigung, Nutzung und Entsorgung lassen für die ökologische Bewertung keine einfachen Antworten erwarten.

Grenzen des Recycling können sowohl technischer, ökonomischer als auch ökologischer Natur sein. Aus technischer Sicht werden dem Recyclat durch zunehmende Vermischung, Verschmutzung, Gefügeänderung, Alterung oder Ermüdung des Werkstoffes zunächst die Möglichkeiten genommen, auf gleicher Anwendungsstufe wiederverwendet zu werden. Der Begriff des *"Down-Cycling"* oder auch der Verwertungskaskade kennzeichnet diesen Prozeß, der werkstoffspezifisch allerdings unterschiedlich ablaufen kann. Um das Down-Cycling zu verlangsamen, ist es notwendig, nach Folgeanwendungen zu suchen, bei denen das Eigenschaftsspektrum möglichst nahe am Restwert des Recyclats liegt. Hochwertige Technische Polymere beispielsweise sollten nicht einer Weiterverwendung als Werkstoffe für anspruchslose Massenartikel zugeführt werden.

Noch in den Anfängen stecken die Bemühungen um ein *"Up-Cycling"*, also eine gezielte Verbesserung der Recyklateigenschaften zur Sekundärnutzung auf höherem Niveau als bei der Primärnutzung. Beispiele für Lösungsansätze finden sich im Bereich der Thermoplaste, wo man ein Upgrading z.B. durch

- Blending und Füllstoffbeimengungen,
- chemisches Pfropfen von ABS, PS oder SAN und Butadien-Oligomeren oder Styrol-Monomeren,
- Compoundierung mit feinen Gummipartikeln oder
- Compoundierung mit jungfräulichem Material oder Additiven

erreichen kann. Als Ergebnis sind Verbesserungen im Bereich der Verarbeitbarkeit oder der Eigenschaften zu erwarten.

Eng mit den technischen Grenzen verknüpft sind die wirtschaftlichen und die ökologischen Grenzen für das Recycling. Ohne besondere staatliche Ordnungsmaßnahmen funktioniert es nur bei wirtschaftlicher Attraktivität, das heißt, wenn es aus Sicht aller am Recyclingprozeß beteiligten Unternehmen mehr zur Verbesserung des Betriebsergebnisses beiträgt als alle in Frage kommenden Entsorgungsalternativen. Dies setzt neben der Existenz einer angepaßten Recycling-

Logistik für die entsprechenden Energie- und Stoffströme auch die Akzeptanz des Marktes für das angebotene Recyclingprodukt voraus.

Die ökologischen Grenzen für das Recycling sind erreicht bzw. überschritten, wenn für das Sammeln, Sortieren und das Aufarbeiten von Altstoffen mehr Energie oder Ressourcen aufgewandt werden, als durch das Wiederverwerten insgesamt eingespart wird. In diese Überlegungen muß auch einbezogen werden, wieviel Primärenergie eingespart wird, wenn der nicht recycelte Abfall einer thermischen Verwertung zugeführt wird.

Die Anforderungen an ein Werkstoffrecycling werden im wesentlichen vom Leitbild des Wirtschaftens in Kreisläufen bestimmt. Kreislaufwirtschaft ist ein ökologisches Leitbild, das die Produktionsprozesse und den gesamten Lebensweg eines Produktes beinhaltet. Sie manifestiert sich in Deutschland nicht zuletzt durch entsprechende staatliche Regelungen (z.B. Entwurf des Kreislaufwirtschaftsgesetzes). Das übergeordnete Ziel ist die Etablierung von Kreisprozessen, die durch die Rückführung von Erzeugnissen, Stoffen und Energie eine Verlängerung der Nutzungsdauer von Ressourcen ermöglichen.

Nicht zuletzt vor dem Hintergrund bestehender und zu erwartender gesetzlicher Bestimmungen ist die Entwicklung und Verbesserung der Kreislauffähigkeit bzw. Umweltverträglichkeit von Werkstoffen bereits heute eines der wichtigsten Ziele für die Forschung und Entwicklung im Werkstoffbereich überhaupt. Neben der Dauerhaftigkeit stehen Recycling-Aspekte mit an vorderster Stelle unter den angestrebten Produkteigenschaften.

Zu unterscheiden sind Recyclingstrategien für bereits eingesetzte und neue, erst in Zukunft einsetzbare Werkstoffe. Im Bereich der klassischen Materialien gibt es insbesondere bei Metall und Glas schon gut funktionierende Stoffkreisläufe. Keramik-Werkstoffe spielen in den bisherigen Recyclingstrategien praktisch keine Rolle. Hier ist zu differenzieren zwischen der derzeitigen Gebrauchskeramik, die sich weitgehend im Bauschuttrecycling niederschlägt, und den Werkstoffen aus Hochleistungskeramik, die bisher in relativ geringen Mengen anfallen. Eine besondere Schwierigkeit beim Recycling von Keramiken liegt in ihrer mangelnden Umformbarkeit auch bei vergleichsweise hohen Temperaturen und ihrer ausgeprägten Resistenz gegen chemische Einflüsse. Andererseits unterliegen sie gerade wegen ihrer Inertheit nicht so sehr dem Zwang, vor einer Endlagerung behandelt werden zu müssen.

Von besonderem Interesse sind solche Werkstoffklassen, bei denen das stoffliche Recycling noch deutliche Verbesserungspotentiale aufweist, wie etwa die Polymere und die Verbundwerkstoffe. Hier sind in Zukunft spürbare Fortschritte zu erwarten, die im Sinne des "Material-Tailoring" zu Werkstoffkonzepten führen, welche auf das Anforderungsprofil der Kreislauffähigkeit abgestimmt sind. Eine wesentliche Triebfeder für diese Fortschritte ist nicht zuletzt in der Akzeptanz des Marktes und damit unter wirtschaftlichen Gesichtspunkten zu sehen.

4.4.2 Recycling von Metallen

Verglichen mit anderen Werkstoffklassen zeigen sich beim Metallrecycling relativ geringe technologische Schwierigkeiten. Bereits in der Vergangenheit wurden hohe Recyclingquoten erzielt. Ein großer Teil der Metalle gelangt gar nicht in den Abfall, da eine getrennte Sammlung und der etablierte Schrotthandel vorgeschaltet sind. Der Metallgehalt des Hausmülls setzt sich aus etwa 90% magnetischen Eisenteilen, 8% Aluminium und seinen Legierungen und 2% Buntmetallen zusammen. Die Steigerung des Aluminium-Recycling hat aus energetischen Gründen erste Priorität.

In der Bundesrepublik Deutschland werden zur Zeit bei der Erzeugung einer Tonne *Stahl* ca. 350 kg Schrott eingesetzt. Der Schrott besteht zur Hälfte aus dem Eigenanfall der Hüttenwerke, zu einem Viertel aus der stahlverarbeitenden Industrie und zu einem Viertel aus Altschrott. Der Altschrott wiederum umfaßt zu einem großen Teil Automobilschrott, Maschinenschrott, Abbruch- und Abwrackschrott. Auf den Müllschrott entfallen ca. 5% des Altschrotts. Bei der Verwertung von Schrott zur Stahlherstellung ist eine Energieeinsparung von 9,6 GJ pro t Schrott erzielbar. Da Eisenschrott jedoch zum größten Teil elektrisch eingeschmolzen wird, muß man die dazu benötigt Energie einrechnen und kommt so auf eine spezifische Energieeinsparung von nur mehr 5,4 GJ/t.

Aluminium wird derzeit nur in sehr geringen Mengen recycliert. Die getrennte Sammlung durch den etablierten Schrotthandel erfaßt ca. 20% bzw. 130 000 t des Alt-Aluminiums. Durch mechanische Trennung und Handauslese könnten in näherer Zukunft jährlich etwa 9000 t Aluminium und durch verbesserte Demontage und Separierungstechniken in Shredderbetrieben weitere 5000 t aus dem Hausmüll gewonnen werden. Bei der Aluminiumproduktion aus 100% Schrott ergibt sich eine Energieeinsparung von 137 GJ pro t Aluminium. Somit wären $163 \cdot 10^4$ GJ pro Jahr zu sparen, wenn die prognostizierten 14 000 t/a Aluminium aus dem Hausmüll und ein Schmelzausbringen von 85% realisiert würden.

Allerdings bestehen beim Aluminium teilweise bestimmte qualitative Einschränkungen. Sekundäraluminium ist derzeit noch in erheblichem Umfang nur für Gußlegierungen einsetzbar. Hier ist eine Verbesserung möglich, sobald es gelingt, den Schrott nach den einzelnen Legierungstypen vorzusortieren.

Im Gegensatz zum Aluminium kannte die Verhüttung von *Kupfer*-Sekundärmaterialien bis vor kurzem keine Probleme. Mit dem Einsatz von Computerschrott ergaben sich jedoch in letzter Zeit Emissionsprobleme, u.a. durch Dioxine und Furane, gegen die derzeit schadstoffärmere Prozesse entwickelt werden. Außerdem sind zusätzliche, aufwendige Gasreinigungssysteme erforderlich.

Komplexe Legierungsgemische erfordern die Trennung der einzelnen Legierungsanteile, um sortenreine Sekundärrohstoffe hoher Qualität bereitzustellen. Hier können verbesserte Recyclingoptionen erzielt werden, wenn vielkomponentige Legierungen ohne Verlust des gewünschten Eigenschaftsspektrums auf weniger Komponenten zurückgeführt werden.

4.4.3 Kunststoff-Recycling

Verglichen mit den eingeführten Stoffkreisläufen von Papier, Glas oder Metall steckt das Kunststoffrecycling noch in der Anfangsphase. Diese Anlaufprobleme haben mehrere Ursachen, insbesondere

- die Vielfalt der eingesetzten Kunststofftypen,
- die unterschiedlich lange Nutzungsdauer der Produkte (kurzlebige wie Verpakkungen, langlebige wie Baumaterial und Kfz-Teile),
- die unterschiedlichen Recyclingarten wie stoffliches oder thermisches Recycling,
- die Herkunft als Produktionsabfall oder als Haus/Gewerbemüll sowie
- die weitgehende Unkenntnis der Materialeigenschaften und des Alterungsverhaltens.

Weitere spezifische Probleme ergeben sich, wenn Kunststoffe als Bestandteil von Verbundwerkstoffen vorliegen.

Die drei Kunststoff-Hauptgruppen Thermoplaste, Duroplaste und Elastomere bieten bezüglich des Recyclings unterschiedliche Möglichkeiten. Thermoplaste lassen sich durch Einschmelzen umformen und können direkt wiederverwendet werden. Duroplaste dagegen sind in einer chemischen Reaktion zum Fertigprodukt irreversibel ausgehärtet und können ebenso wie Elastomere nicht eingeschmolzen werden.

Entsprechend dem Verwendungszweck unterscheiden sich Kunststoffe hinsichtlich ihrer Gebrauchsdauer. Etwa 20% aller Kunststofferzeugnisse gelten als kurzlebig, d.h. sie befinden sich weniger als ein Jahr in Gebrauch. Alle anderen Erzeugnisse, insbesondere aus dem Bausektor, dem Kraftfahrzeugbau und der Elektrotechnik haben erheblich längere Nutzungszeiten mit Erwartungen von bis zu 50 Jahren. Sie sind daher heute noch weitgehend im Wirtschaftskreislauf enthalten.

Das Kunststoffrecycling umfaßt als Besonderheit neben dem materiellen Recycling auch das Energierecycling, eine am Energiegehalt des Polymers orientierte Weiterverwertung durch Verbrennen. Folgende Tabelle faßt alle denkbaren Recyclingformen zusammen, wobei von oben nach unten eine wünschenswerte Prioritätensetzung erkennbar ist.

Produkt-Recycling	Wiederverwendung nach Reinigung, Wartung, Instandsetzung
Bauteil-Recycling	Weiterverwendung als Konstruktionsbauteil in anderer Funktion, ggf. nach Bearbeitung
Werkstoff-Recycling	Weiterverwendung als Werkstoff nach physikalischer Umformung, z.B. Zerkleinern, Schmelzen, Granulieren
Rohstoff-Recycling	Weiter- bzw. Wiederverwendung als Rohstoff nach chemischer Umwandlung in Grundstoffe z.B. durch Hydrolyse, Pyrolyse, Alkoholyse
Energie-Recycling	Nutzung des Energiegehalts des Werkstoffs z.B. durch Verbrennen

Für die einzelnen Kunststoff-Hauptgruppen sind jedoch nicht alle Recyclingformen gleichermaßen zugänglich, beispielsweise ist das thermoplastische Umformen von Duroplasten oder Elastomeren nicht möglich.

Während man bisher einzelne Recyclingformen vordringlich betrachtet hat, erscheint es für die Zukunft notwendig, alle Möglichkeiten zum Kunststoffrecycling gleichermaßen auszuloten. Hier ist innovativer Spielraum erkennbar, etwa beim Bauteil-Recycling. Dessen Grundüberlegung besteht darin, Folgeaufwendungen zu suchen, bei denen das Eigenschaftsspektrum möglichst nahe am Eigenschaftsspektrum des Ur-Produkts liegt. Beispielsweise gilt das für faserverstärkte Kunststoffe, die sich durch hohe Steifigkeiten und geringes Gewicht auszeichnen. Anstatt diese Bauteile zu zermahlen, müssen Anwendungen gesucht werden, in denen ihre hervorragenden Werkstoffeigenschaften genutzt werden können. Auch hier muß man nach einer Kaskade der Verwendbarkeit suchen, also unter Ausnutzung der gegebenen Eigenschaften die jeweils anspruchsvollste Zweitnutzung anstreben.

Schließlich ist das Potential zum Kunststoffrecycling eng an den Entstehungsgang der Kunststoffabfälle gebunden. Produktionsabfälle können sortenrein und sauber gewonnen werden und erschließen bessere Möglichkeiten zur Wiederverwertung als die Abfälle nach der Nutzungsphase. Solche entstehen als Sortenmix, sind zumeist verschmutzt und müssen daher sortiert und gereinigt werden. Sie bereiten mehr Probleme und stellen höhere Anforderungen an die Entsorgungslogistik.

Die Ursache für derartige Probleme liegt in der Tatsache, daß die verschiedenen Polymere in vielen Fällen nicht miteinander verträglich sind, d.h. sie entmischen sich in der Schmelze bzw. beim Erstarren. Bauteile aus Mischrecyclaten weisen daher wesentlich schlechtere mechanische Eigenschaften unter Belastung auf und müssen deutlich dickwandiger und damit schwerer sein (Beispiel Recycling-Parkbänke). Spezifische Vorteile der Polymere gehen dadurch verloren. Gerade die Gewährleistung eines umweltgerechten Einsatzes von Recyclaten begründet also die Forderung nach Sortenreinheit, und zwar v.a. für das *physikalische Recycling*, aber auch für einige Verfahren des chemischen Recyclings.

Diese kann in Zukunft durch eine vorherige Anwendung geeigneter *Trennverfahren* zur Separierung des anfallenden Mülls in die verschiedenen Kunststofftypen technisch sichergestellt werden. Verfahren, die für die Trennung Dichteunterschiede (z.B. Hydrocyclone zur Abtrennung von Polyolefinen) oder die unterschiedliche elektrostatische Aufladbarkeit der verschiedenen Kunststoffsorten nutzen, sind auf eine relativ enge Größenverteilung der zu trennenden Teilchen angewiesen, d.h. der eigentlichen Trennung muß ein Zerkleinerungsprozeß mit anschließender Reinigung und Trocknung vorgeschaltet werden.

Anders ist es bei echten Erkennungsprozessen, bei denen aufgrund spektroskopischer Eigenschaften, des Wärmeabsorptionsvermögens oder einer optisch-mechanischen Mustererkennung auf der Basis der äußeren Form der Behälter eine Unterscheidung der verschiedenen Müllkomponenten gelingt. Beispiele sind die Anwendung der Röntgenfluoreszenzanalyse (z.B. über Metalldotierung), der Nah-IR-Spektroskopie und der Massenspektroskopie in Kopplung mit Pyrolyse. Hierdurch lassen sich größere Kunststoffteile sortenrein und ohne vorheriges Zerkleinern aussortieren.

Selten genügt jedoch eine einzige Erkennungsmethode. Erst die Kombination verschiedener Analyseprinzipien erlaubt die nötige hohe Trennsicherheit, wobei insbesondere auch die Problematik stark verschmutzter bzw. lackierter Gegenstände zu beachten ist.

Manche Verfahren (z.B. auf der Basis von Fluoreszenzanalysen) würden hohe Trennleistungen erlauben, wenn die verschiedenen Kunststoffe mit verschiedenen (Fluoreszenz-)Markern gekennzeichnet würden. Hierzu wäre jedoch eine internationale Vereinbarung unerläßlich, die derzeit noch nicht in Sicht ist. Ähnliches gilt für die Kennzeichnung mittels Strichcode.

Ein prinzipiell anderer Lösungsansatz zur Trennung geht über das Auflösen der Polymere, das bereits zur Auftrennung nach Molekulargewichten erfolgreich eingesetzt wurde. So kann z.B. eine Trennung zweier unverträglicher Homopolymere in einem Vierkomponentensystem mit zwei für die beiden Sorten "guten" bzw.

"schlechten" Lösungsmitteln erzielt werden. Der hohe Aufwand läßt ein solches Verfahren jedoch nur für die Gewinnung sehr teurer Kunststoffe angebracht erscheinen.

Derartig aufwendige Trennverfahren können vermieden werden, wenn die Kunststoffteile von vornherein sortenrein anfallen. Beispiele hierfür sind Produktionsabfälle aus der kunststoffverarbeitenden Industrie und große Bauteile (Fensterrahmen, Stoßfänger etc.). Produktionsabfälle werden aus Gründen der Ökonomie in vielen Fällen bereits seit längerem in den Kreislauf rückgeführt. Der Aufwand ist begrenzt, da die Abfälle wenig verschmutzt sind, das Material zentral anfällt und keinen langandauernden Schädigungsmechanismen (Umwelteinflüssen wie Licht, Sauerstoff etc.) ausgesetzt war.

Sind Bauteile wie z.B. Fensterrahmen oder dicke Druckfolien (beides aus PVC) solchen Umwelteinflüssen ausgesetzt gewesen, so treten Probleme beim stofflichen Wiederverwerten auf. Untersuchungen an Dachfolien zeigen, daß auch nach 10 bis 20 Jahren zwar noch kaum Vernetzungsprozesse aufgetreten sind, jedoch eine deutliche Molgewichtsverringerung und damit verbunden eine Verschlechterung der Festigkeitswerte vorliegt. Auch ist der Weichmachergehalt verringert. Unter Zugabe von Kreide als Stabilisator ist eine Wiederverwendung möglich, jedoch ist auf der Basis der Ergebnisse der Dehnkurven nur ein Zusatz von 10 - 15% Recyclat in der Neuware tolerabel.

Ganz allgemein ist z.B. bei PET und PE derzeit ein Recyclatanteil von ca. 12% direkt zumischbar. Es wird erwartet, daß sich dieser Anteil auf maximal ca. 25% steigern läßt. Hierbei handelt es sich um Durchschnittswerte, gemittelt über verschiedene Einsatzbereiche. So können Abfallsäcke aus LDPE (Polyethylen niedriger Dichte) mit einem Recyclatanteil von 80% noch ihre Funktion erfüllen, wohingegen für Beschichtungen ausschließlich Neuware erforderlich ist.

Für Anwendungsbereiche, in denen es auf eine hohe Oberflächengüte ankommt, die nur durch Neuware zu gewährleisten ist, kann jedoch im Koextrudierverfahren ein Kern aus Recyclatmaterial hergestellt werden. Dies wird bei Fensterrahmen bereits angewendet, würde aber z.B. bei Joghurtbechern unerwünschterweise zu einer höheren Wandstärke und damit einem erhöhten Transportgewicht führen.

Das physikalisch-stoffliche Recycling stößt dort an Grenzen, wo das Material stark verschmutzt ist oder eine Trennung der verschiedenen Kunststoffanteile unvernünftig hohe Energiekosten erfordert. Auch ist ein wiederholtes stoffliches Verwerten aufgrund von solchen Schädigungen limitiert, die durch die mit dem Verwerten verbundenen thermischen Belastungen bzw. durch akkumulierte Umwelteinflüsse entstehen.

Als Ausweg bleiben die verschiedenen Verfahren des *chemischen Recyclings*. Darunter wird eine chemische Umsetzung unter Abbau der makromolekularen Struktur zur Gewinnung niedermolekularer Bausteine und deren Wiederverwendung als Rohstoff verstanden.

Bei der *Pyrolyse* werden Kunststoffe unter Sauerstoffausschluß bei Temperaturen zwischen 500 und 900°C verschwelt. Es entsteht Gas, ein hoher Anteil aromatenreicher Öle sowie Koks. Die Ölfraktion kann in petrochemischen Anlagen als Rohstoff eingesetzt werden.

Hydrierungs-Verfahren erzeugen aliphatenreiche Öle, und zwar bei Temperaturen von 450 bis 490°C und einem Wasserstoffdruck von 150 bis 250 bar. Heteroatome (Schwefel, Stickstoff, Halogene) werden in die entsprechenden Wasserstoffverbindungen umgesetzt. Hierbei können auch Altöle, gebrauchte Lösungsmittel, PCB, Aktivkohle aus Filtern, getrocknete Lackschlämme etc. aufgearbeitet werden. Versuche mit einer Zumischung von Kunststoffen zu diesen Rückständen zeigen, daß die Hydrierung auch hiermit funktioniert. Das Verfahren erfordert keine Auftrennung nach verschiedenen Sorten und toleriert auch Ballaststoffe (Pigmente, Füllstoffe). PVC kann verarbeitet werden, Fluorpolymere in nennenswerter Menge bereiten jedoch materialtechnische Probleme.

Sowohl Hydrierung als auch Pyrolyse zielen auf die Gewinnung von Rohstoffen für die erdölverarbeitende Industrie ab. Für den Einsatz in Raffinerien müssen die Rohstoffe bestimmte Anforderungen erfüllen, um die Anlagensicherheit, insbesondere auch die Standzeiten der Prozeßkatalysatoren, nicht zu gefährden. Um den niedrigen Chlorgehalt für die Festbetthydrierung gewährleisten zu können, sind bei der Pyrolyse entweder halogenhaltige Kunststoffe vor dem chemischen Recycling abzutrennen, oder es ist ein Abbau durch degradative Extrusion durchzuführen, wobei in diesem Fall erst noch sicherzustellen ist, daß keine chlorierten Dioxine anfallen. Trotz der bereits erzielten Fortschritte bleibt bei den Raffineriebetreibern eine Reserviertheit gegen den Einsatz von Kunststoffabfällen, die sich neben dem zu hohen Chlorgehalt auf die Versorgungssicherheit und die Wirtschaftlichkeit bezieht.

Auf die Gewinnung von Synthesegas zielt die partielle Oxidation/Vergasung ab. Unter Einsatz von reinem Sauerstoff läßt sich aus Kunststoffabfällen, Vakuumrückstand (Rückstand nach Destillation unter Vakuum) und Ruß Kohlenmonoxid und Wasserstoff gewinnen. Dieses Synthesegas ist sowohl in chemischen Prozessen einsetzbar als auch in modernen Gas/Dampfturbinen-Kombikraftwerken zur Energie- und Wärmeerzeugung. Dies könnte eine sehr umweltfreundliche Kopplung zwischen Energieerzeugung und Kunststoffverwertung darstellen, da Kombikraftwerke einen hohen Wirkungsgrad bei geringer Abgasbelastung gewährleisten können und da bei der partiellen Oxidation viele Schadstoffe zerstört werden.

Für Polykondensate kann in einigen Fällen die Rückspaltung in die Monomere durch Solvolyse interessant sein. Beispiele sind die Hydrolyse von Polyurethanen unter Bildung von Polyolen und Aminen und die Nylon-6-Spaltung zu Caprolatam mittels Phosphorsäure als Katalysator.

Sowohl bei den verschiedenen Verfahren des physikalischen als auch des chemischen Recyclings muß den zur Erzielung der unterschiedlichsten Eigenschaftsprofile zugesetzten *Füllstoffen und Additiven* Beachtung geschenkt werden. Beim chemischen Recycling finden sie sich zu großen Teilen in den Rückständen wieder und müssen entsorgt werden, was insbesondere bei einem hohen Schwermetallgehalt kostspielig ist. Beim stofflichen Recycling muß zusätzlich zur Polymer-Sortenreinheit auf den Additivgehalt geachtet werden, da sonst nur die Verwendung in niedrigwertigen Produkten in Frage kommt.

Eine besondere Problematik stellen in diesem Zusammenhang die Flammschutzmittel dar. Sie werden insbesondere im Bauwesen (Dämmaterialien), in der Elektrotechnik (Kabelummantelung) und im Verkehrswesen (Innenraummaterialien) eingesetzt und sollen in der Anfangsphase verzögernd auf die Brandausbreitung wirken. Für die verschiedenen Kunststoffe gibt es hunderte verschiedener Flammschutzmittel und Kombinationen auf der Basis chlor-, brom-, phosphor- und stickstoffhaltiger organischer Verbindungen sowie auf der Basis von Antimontrioxid, rotem Phosphor oder Magnesium- bzw. Aluminiumhydroxid. Die Auswahl hängt sowohl vom Kunststoff und seiner Verarbeitungstemperatur als auch von den Anforderungen gesetzlicher Bestimmungen ab.

Im Zusammenhang mit dem Recycling muß beachtet werden, daß manche heute verbotenen Additive auf Halogenbasis noch immer in früher erzeugten Produkten enthalten sind, diese Altteile letztlich also nicht wiederverwertbare Altlasten darstellen. Außerdem haben die Additive in ihrem Lebenszyklus mehrere thermische Belastungen hinter sich. Ihre Wirkung vermindert sich mit jedem weiteren Verarbeitungsschritt, also auch im stofflichen Recyclingprozeß, was Probleme verursacht, wenn das Produkt wieder flammfest sein soll. Bemühungen in Forschung und Entwicklung zielen auf umweltverträgliche und recyclinggerechte Additive ab, wobei der Ersatz der Halogene als Radikalfänger in der Gasphase nicht sehr optimistisch beurteilt wird.

4.4.4 Recycling von Verbundwerkstoffen

Moderne Verbundwerkstoffe stellen eine besondere Herausforderung für Recyclingstrategien dar. Sie setzen sich in der Regel aus verschiedenen Stoffklassen zusammen, um für einen spezifischen Anwendungsbereich die gewünschten Eigenschaften der einzelnen Werkstoffe (z.B. Biegesteifigkeit, Zugfestigkeit, Korrosionsbeständigkeit oder Permeabilität) so geschickt miteinander zu kombinieren, daß der Verbund Anforderungen erfüllt, die kein einzelner, sortenreiner Werkstoff für sich allein erbringen kann. Beispiele schon in bedeutenden Mengen eingeführter Verbundwerkstoffe sind

- Honeycomb(Sandwich)-Strukturen mit hoher Steifigkeit bei geringem Gewicht,
- Schichtlaminate aus Metall- und Kunststoffolie und Kraftpapier (z.B. Getränketüten),
- Stahlbeton,
- gefüllte Kunststoffe,
- oberflächenbeschichtete Bauteile und
- Verbundglasscheiben.

Von besonderer technischer Bedeutung sind bereits heute Verbundwerkstoffe mit Polymer-Matrix, deren Verbreitung weiter zunehmen wird. Außerdem ist eine Steigerung des Aufkommens an Metal-Matrix- und Keramik-Matrix-Verbundwerkstoffen zu erwarten.

Zur Anwendung gelangen in der Regel Werkstoffkombinationen aus Kunststoff, Metall, Glas, Mineralstoffen, Holz, Papier oder Pappe, die in einem oder mehreren Prozeßschritten bisher möglichst irreversibel durch Kleben, Schweißen, Schmelzen oder andere Verbindungstechniken miteinander verbunden wurden. Die Güte dieser Verbindung ist häufig entscheidendes Kriterium für die Eignung des Verbundwerkstoffs zur Bauteil- oder Produktherstellung.

Demgegenüber steht die Anforderung der Kreislaufwirtschaft, recyclingfähige Materialien zu verwenden. Bisher setzt Recyclingfähigkeit jedoch Sortenreinheit voraus. Je leichter und vollständiger ein Produkt in sortenreine Werkstoffgruppen zerlegt werden kann, um so höher werden Recyclingpotentiale nutzbar. Verbundwerkstoffe gelten wegen ihrer unterschiedlichen Komponenteneigenschaften und der stoffspezifischen Verarbeitungstechnik als wenig recyclingfähig.

In vielen Fällen sind Verbundwerkstoffe jedoch unverzichtbar. Oft können mit sortenreinen Werkstoffen die gewünschten Leistungsdaten nicht erzielt werden oder es ist ein, auch ökologisch bedenkliches, Mehrfaches an Stoffeinsatz, verbunden mit z.B. erhöhtem Gewicht, notwendig. Die ganzheitliche Lebensweganalyse kann unter Umständen beim Verzicht auf Verbundwerkstoffe einen negativen Effekt auf die Energie-, Rohstoff- und Umweltschonung ergeben. Daher ist es notwendig, die Kreislauffähigkeit von Verbundwerkstoffen zu ermöglichen bzw. zu verbessern und so den Aspekten der Abfallverwertung auch bei dieser wichtigen Materialklasse Rechnung zu tragen.

Von besonderer Bedeutung sind in diesem Zusammenhang die Auswahl und die Bewertung geeigneter Werkstoffkombinationen und Verbindungstechniken. Speziell die Reversibilität von Verbindungen unter Beibehaltung der für den praktischen Einsatz relevanten Stabilitätseigenschaften findet Beachtung.

Lösungsansätze gibt es auch bei der Verfahrenstechnik zur Auflösung der Werkstoffverbindung. Von Interesse sind hier nicht zuletzt

- physikalische Trennverfahren,
- Verfahren zum chemischen Aufschluß,
- Sortiertechniken zur Erzielung sortenreiner Stoffgruppen und die
- Rückgewinnung und Weiterverwendung der Hauptstoffgruppen.

Von hohem Stellenwert sind Bemühungen um die Wieder- bzw. Weiterverwendung von Verbundwerkstoffen ohne Auflösung des Werkstoffverbundes. Hier ist zu unterscheiden zwischen einem Bauteil- und Produktrecycling für gleiche oder ähnliche Anwendungen und einem Bauteil-, Produkt- oder Werkstoffrecycling für andere Anwendungen.

4.4.5 Abfallaufbereitung und Endlagerung

Nach Beendigung der Nutzungskaskade durch Recycling müssen Werkstoffe der Entsorgung zugeführt werden. Ziel ist es, Abfälle so vorzubehandeln, daß die Endlagerungskapazität nicht überschritten wird (z.B. durch Volumenreduktion) und von der Endlagerung keine Gefahren für die Umwelt ausgehen. Die gesetzlichen Rahmenbedingungen dafür werden in Deutschland derzeit von der Verwaltungsvorschrift "TA Siedlungsabfall" vorgegeben.

Diese technische Anleitung enthält Anforderungen an die Verwertung, Behandlung und sonstige Entsorgung von Siedlungsabfällen nach dem Stand der Technik sowie damit zusammenhängende Regelungen, die erforderlich sind, damit das Wohl der Allgemeinheit nicht beeinträchtigt wird. Sie hat zum Ziel,

- nicht vermiedene Abfälle soweit wie möglich zu verwerten,
- den Schadstoffgehalt der Abfälle so gering wie möglich zu halten und
- eine umweltverträgliche Behandlung und Ablagerung der nicht verwertbaren Abfälle

sicherzustellen. Die Ablagerung soll so erfolgen, daß die Entsorgungsprobleme von heute nicht auf künftige Generationen verlagert werden. Abfälle dürfen nur dann der Deponie zugeführt werden, wenn sie nicht verwertet werden können.

Grundsätzlich bedeuten diese Anforderungen, daß kein Stoff mehr unbehandelt der Endlagerung zugeführt werden kann. Ziel ist es, nur noch mineralisch-inerte Reststoffe abzulagern, deren Volumen nicht mehr weiter verringert werden kann und von denen keine gefährlichen Stoffe mit z.B. hoher Akkumulationsfähigkeit und Persistenz in die Umwelt abgegeben werden. Dies bedeutet nach dem heutigen Stand der Technik, daß allein die thermische Behandlung Gewähr bietet, die nicht-inerten Abfälle entsprechend aufzubereiten.

4.4.6 Potentiale Neuer Werkstoffe aus ökologischer Sicht

Werkstoffrecycling und -entsorgung sind in doppelter Weise mit der Entwicklung Neuer Werkstoffe verbunden. Zum einen muß bei der Konzeption und Einführung der Werkstoffe der Gedanke der Kreislauffähigkeit zukünftig stärker als bisher einbezogen werden. Zum anderen stimuliert dieses ökologische Leitbild seinerseits die Entwicklungsaufgaben im Werkstoffbereich, beispielsweise durch Optimierungen an eingeführten Werkstoffen im Hinblick auf deren Recyclingfähigkeit.

Zu den vorrangigen Aufgaben gehören aus technologischer Sicht:

- Entwicklung neuer und Optimierung bestehender Trenn-, Anreicherungs- und Wiederverwertungsverfahren

- Charakterisierung, Identifizierung, Klassifizierung und quantitative Bestimmung von Sekundärwerkstoffen einschließlich Qualitätskontrollmethoden für Sekundärwerkstoffe

- Entwicklung von kostengünstigen und fortgeschrittenen Technologien zur Behandlung von Rückständen und Abfällen (z.B. pyrometallurgische, hydrometallurgische, biometallurgische und photokatalytische Verfahren) und zur Rückgewinnung von Sekundärrohstoffen

- Entwicklung von Recyclingtechniken für Neue Werkstoffe wie Polymere und Verbundwerkstoffe.

Gerade die nach dem Konzept des "Material-Tailoring" entwickelten Neuen Werkstoffe bieten in diesem Zusammenhang neue Chancen und Möglichkeiten. Ähnlich wie bei der anwendungsorientierten Einstellung vorausgeplanter Gebrauchseigenschaften kann auch das Einstellen z.B. recycling- bzw. entsorgungsfreundlicher Charakteristika gelingen. Ein derartiges Vorgehen kann zu einer neuen Klasse von Werkstoffen führen, die nach einer japanischen Definition mit dem Begriff *Ökomaterialien* bezeichnet werden. Dabei handelt es sich um Werkstoffe, die bei vergleichbarer Funktion beziehungsweise Leistungsfähigkeit günstigere Eigenschaften bezüglich

- Umweltverträglichkeit,
- umweltverträglicher Produktgestaltung,
- Energiespartechniken bzw. Energiespeichertechniken und
- Einsatz von Alternativenergien

aufweisen. Die in diesem Zusammenhang zu beachtenden Aspekte betreffen den gesamten Lebensweg neuer Werkstoffe und reichen von der Ressourcenschonung über geeignete Herstellungsverfahren und Gebrauchseigenschaften bis hin zu Recycling und Entsorgung. Möglichkeiten umweltverträglicher Produktgestaltung liegen insbesondere auf den Gebieten Leichtbau, Dauerhaftigkeit und Wiederverwendbarkeit.

Auch wenn der Begriff "Ökomaterialien" zunächst nur eine modische Wortschöpfung sein mag, kennzeichnet er doch einen wichtigen Trend der zukünftigen Werkstoffentwicklung. Dabei wird in Zukunft mehr und mehr die gesamthafte Lebenszyklusanalyse zur Beurteilung der Umweltverträglichkeit herangezogen werden und dann gegebenenfalls zu überraschend anderen Ergebnissen führen, als sie nach dem bisherigen Stand der relativ einseitigen, vereinfachenden Hervorhebung einzelner Produktmerkmale, wie z.B. der Entsorgbarkeit, bekannt sind.

Das Konzept der *integrierten Werkstoffentwicklung* beruht auf der Überlegung, daß im Vordergrund der Nutzen eines Produkts steht. Werkstoffentwicklung muß sich am Gesamtnutzen orientieren. Kriterien wie Verarbeitbarkeit, Umweltverträglichkeit und Kreislauffähigkeit müssen dabei integriert werden, um diese Problemfelder antizipativ zu erfassen und Lösungsansätze vorbeugend zu entwickeln. Hierzu gehört auch, daß während des Entwicklungsprozesses eines neuen Werkstoffes die Auswirkungen seiner Einführung auf die Umwelt untersucht werden. Neben den direkten Folgen für die Umwelt sind auch die mittelbaren Einwirkungen, wie beispielsweise Energieeinsparung durch Leichtbau, verbesserte Wirkungsgrade oder umweltverträglichere Fertigungstechnologien (z.B. Near-net-shape-Technik) zu betrachten.

Literaturverzeichnis

Diese Untersuchung basiert auf der Auswertung einer großen Zahl von Quellen, deren vollständige Auflistung den Rahmen dieses Berichtes sprengen würde. Insbesondere bei den Kapiteln 2.1, 2.2, 2.3, 2.5, 2.6 und 4.2, die sich auf frühere Analysen des INT im Rahmen seiner Prognosetätigkeit für das BMVg abstützen, muß daher auf die vollständige Nennung der zugrundeliegenden Literatur verzichtet werden. Hier sind nur solche Quellen aufgeführt, die zur Ergänzung und Aktualisierung des dort dokumentierten Standes ausgewertet wurden. Bei den Kapiteln 2.4, 3.4, 4.3 und 4.4, die auf den Expertisen externer Fachleute basieren, wurde das Literaturverzeichnis dieser Autoren übernommen.

Kapitelübergreifende Literaturquellen

Altenpohl, D.: "Materials in World Perspective", Springer-Verlag, Berlin, Heidelberg, New York, 1980

Braun, M.; Gerybadze, A.; Rätz, A.; Witzel, M.: "Studie zur Evaluierung des Programms Materialforschung - Bericht an den Bundesminister für Forschung und Technologie", Arthur D. Little International, Inc., Wiesbaden, 1993

Bundesanstalt für Materialforschung und Prüfung (BAM): "Industrial and Materials Technologies: Research and Development Trends and Needs", Berlin, 1991

Bundesministerium für Forschung und Technologie: "Deutscher Delphi-Bericht zur Entwicklung von Wissenschaft und Technik", Fraunhofer-Institut für Systemtechnik und Innovationsforschung (ISI), 1993

Bundesministerium für Forschung und Technologie: "Bundesbericht Forschung 1993", Bonn, 1993

Bundesministerium für Forschung und Technologie: "Technologie am Beginn des 21. Jahrhunderts", 1993

Bunk, W.; Lagies, A.; Liesner, C.: "BDLI- Werkstofftag '91, Hamburg", Bundesverband der Deutschen Luftfahrt-, Raumfahrt- und Ausrüstungsindustrie e.V., Bonn, 1992

Büro für Technikfolgen-Abschätzung des Deutschen Bundestages: "TA-Relevanz ausgewählter Teilgebiete im Bereich Neuer Werkstoffe", Gutachten des Fraunhofer-Instituts für Naturwissenschaftlich-Technische Trendanalysen (INT), TAB-Arbeitsbericht Nr. 7, 1992

Cahn, R.W.; Haasen, P.; Kramer, E.J. (Ed.): "Materials Science and Technology - A Comprehensive Treatment", 18 Volumes, VCH-Verlag, Weinheim, 1990-1993

Czichos, H.: "New Materials: Research Trends and Technological Impact", Proc. of the 5th International Symposium "Raw Materials for New Technologies", Hannover, 1988

DECHEMA (Hrsg.): "Schlüsseltechnologie Werkstoffe", Blick durch die Wirtschaft, Sonderdruck, 1992/93

DECHEMA: "INNOMATA 93 - Innovation by Materials", Internationale Ausstellungstagung für Material-Technologie und Werkstoff-Anwendungen, Leipzig, 1993

Dörrenbächer, C.; Osterheld, W.; Wortmann, M.: "Neue Werkstoffe - eine Bewertung ihrer Chancen und Risiken", DGB-Bundesvorstand, 1989

OECD: "Advanced Materials - Policies and Technological Challenges", Paris, 1990

OECD: "High Technology Materials, Recent Materials", STI (Science/Technology/Industry) Review No. 6, Paris, 1989

Prognos AG: "Neue Werkstoffe", Internationaler High Tech Report, 1990

Projektträger Material- und Rohstofforschung (PLR): "2. Symposium Materialforschung des BMFT, Dresden 1991", Forschungszentrum Jülich (KFA), 1991

Projektträger Material- und Rohstofforschung (PLR): "Programm Materialforschung des BMFT - Jahresbericht 1991", Forschungszentrum Jülich (KFA), 1992

Projektträger Material- und Rohstofforschung (PLR): "Programm Materialforschung des BMFT - Jahresbericht 1992", Forschungszentrum Jülich (KFA), 1993

Streck, W.R.: "Chancen und Risiken neuer Werkstoffe für die bayerische Industrie", Ifo-Institut für Wirtschaftsforschung, München, 1989

U.S. Congress, Office of Technology Assessment: "Advanced Materials by Design", Washington, DC, 1988

U.S. Congress, Office of Technology Assessment: "Green Products by Design: Choices for a Cleaner Environment", Washington, DC, 1992

U.S. Department of the Interior, Bureau of Mines: "The New Materials Society, Vol. 1: New Materials Markets and Issues", 1990

U.S. Department of the Interior, Bureau of Mines: "The New Materials Society, Vol. 2: New Materials Science and Technology", 1990

U.S. Department of the Interior, Bureau of Mines: "The New Materials Society, Vol. 3: Materials Shifts in the New Society", 1991

United Nations, Centre for Science and Technology for Development: "Materials Technology and Development", ATAS Bulletin 5, New York, 1988

VDI-Gesellschaft Werkstofftechnik: "Werkstofftag '93 München", VDI-Verlag, Düsseldorf, 1993

Weber, A. (Hrsg.): "Neue Werkstoffe", VDI-Verlag, Düsseldorf, 1989

Kapitelspezifische Literaturquellen

Kap. 1.1 und 1.2

Battelle-Institut: "Laser in der Werkstofftechnik", Battelle Information, 2-1988

Benninghoff, H.: "Luft- und Raumfahrttechnik als Pioniere", Technische Rundschau, 43/1990

Birrenbach, R.; Rostan, E.: "Neue Werkstoffe für die Wehrtechnik der Zukunft", Wehrtechnik, 10/1986

Chaudhari, P.: "Elektronische und magnetische Werkstoffe", Spektrum der Wissenschaft 12/1986

Claassen, R.S.; Girifalco, L.A.: "Werkstoffe für die Energietechnik", Spektrum der Wissenschaft, 12/1986

Claes, L.; Hanselmann, K.: "Neue Biowerkstoffe -Degradierbare Materialien und Bioaktive Oberflächen", Symposium Materialforschung des BMFT, 1991

Curlee, T.R.: "Innovations in materials and materials processing - the potential for energy conservation", Materials and Society, Vol. 12, No. 1, 1988

Czichos, H.: "Meß- Prüf- und Analysetechniken für Neue Werkstoffe", Symposium Materialforschung des BMFT, 1991

Drexhage, M.G.; Moynihan, C.T.: "Infrarot-Lichtleiter", Spektrum der Wissenschaft, 1/1989

Föll, H.; Kücher, P.: "Definition, Charakterisierung und Bewertung von Materialien der Mikroelektronik", Symposium Materialforschung des BMFT, 1991

Fraser, S.; Barsotti, A.; Rogich, D.: "Sorting out Materials Issues", Resources Policy, March 1988

Fuller, R.A.; Rosen, J.J.: "Werkstoffe für die Medizin", Spektrum der Wissenschaft, 12/1986

Furrer, R.: "Materialforschung im Weltraum", Physikalische Blätter, 3/1987

Gleiter, H.: "Nanostrukturierte Materialien", Physikalische Blätter, 8/1991

Gregory, A.: "Grundlage neuer Fertigungsverfahren", Technische Rundschau, 23/1991

Haarer, D.: "Moderne Werkstoffe in der Informations- und Kommunikationstechnologie", Vortrag, Symposium Materialforschung des BMFT, 1988

Heinrich, J.; Böndel, B.; Pfeiffer, M.: "Biowerkstoffe", VDI-Nachrichten, 10/1991

High Tech: "Motor aus Kunststoff", Heft 8, 1990

Hoechst AG: "Chemie als Schlüssel zu den Innovationen von morgen", Hoechst High Chem in Forschung und Entwicklung, 1992

Kämpfer, S.: "Flieger an der Fortschritts-Front", VDI-Nachrichten, 41/1989

Kersten, R.T.: "Glas als Funktionsmaterial für die Optoelektronik ?", Laser und Optoelektronik 3/1992

Kretschmer, T.: "Forschungs- und Technologiefelder der Zukunft- Analyse nationaler und internationaler Prognosen und Programme", Berichtsreihe "Neue Technologien", Nr. TP 2/92, FhG-INT, Euskirchen, April 1992

Liedl, G.L.: "Die Wissenschaft von den Werkstoffen", Spektrum der Wissenschaft, 12/1986

Mayo, J.S.: "Werkstoffe für Informations- und Kommunikationstechnik", Spektrum der Wissenschaft, 12/1986

Müller, N.; Nickel, W.; Zeininger, H.: "Ganzheitliche Materialbilanzierung", Siemens-Zeitschrift Special FuE, Herbst 1993

Neuroth, N.: "Glas als optischer Werkstoff", Spektrum der Wissenschaft, 2/1989

Nichols, N.: "The plastic gun: fact or fancy ?", International Defense Review, 2/1989

Ogorkiewicz, R.M.: "Advances in armour materials", International Defense Review, 4/1991

Pepper, D.M.; Feinberg, J.; Kuchtarev, N.W.: "Der photorefraktive Effekt", Spektrum der Wissenschaft 12/1990

Roemer-Mähler, J.: "Werkstoffe für Zukunftstechnologien", Metall, 5/1993

Rowell, J.M.: "Werkstoffe für die Photonik", Spektrum der Wissenschaft, 12/1986

Schmidt, H.: "Neue Werkstoffe - Basis für Schlüsseltechnologien", Jahresbericht der Fraunhofer-Gesellschaft, 1988

Schmidt, R.-M.; Trebs, J.: "Werkstoffe im Hochleistungsdieselmotor", MTU FOCUS, 2/1992

Sietmann, R.: "Fasern im Motor", Bild der Wissenschaft, 3/1992

Sprenger, H.J.:" Industrielle Möglichkeiten der Werkstoff- und Verfahrenstechnik unter Schwerelosigkeit", Werkstoff und Innovation, 4/1988

Steinberg, M.A.: "Werkstoffe in der Luft- und Raumfahrt", Spektrum der Wissenschaft, 12/1986

Sweetman, B.: "Neue Verbundwerkstoffe für militärische Anwendungen", Internationale Wehrrevue, 11/1986

Thümmler, F.: "Materialforschung - Wandel in drei Jahrzehnten", KfK-Nachrichten, 3/1993

van Tulder, R.; Junne, G.: "European Multinationals in Core Technologies", Wiley/IRM Series on Multinationals, 1988

Volkswagen AG: "Werkstoffuntersuchungen mit dem REM", VW-Dokumentation, 1991

Wagner, R.: "Materialforschung mit Neutronen", AGF-Jahresheft, 1991

Kap. 2.1

Arzt, E.: "Metallische Hochleistungswerkstoffe für hohe Temperaturen: Grundlagen und Perspektiven", 2. Symposium Materialforschung des BMFT, 1991

Axmann, W.: "Metalle behaupten sich auch in Zukunft gegen Keramiken", VDI-Nachrichten, 9.12.1988

Banhart, J.; Baumeister, J.; Weber, M.: "Geschäumte Metalle als neue Leichtbauwerkstoffe", in: "Werkstofftag '93 München", VDI-Verlag, Düsseldorf, 1993

Bundesministerium für Forschung und Technologie: "Materialforschung - Programm und Zwischenbilanz 1988", Bonn, 1989

Bundesministerium für Forschung und Technologie: "Supraleitung - Förderkonzept und Zwischenbilanz 1991", Bonn, 1991

Deipenwisch, R.: "Aluminium und seine Legierungen sorgen mehr denn je für leichte Bauteile", Blick durch die Wirtschaft, 15.12.1992

Gockel, E.; Komarek, P.: "Supraleitung: Innovationsschub für die Technik", AGF-Forschungsthemen 4, 1991

Goldacker, W.; Wühl, H.: "Supraleiter: Herausforderung und Chance", AGF- Forschungsthemen 4, 1991

Haferkamp, H.; Bohling, P.; Juchmann, P.: "Forschung für den Werkstoff der Zukunft- Magnesium-Lithium-Superleichtlegierungen entwickelt", Forschung - Mitteilungen der DFG, 2/1993

Halter, K.; Jost, N.; Stalder, J.-L.: "Formgedächtnislegierungen für moderne Problemlösungen", Technische Rundschau, 5/1991

Hoffmann, K.: "Sprühkompaktieren mit viel Entwicklungspotential", Handelsblatt, 15.11.1989

Hornbogen, E.: "Shape Memory Alloys", Vortrag, INNOMATA 93, Leipzig, 1993

Kear, B.H.: "Neue metallische Werkstoffe", Spektrum der Wissenschaft, 12/1986

Kohlhoff, J.: "Technologievorausschau Werkstoffe/Fertigung - Überblick und Haupttrends im Bereich Metalle", Berichtsreihe "Neue Technologien", Nr. TP 2/90, FhG-INT, Euskirchen, Juni 1990

Kohlhoff, J.: "Technologievorausschau Werkstoffe/Fertigung - Überblick und Haupttrends im Bereich Fertigung/Bearbeitung/Materialprüfung", Berichtsreihe "Neue Technologien", Nr. TP 4/91, FhG-INT, Euskirchen, Mai 1991

Kramer, K.-H.: "Anwendungsgebiete von Titan - ein kritischer Überblick", Metall, 2/1989

Kunze, H.-D.; Baumeister, J.; Banhart, J.; Weber, M.: "Metallschäume - Herstellung und Eigenschaften", Vortrag, INNOMATA 93, Leipzig 1993

Petzoldt, F.; Veltl, G.: "Mechanisches Legieren", Kurzexpertise, Nr. TP 5/90, FhG-INT, Euskirchen, August 1990

Pötschke, J.; Weiglin, W.: "Moderne Pulvermetallurgie als High-Tech-Geschäft", Spektrum der Wissenschaft, 6/1989

Sibley, S.F.: "Advanced Metals", in: "The New Materials Society - Vol. 2: New Materials Science and Technology", U.S. Department of the Interior, Bureau of Mines, 1990

Sick, G.; Froes, F.H.: "Optimiertes Nebeneinander - Neue metallische Hochleistungswerkstoffe", Luft- und Raumfahrt, 4/1989

Warlimont, H.: "Die Eigenschaften werden der Anwendung angepaßt - Neuere Entwicklungen bei weichmagnetischen Spezialwerkstoffen", Technische Rundschau 37/1989

Kap. 2.2

Baer, E.: "Hochentwickelte Polymere", Spektrum der Wissenschaft, 12/1986

Blick durch die Wirtschaft: "Hochleistungspolymere eröffnen neue Möglichkeiten in der Medizintechnik", 20.9.1989

Blick durch die Wirtschaft: "Japaner fördern Werkstoff-Forschung - Leistungsfähige Silizium-Polymere sollen entwickelt werden", 5.10.1992

Bundesministerium für Forschung und Technologie: "Materialforschung - Programm und Zwischenbilanz 1988", Bonn, 1989

Cherdron, H.: "Neue Entwicklungen bei Polymerwerkstoffen", Symposium Materialforschung des BMFT, 1988

Cherdron, H.: "Auf dem Weg zu technischen Hochleistungs-Kunststoffen mit planbaren Eigenschaftsprofilen", Blick durch die Wirtschaft, 4.1.1993

Cherdron, H.: "Industrielle Entwicklungsrichtungen bei Polymerwerkstoffen", Vortrag, INNOMATA 93, Leipzig, 1993

Claes, L.; Hanselmann, K.: "Neue Biowerkstoffe - Degradierbare Materialien und bioaktive Oberflächen", 2. Symposium Materialforschung des BMFT, 1991

Economy, J.: "Hochleistungsmaterialien: Trends und Möglichkeiten am Beispiel flüssigkristalliner Polymere", Angew. Chem. 102, 1296-1301, 1990

Ewe, T.: "Die neuen Kunststoffe", Bild der Wissenschaft, 5/1990

Freitag, D.; Binsack, R.: "Wege zu neuen Polymerwerkstoffen", 2. Symposium Materialforschung des BMFT, 1991

Hauptmann, P.: "Piezoelektrische Polymere", in "Sensoren: Prinzipien und Anwendungen", Carl Hanser Verlag, München, 1991

Hergenrother, P.M.: "Entwicklungsperspektiven für hochtemperaturbeständige Polymere", Angew. Chem. 102, 1302-1309, 1990

Kaner, R.B.; MacDiarmid, A.G.: "Elektrisch leitende Kunststoffe", Spektrum der Wissenschaft, 4/1988

Kilgore, C.C.: "Advanced Polymer Materials", in "The New Materials Society - Vol. 2: New Materials Science and Technology", U.S. Department of the Interior, Bureau of Mines, 1990

Kohlhoff, J.: "Technologievorausschau Werkstoffe/Fertigung - Überblick und Haupttrends im Bereich Polymere", Berichtsreihe "Neue Technologien", Nr. TP 1/90, FhG-INT, Euskirchen, Mai 1990

Neue Zürcher Zeitung: "Vor- und Nachteile abbaubarer Kunststoffe", 25.9.1991

Nöldechen, A.: "Spezielle Molekülgruppen machen Polymere optisch nichtlinear", Blick durch die Wirtschaft, 10.1.1992

Quadbeck-Seeger, H.-J.: "Chemie für die Zukunft - Standortbestimmung und Perspektiven", Angew. Chem. 102, 1213-1224, 1990

Werkstoff und Innovation: "Auf dem Weg zum künstlichen Knochen", Heft 3 1989

Williams, J.M.; Schultz, A.J.; Geiser, U.; Carlson, K.D.; Kini, A.M.; Wang, H.H.; Kwok, W.-K.; Whangbo, M.-H.; Schirber, J.E.: "Organic Superconductors - New Benchmarks", Science, Juni 1991

Kap. 2.3

Battelle-Institut: "Foliengieß- und Multilayertechnik", Battelle Information Nr. 09, April 1990

Bowen, H.K.: "Moderne keramische Werkstoffe", Spektrum der Wissenschaft, 12/1986

Claes, L.; Hanselmann, K.: "Neue Biowerkstoffe - Degradierbare Materialien und bioaktive Oberflächen", 2. Symposium Materialforschung des BMFT, 1991

Clancy, T.A.: "Advanced Ceramic Materials", in: "The New Materials Society - Vol. 2: New Materials Science and Technology", U.S. Department of the Interior, Bureau of Mines, 1990

Danzer, R.: "Monolithische Strukturkeramik - Anforderungen beim Hochtemperatureinsatz", BDLI-Werkstofftag '91, Bonn, 1992

Frankfurter Allgemeine Zeitung: "Organische Aerogele", 22.12.1992

Fricke, J.: "Organische Aerogele", Spektrum der Wissenschaft, 11/1992

Gronau, M.: "Strom ohne Widerstand", Bild der Wissenschaft, 6/1991

Jaunin, J.-P.; Rauch, N.: "Mikroelektronik zwischen Leiterplatten und integrierten Schaltungen", Elektronik, 12.5.1989

Kickuth, R.: "Keramik ohne Spröde", Bild der Wissenschaft, 5/1990

Kohlhoff, J.: "Technologievorausschau Werkstoffe/Fertigung - Überblick und Haupttrends im Bereich Keramiken", Berichtsreihe "Neue Technologien", Nr. TP 3/90, FhG-INT, Euskirchen, Juli 1990

Kohlhoff, J.: "Technologievorausschau Werkstoffe/Fertigung - Überblick und Haupttrends im Bereich Sonstige Neue Werkstoffe", Berichtsreihe "Neue Technologien", Nr. TP 1/91, FhG-INT, Euskirchen, Februar 1991

Maier, H.R.: "Strukturkeramik: Basis für die Produkt- und Technologieinnovation", in: VDI-Gesellschaft Werkstofftechnik: Werkstofftag '93 München, VDI-Verlag, Düsseldorf, 1993

Neue Zürcher Zeitung: "Aerogele", 12.8.1991

Neue Zürcher Zeitung: "Quecksilberhaltige Supraleiter", 12.5.1993

Petzow, G.: "High-Tech Ceramics - New Materials Bring New Prospects", in "Raw Materials for New Technologies", Schweizerbart'sche Verlagsbuchhandlung, Stuttgart, 1990

Reuber, C.: "Keramik stützt die Dickschicht-Hybride", VDI-Nachrichten, 3.11.1989

Riedel, R.: "Hochleistungskeramiken aus metallorganischen Polymeren", Neue Zürcher Zeitung, 23.9.1992

Sayer, M.; Sreenivas, K.: "Ceramic Thin Films: Fabrication and Applications", Science, 2.3.1990

Steinert, H.: "Molekülfallen aus der Retorte - Zeolithe sind mehr als nur Ersatzstoff für Waschmittelphosphate", VDI-Nachrichten, 28.7.1989

U.S. Congress, Office of Technology Assessment: "High-Temperature Superconductivity in Perspective", OTA-E-440, April 1990

Weppner, W.: "Funktionelle Hochleistungskeramiken", Mikroelektronik, 3/1990

Kap. 2.4

Duran, A.; Navarro, J.M.F.: "Proc. of the 16th International Congress on Glass, Vol. 1 - 7", Madrid, Spain, October 4 - 9, 1992

International Commission on Glass: "Extended Abstracts of the Topical Meeting on Glasses for Optoelectronics", Tokyo, Japan, December 1, 1989

Kersten, R.T. (Hrsg.): "Integrierte Optik, Abschlußbericht des Arbeitskreises Integrierte Optik des Glas-Forums", Fachausschußbericht Nr. 74 der Deutschen Glastechnischen Gesellschaft, Frankfurt, 1992

Nair, K.M. (Ed.): "Ceramic Transactions Vol. 20", Proc. of the International Symposium on Glasses for Electronic Applications, Orlando, Fl, USA, November 12-15, 1990

Naumann, A.; Corsi, C.; Baixeras, J.M.; Kreisler, A.J. (Eds.): "Infrared and optoelectronic materials and devices", Proc. SPIE 1512, 1991

Righini, G.C. (Ed.): "Glasses for optoelectronics", Proc. SPIE 1128, 1989

Righini, G.C. (Ed.):" Glasses for optoelectronics II", Proc. SPIE 1513, 1991

Soga, N.: "Glass science and glass industry in Japan", Glastech. Ber. 652, 225 - 233, 1992

The Association of New Glass Industries (Ed.): " Proc. of the Second International Symposium on New Glass", Tokyo, Japan, November 29-30, 1989

Wright, A.F.; Dupuy, J. (Eds.): "Glass...Current Issues", Proc. of the NATO Advanced Study Institute on Glass...Current Issues, Tenerife, Spain, April 2-13, 1984

Kap. 2.5

Arendts; Brandt; Blumberg; Drechsler; Weisgerber: "Faserverstärkte Kunststoffe", BDLI-Werkstofftag '91, Bonn, 1992

Bundesministerium für Forschung und Technologie: "Materialforschung - Programm und Zwischenbilanz 1988", Bonn, 1989

Chou, T.-W.; McCullough, R.L.; Pipes, R.B.: "Verbundwerkstoffe", Spektrum der Wissenschaft, 12/1986

Hess, W.: "Fasern im Verbund", Bild der Wissenschaft, 5/1990

Hüttinger, K.J.; Greil, P.: "Keramische Verbundwerkstoffe für Höchsttemperatur-Anwendungen", BDLI-Werkstofftag '91, Bonn, 1992

Ingenieur-Werkstoffe: "Nicht nur in der Flugzeugindustrie - Borfaserverstärkte Composites", Nr. 7/8, 1993

Kellerer, H.: "Stand und Perspektiven moderner Verbundwerkstoffe", 2. Symposium Materialforschung des BMFT, 1991

Kohlhoff, J.: "Technologievorausschau Werkstoffe/Fertigung - Überblick und Haupttrends im Bereich Verbundwerkstoffe", Berichtsreihe "Neue Technologien", Nr. TP 4/90, FhG-INT, Euskirchen, November 1990

Pyper, M.: "Textilien beleben die Technik", Ingenieur-Werkstoffe, Nr. 7/8, 1993

Stanford, K.: "Verbundwerkstoffe mit Metall-Matrix", Werkstoff und Innovation, 2/1989

TU Berlin: "Faserverstärkte polymere Hochleistungswerkstoffe", Forschung Aktuell, Nr. 27-29, Mai 1990

Vogelesang, L.B.; Gunnink, J.W.: "Aramid-Aluminium-Schichtstoffe (ARALL) im modernen Flugzeugbau", Werkstoff und Innovation, 4/1988

Vogelmann, M.: "Von Allroundern zu Spezialisten - Fasern, Partner für Hochleistungsverbundwerkstoffe", Technische Rundschau, 1/1990

Kap. 2.6

Amato, I.: "Shine On, Holey Silicon", Science Nr. 5008, 1991

Asche, W.; Froböse, R.: "Brilliante Karriere- Künstliche Diamanten bereichern die Materialforschung", Bild der Wissenschaft, 12/1992

Bachmann, P.K.: "Diamant- und Diamantähnliche Schichten", Symposium Materialforschung des BMFT, 1991

Bachmann, P.K.; Linz, U.: "Diamant aus heißen Gasen", Spektrum der Wissenschaft, 9/1992

Brodsky, M.H.: "Fortschritte in der Galliumarsenid-Technologie", Spektrum der Wissenschaft, 4/1990

Cates, R.: "Gallium arsenide finds a new niche", IEEE Spectrum, 4/1990

Choyke, W.J.; Pensl, G.: "Siliciumkarbid- Halbleiter für die neunziger Jahre", Physikalische Blätter, 3/1991

Davis, R.: "Large Bandgap Electronic Materials and Components", Proceedings of the IEEE, Special Issue, 5/1991,

Dorn, R.: "Neue Materialien für die Optoelektronik", Symposium Materialforschung des BMFT, 1991

Fan, J.C.C.: "New anatomies for semiconductor wafers", IEEE Spectrum, 4/1989

Feldle, H.-P.; Schmidt, L.P.; Narozny, P.; Colquhoun, A.; Werres, C.; Splettstößer, J.: "ICs für den Mikrowellenbereich", Elektronik, 8/1991

Guekos, G.; Blaser, M.; Besse, P.-A.; Dall'Ara, R.: "Integrierte Optik mit Verbindungshalbleitern - Superschnelle Lichtschalter", Technische Rundschau, 15/1991

Kellner, W.A.: "Mikroelektronik auf III-V-Halbleitern", Informationstechnik, 4/1992

Kersten, G.: Technologievorausschau Mikroelektronik/Elektronik- Überblick und Haupttrends im Bereich Halbleitermaterialien und -technologien", Berichtsreihe "Neue Technologien", Nr. TP 3/91, FhG-INT, Euskirchen, Februar 1991

Lemme, H.: "Integrierte Optik - Signalverarbeitung mit Zukunft", Elektronik, 10/1989

Lemme, H.: "Deutsche Galliumarsenid-Forschung hat aufgeholt", Elektronik, 13/1991

Nöldechen, A.: "Einkristalline Diamantschichten - ein idealer Halbleiterwerkstoff", Elektronik, 11/1991

Rupprecht, H.S.; Diehl, R.: "Galliumarsenid-Elektronik - ein Hochtechnologiebereich der Informationstechnik", Broschüre, FhG-IAF, 1988

Schlachetzki, A.: "Integrierte Optik mit Halbleitern", Physikalische Blätter, 4/1988

Winnacker, A.: "Semiisolierendes Galliumarsenid und Indiumphosphid", Physikalische Blätter, 6/1990

Yarbrough, W.; Messier, R.: "Current Issues and Problems in the Chemical Vapor Deposition of Diamond", Science Nr. 4943, 1990

Kap. 3.1

Blick durch die Wirtschaft: "Japan entwickelt Schichtwerkstoffe mit funktionellen Gradienten", 18.4.1990

Bunk, W.G.J.: "Am aktuellsten sind die Japaner - Erzeugung und Anwendung von Gradientenwerkstoffen", Technische Rundschau, 15/1991

Feichtinger, H.; Rennhard, C.: "Metalloid-Metall-Schichtverbundwerkstoffe", Neue Zürcher Zeitung, 24.1.1990

Ilschner, B.: "Gradierte Werkstoffe", BDLI-Werkstofftag '91, Bonn, 1992

Kap. 3.2

Brown, A.S.: "Materials get smarter", Aerospace America, 3/1990

Bundesministerium für Forschung und Technologie: "Adaptronik", in "Technologie am Beginn des 21. Jahrhunderts", 1993

Chalouli, M.: "Ära der Smarties - Forschungsboom bei intelligenten Materialien", Wirtschaftswoche 20/1992

Culshaw, B.: "Smart structures - a concept or reality ?", Proc. Inst. of Mechanical Engineers, Vol. 206, 1992

Davidson, R.: "The Current Status and Future Prospects of Smart Composites", Proc. ESA-Symposium "Space applications of advanced structural materials", Noordwijk, 1990

Dittrich, K.W.: "Multifunctional Structures for Aerospace Applications", Proc. ESA- Symposium "Space applications of advanced structural materials", Noordwijk, 1990

Gandhi, M.V.; Thompson, B.S.: "Smart Materials and Structures", Chapman & Hall, London, 1992

Gardiner, P.T.: "Activities at the Smart Structures Research Institute", Proc. of the SPIE Conf. on Fiber Optic Smart Structures and Skins IV, Boston, 1991

Hornbogen, E.: "Formgedächtnis - eine neue Werkstoffeigenschaft für die Technik der Zukunft", Werkstoff und Innovation, 2/1988

Huston, D.R.: "Smart Civil Structures - An Overview", Proc. of the SPIE, Conf. on Fiber Optic Smart Structures and Skins IV, Boston, 1991

Jendritza, D.J.; Janocha, H.: "Neue Aktoren in der praktischen Anwendung", Laser und Optoelektronik, 3/1993

Jendritza, D.J.; Janocha, H.: "Neue Werkstoffe in der Mikrosystemtechnik", Ingenieur-Werkstoffe, 4/1993

Jost, N.: "Eigenschaften und Anwendungsbereiche von Fe-Ni-Basis-Legierungen mit Formgedächtnis", Werkstoff und Innovation, 5/1992

Kellerer, H.: "Wenn Werkstoffe denken", Werkstoff und Innovation, 4/1988

Martin, W.; Boller, C.; Drechsler, K.; Hönlinger, H.; Kellerer, H.; Strehlow, H.: "Multifunktionale Werkstoffe - Grundlage Aktiver Strukturen", BDLI-Werkstofftag '91, Bonn, 1992

Materials and Design: "Smart composites, where are they going ?", 2/1992

NASA: "A State-of-the-Art Assessment of Active Structures", Active Structures Technical Committee of the NASA, NASA Technical Memorandum 107681, 1992

Neue Zürcher Zeitung : "Intelligente Strukturen", 17.6.1992

Newnham, R.E.; Ruschau, G.R.: "Smart Electroceramics", Journal of the American Ceramic Society 74, 3/1991

Reminger, B.: "Smart Materials - Analyse eines innovativen Technikfeldes aus Sicht industrieller F&E", in "Technologiefrühaufklärung", Schäfer-Poeschel Verlag, Stuttgart, 1992

Reneker, D.H.; Mattice, W.L.; Quirk, R.P.; Kim, S.J.: "Macromolecular smart materials and structures", Smart Materials and Structures, 1/1992

Rogers, C.A.: "Intelligent Material Systems and Structures", Smart/Intelligent Materials and Systems, US-Japan-Workshop, Honolulu, 1990

Spillman, W.B., Jr.: "The evolution of smart structures/materials", Proc. First European Conf. on Smart Structures and Materials, Glasgow, 1992

Stevens, T.: "Structures get smart", Materials Engineering, 11/1991

Takagi, T.: "A Concept of Intelligent Materials", Smart/Intelligent Materials and Systems, US-Japan-Workshop, Honolulu, 1990

Thompson, B.S.; Gandhi, M.V.; Kasiviswanathan, S.: "An introduction to smart materials and structures", Materials & Design, 1/1992

Wantzen, B.: "Werkstoffe denken mit - Smarte Materialien", Technik Trendbuch 1993,Verlag Moderne Industrie Landsberg; 1993

Werkstoff und Innovation: "Intelligente Flüssigkeiten revolutionieren das Autofahren", Heft 7-8/1990

Kap. 3.3

Blick durch die Wirtschaft: "Biomimetische Materialien nach dem Vorbild der Natur", 4.10. 1991

Bolton, J.: "Pflanzenfasern in Verbundwerkstoffen", Technische Rundschau, 1-2/1992

Bremer, F.J.: "Biomimetische Werkstoffe: Materialkonzepte der Natur", Ingenieur-Werkstoffe, 1/2, 1993

Bundesministerium für Forschung und Technologie: "Biomimetische Werkstoffe" in "Technologie am Beginn des 21. Jahrhunderts", 1993

Calvert, P.: "Biomimetic Materials", Smart/Intelligent Materials and Systems, US-Japan-Workshop, Honolulu, 1990

Goldner, H.: "Biomimetics: Simulating Nature´s Structures", R&D Magazine, 5/1993

Heuer, A.M. et al.: "Innovative Materials Processing Strategies: A Biomimetic Approach", Science Vol. 255, 1992

Kretschmer, T.: "Bionik: Schnittstelle zwischen Biologie und Technik", in "Ausgewählte Beiträge zu neuen naturwissenschaftlichen und technologischen Entwicklungen", Berichtsreihe "Neue Technologien", Nr. TP 1/92, FhG-INT, Euskirchen, Januar 1992

Kürten, L.: "Neue Materialien `made by nature´", VDI-Nachrichten, 20.11.1992

Linsmeier, K.-D.: "Den Optimierungsprozessen der Natur auf der Spur", Handelsblatt, 10.3.1993

Seitz, E.: "Sanfte Synthesemethoden aus der Natur in der Materialwissenschaft genutzt", Handelsblatt, 3.2.1993

Stern, A: "Biomimetics", APS News, 3/1993

Vincent, J.: "Materials technology from nature", Metals and Materials, 1/1990

Weberling, B.: "Bauteile wachsen wie Bäume", VDI-Nachrichten, 26.6.1992

Kap. 3.4

Averback, R.S.; Höfler, H.J.: "Processing and Properties of nanophase materials", Proc. Microcompos. Nanophase Mater. Proc. Symp. (Eds. D.C. Van Aker, G.S. Was and A.K. Gosh), The Minerals, Metals & Materials Soc., 27-39, 1991

Breitscheidel, B.; Zieder, J.; Schubert, U.: "Metal complexes in inorganic matrices, 7. Nanometer-sized, uniform metal particles in a SiO2 matrix by sol-gel processing of metal complexes", Chem. Mat. 3, 559-566, 1991

Gleiter, H.: "Proc. 2. RisØ Int. Symp. Metallurgy and Materials Science (Eds.: Hansen, N; Leffers, T.; Lilholt, H.)", RisØ National Laboratory, Roskilde, Denmark, 15-21, 1981

Gleiter, H.: "Nanocrystalline Materials", Progr. Mat. Sci. 33, 223-315, 1989

Gleiter, H.: "Nanostrukturierte Materialien", Physikalische Blätter, 8/1991

Gleiter, H.: "Nanostructured Materials", Adv. Mater. 4, 474-481, 1992

Klein, L. (Ed.): "Sol-Gel technology for thin films, fibers, preforms, electronics and specially shapes", Noyes Publ., Park Ridge, NJ, 1988

Messersmith, P.B.; Stupp, S.I.: "Synthesis of nanocomposites: Organoceramics", J. Mater. Res. 7, 2599-2611, 1992

Weller, H.: "Kolloidale Halbleiter Q-Teilchen: Chemie im Übergangsbereich zwischen Festkörper und Molekül", Angew.Chemie 105, 43-55, 1993

Yamanaka, S.: "Design and synthesis of functional layered nanocomposites", Ceram. Bull. 70. 1056-1058, 1991

Kap. 3.5

AEG Aktiengesellschaft: "Flüssigkristallanzeigen - Nutzung eines Zwischenzustandes der Materie", AEG Technik Magazin, 2/1992

Begehr, D.: "Aktiv-Matrix-Displays - Die Zukunft der LCDs", Elektronik, 11/1991

Finkenzeller, U.: "Flüssigkristalle für optische Displays", Spektrum der Wissenschaft, 8/1990

Kothe, G.: "Der vierte Aggregatzustand der Materie", Forschung - Mitteilungen der DFG, 2/1985

Schwartz, J.; Macdonald, R.; Eichler, H.J.: "Flüssigkristalle - Elektro-optische Eigenschaften und Anwendungen", Laser und Optoelektronik, 1/1990

Templer, R.; Attard, G.: "The World of Liquid Cristals", New Scientist, 4.5.1991

Kap. 3.6

Blick durch die Wirtschaft: "Dendrimere könnten interessante Werkstoffeigenschaften bieten", 14.1.1993

Breitenbach, J.: "Dendrimere - neue Sterne am Himmel der Chemie ?", Spektrum der Wissenschaft, 9/1993

Eickenbusch, H.; Härtwich, P.: "Fullerene - Eine neue vielversprechende Materialklasse", Ingenieur-Werkstoffe, 11/1992

Fischer, A.: "Zwiebeln aus der Rußküche - Fullerene machen Karriere", Bild der Wissenschaft, 1/1993

Krätschmer, W.: "Fullerene und Fullerite: neue Formen des Kohlenstoffs", Physikalische Blätter, Nr. 7/8, 1992

Mekelburger, H.-B.; Vögtle, F.: Ein vielseitiges Bauprinzip für Moleküle - Dendrimere breiten sich aus", Frankfurter Allgemeine Zeitung, 28.4.1993

Neue Zürcher Zeitung: "Das 'Fußballmolekül' C_{60}", 3.2.1993

Vögtle, F.: "Supramolekulare Chemie", in: "Biomolekulare Funktionssysteme für die Technik", DECHEMA, Frankfurt am Main, September 1993

Wolschin, G.: "Eine neue Klasse metallischer Kohlenstoff-Cluster", Spektrum der Wissenschaft, 6/1992

Kap. 4.1

Asche, W.: "In vitro, in vivo, in video - Supercomputer und Chemie", VDI-Nachrichten, 9.12.1988

Fagan, P.J.; Ward, M.D.: "Molekülkristalle nach Maß", Spektrum der Wissenschaft, 12/1992

Hendrickson, J.B.: "Organische Synthese im Computerzeitalter", Angewandte Chemie, 1328-1338, 1990

Hilgenfeld, R.: "Aufklärung der Raumstruktur", Hoechst High Chem Magazin, 7/1989

Hoffmann, R.: "Molecules waiting to be made", New Scientist, 17.11.1990

Liedl, G.L.: "Die Wissenschaft von den Werkstoffen", Spektrum der Wissenschaft, 12/1986

Linsmeier, K.-D.: "Molekülforschung im Computer", Die Welt, 5.9.1992

Mann, S.: "Crystal engineering: the natural way", New Scientist, 10.3.1990

VDI-Nachrichten: "Werkstoff entsteht beim Verarbeiten - Faserverbunde am Computer konstruiert", 15.4.1988

Waldrop, M.M.: "The Reign of Trial and Error Draws to a Close", Science, 5.1.1990

Wittig, F.: "Polymere im Prozessor - mit Computersimulationen auf dem Weg zum Moleküldesign", Spektrum der Wissenschaft, 10/1992

Kap. 4.2

Amende, W.; Gehringer, H.: "Präzisionswerkzeug Laserstrahl", Technische Rundschau, 10/1992

Benninghoff, H.: "Fügetechnik als Konstruktionselement", Technische Rundschau, 41/1989

Benninghoff, H.: "Neuentwickelte Schichten und Schichtsysteme", Ingenieur-Werkstoffe, Nr. 5/6, 1993

Benz, K.W.: "Werkstofforschung im Weltraum", Kurzexpertise, Nr. TP 7/90, FhG-INT, Euskirchen, November 1990

Bogaerts, W.; Vacoille, M.: "Intelligent Processing of Materials: Enabling Technologies and Application Examples", Vortrag, INNOMATA 93, Leipzig, 1993

Deuerler, F.; Peterseim, J.; Willbrand, J.; Schlump, W.: "Potential des Vakuum-Plasma-Spritzens", Ingenieur-Werkstoffe, Nr. 7/8, 1993

Dimigen, H.: "Neue Entwicklungen bei Polymerwerkstoffen - Neuere Schichtsysteme: Herstellung, Eigenschaften und Anwendung", Symposium Materialforschung des BMFT, 1991

Dörflinger, W.; Grafoner, P.: "Die Antwort auf die Globalisierung der Märkte - Stand und Entwicklungstendenzen in der industriellen Automatisierungstechnik", Technische Rundschau, 5/1992

Farwer, A.: "MAG-Schweißen von Stahlwerkstoffen - Stand und Entwicklungstendenzen", Werkstoff und Innovation, 3/1992

Groß, A.; Hennemann, O.-D.; Schäfer, H.: "Transfer neuer Technologien am Beispiel der Klebtechnik", Spektrum der Wissenschaft, 9/1993

Hennemann, O.-D.; Groß, A.; Bauer, M.: "Kleben - Innovationen durch vielseitige Fügetechnik", Spektrum der Wissenschaft, 9/1993

Hennemann, O.-D.; Schäfer, H.; Baalmann, A.: "Kleben in innovativen Industriebereichen", Spektrum der Wissenschaft, 9/1993

Hunziker-Jost, U.W.: "Ist der Wasserstrahl eine Konkurrenz zum Laser? - Vergleich von Auswahlkriterien für Trennverfahren", Technische Rundschau, 24/1993

Kohlhoff, J.: "Technologievorausschau Werkstoffe/Fertigung - Überblick und Haupttrends im Bereich Fertigung/Bearbeitung/Materialprüfung", Berichtsreihe "Neue Technologien", Nr. TP 4/91, FhG-INT Euskirchen, Mai 1991

König, W.: "Fertigungstechnologien für die Praxis von morgen", Berichte der Fraunhofer-Gesellschaft, 3/1989

Leonhardt, G.: "Werkstoffveredlung durch Beschichten", Vortrag, INNOMATA 93, Leipzig, 1993

Loosen, P.: "Strahlquellen sollen billiger, stärker und zuverlässiger werden", VDI-Nachrichten, 23.6.1989

Lugscheider, E.; Jokiel, P.: "Zukunftsweisende Tendenzen im Thermischen Spritzen", Ingenieur-Werkstoffe, Nr. 5/6, 1993

Mäschig, K.: "Ionenbeschuß verändert Werkstoffeigenschaften", Technische Rundschau, 49/1989

Sietmann, R.: "Das Lichtspielhaus der Physiker - Lasertechnik", Bild der Wissenschaft, 10/1993

Specht, U.; Degenhardt, P.: "Fibrinklebung in der Medizin", Spektrum der Wissenschaft, 9/1993

Sprenger, H.J.: "Industrielle Möglichkeiten der Werkstoff- und Verfahrenstechnik unter Schwere-losigkeit", Werkstoff und Innovation, 4/1988

Staskewitsch, E.; Greul, M.; Sindel, M.: "Rapid Prototyping - innovative Verfahren zur schnellen Fertigung von Modellen und prototypischen Bauteilen", Vortrag, INNOMATA 93, Leipzig, 1993

Steffens, H.-D.; Wielage, B.: "Gegenwärtiger Stand und Zukunftsaussichten von Beschichtungsver-fahren", Werkstoff und Innovation, 2/1989

VDI-Nachrichten: "An der Schwelle zu neuen Märkten - Perspektiven für die Raumfahrt der näch-sten Jahrzehnte", 17.2.1989

VDI-Nachrichten: "Weit ist der Weg zur Endkontur - Bearbeiten von Hochleistungswerkstoffen bleibt noch problematisch", 21.6.1991

Kap. 4.3

Blumenauer, H.; Hünicke, U.D.; Morgner, W.: "Werkstoffprüftechnik in Wissenschaft und Produk-tion", Wiss. Z. Techn. Hochschule Magdeburg 30, H.3, 1986

Czichos, H.: "Meß-, Prüf- und Analysentechnik für Neue Werkstoffe", 2. Symposium Materialfor-schung des BMFT, 1991

Dobmann, G.: "Zerstörungsfreie Prüfung - ein Werkzeug der Qualitätssicherung", Messen, Prüfen, Zertifizieren, Europäischer Kongress für Technische Sicherheit, Saarbrücken, 1992

Kohlhoff, J.: "Technologievorausschau Werkstoffe/Fertigung - Überblick und Haupttrends im Be-reich Fertigung/Bearbeitung/Materialprüfung", Berichtsreihe "Neue Technologien", Nr. TP 4/91, FhG-INT Euskirchen, Mai 1991

Kröning, M.; Meyendorf, N.: "Qualitätssicherung durch zerstörungsfreie Ermittlung des Werkstoff-zustandes", Werkstofftag '93, VDI-Verlag, Düsseldorf, 1993

Morgner, W.: "Kapitel 8 in B.G. Livschitz: Physikalische Eigenschaften der Metalle und Legierun-gen", VEB Deutscher Verlag für Grundstoffindustrie, 1989

Kap. 4.4

AK "Wirtschaften in Kreisläufen": "BMFT-Projekt: Industrielle Produktion im 21. Jahrhundert", Statusbericht, Bonn/Stuttgart, November 1993

Bilitewski, B. et al.: "Abfallwirtschaft", Springer-Verlag, Berlin, Heidelberg, 1990

Bundesministerium für Forschung und Technologie: "Produktionsintegrierter Umweltschutz", Förderkonzept, Bonn, Oktober 1993

Bundesministerium für Umwelt, Naturschutz und Reaktorsicherheit: "Dritte Allgemeine Verwaltungsvorschrift zum Abfallgesetz: Technische Anleitung zur Verwertung, Behandlung und sonstigen Entsorgung von Siedlungsabfällen (TA Siedlungsabfall)", Entwurf, Bonn, 1993

Bundesregierung: "Gesetzesentwurf zur Vermeidung von Rückständen, Verwertung von Sekundärrohstoffen und Entsorgung von Abfällen (Kreislaufwirtschaftsgesetz)", Bonn, 1993

Commission of the European Communities: "Towards Sustainability - A European Community Programme of Policy and Action in relation to the Environment and Sustainable Development (5th EC Action Programme for the Environment)", Brussels, March 1992

DECHEMA: "Polymere und Umwelt- Derzeitige Probleme und zukünftiger Forschungsbedarf", 31. Tutzing-Symposium, Zusammenfassung der Ergebnisse, Frankfurt, März 1993

Fleischer, G.: "Möglichkeiten und Grenzen von Ökobilanzen", Vortrag, ENVITEC, Düsseldorf, 1992

Förster, U.: "Umweltschutztechnik", 4. Auflage, Springer-Verlag, Berlin, Heidelberg, 1993

Int. Union of Materials Research Societies (IUMRS): "Advanced Materials: Symposium Ecomaterials", 3rd Conference of the IUMRS, Proceedings (to be published by Elsevier, 1994), Tokyo, Japan, August/September 1993

ISO/SAGE: "Strategie Group on Environment- Meeting Reports", ISO/SAGE, Geneva 1992, 1993

Meadows, D.: "Die neuen Grenzen des Wachstums", Deutsche Verlags-Anstalt, Stuttgart, 1992

Normenausschuß Grundlagen des Umweltschutzes (DIN NAGUS): "Arbeitspapiere der Ausschüsse: Terminologie, Umweltmanagement & Umweltaudit, Produkt-Ökobilanzen, Umweltbezogene Kennzeichnung", Berlin, 1993

Schubert, H.: "Entsorgung von elektrischen und elektronischen Geräten - Zusammenfassung und Vision", DVM-Tagung "Elektroschrott", Berlin, 1993

Szelinski, B.A.: "The Life cycle approach to waste management in Germany", IUAPPA Conference, Montreal (Canada), 1992

Ziegahn, K.-F.: "Materialien in ihrer Umwelt", GUS-Jahrestagung, Gesellschaft für Umweltsimulation, Eigenverlag, Pfinztal, 1993

Ziegahn, K.-F.: "Ressourcenschonung durch Kunststoffrecycling", Fraunhofer-Berichte 3/1990

Sachverzeichnis